최신

건설적산학

우종태 이래철

기문당

머리말

건설공사를 수행하는 데 건설공사비의 적산은 적정 예정가격산정과 공사계획과정에서의 기술적 및 경제적인 타당성 분석에 기초가 되는 부분이며, 공사 시행과정에서는 발주자와 시공자의 공사비 예산과 원가관리에 기준이 되는 부분으로 본서에서는 이론과 실무를 연관시켜 좀더 구체적이고 체계적이며 실질적인 내용으로 구성하여 건설 분야의 토목공학 및 건축공학을 전공하는 학생들과 또한 건설현장의 실무자들이 사용할 수 있도록 기술하였다.

본서는 크게 4편으로 구성하여 제1편에서는 총론으로 적산개론, 수량산출에 대해 다루고, 제2편에서는 건설공사 원가계산으로 표준품셈, 재료비의 적산, 노무비의 적산, 기계경비의 적산, 제경비의 적산, 내역서 작성에 대해 이론적이고 실무적으로 기술하였다. 제3편은 용역 원가계산으로 엔지니어링 사업대가, 건설공사 건설사업관리 대가, 학술연구용역 원가, 안전점검 및 정밀안전진단 대가에 대해 이론적이며 실무적으로 참고할 수 있도록 상세히 기술하였다. 제4편은 부록으로 원가계산을 위한 예정가격 작성기준, 공사계약 일반조건, 건설업의 업종과 업종별 업무내용, 건설기계손료 및 운전경비산정, 건실부문 시중노임단가 및 직종해설을 기술하여 실무에 참고가 되도록 하였다.

현장 실무경험과 이론을 토대로 시대의 흐름을 반영하기 위해 노력하였으나 부족한 부분은 기회가 되는 대로 수정 · 보완하기로 약속하면서 선배제현의 많은 지도와 편달이 있기를 바란다.

끝으로 이 책이 출판되기까지 힘써주신 기문당 사장님과 직원 여러분께 감사드린다.

2019년 1월

저자 우종태 · 이래철

차 례

제1편 | 총 론

제2편 | 건설공사 원가계산

제3편 | 용역 원가계산

1 총 론

1. 적산개론
2. 수량산출

1

적산개론

1.1 적산의 의의 및 활용

1.1.1 적산의 의의

일반적으로 적산(積算 : Cost estimating)의 의미는 "어떤 수나 값을 계속 더하여 계산"하는 것으로 우리나라에서는 공사비 산출시 적산과 견적이라는 용어가 병행하여 사용되고 있다.

일본의 경우는 발주자측에서 공사비를 산출하는 작업을 "적산"이라 하고, 시공자측에서 공사비를 산출하는 작업을 "견적"이라고 한다.

건설공사에서 적산이란 "소요되는 재료의 수량, 인력의 수량, 건설기계의 수량 등에 대한 비용을 기준으로 공종별 공사원가를 산출하고, 이들을 집계하여 총 공사비를 산출하는 상세공사비 산출방식"을 적산이라 하고, 견적은 "개략적으로 공사비를 산출하는 방식"으로 정의할 수 있다.

1.1.2 적산제도

적산은 국가를 당사자로 하는 계약에 관한 법률(줄여서 국가계약법이라 하고, 종전의 예산회계법을 말함)시행령, 계약사무처리 규칙, 원가회계에 의한 원가계산 작성기준, 매년초에 공시되는 건설공사부문의 노임단가와 표준품셈 등을 기초로 해서 이루어진다.

1.1.3 적산의 활용

건설공사비 적산은 공사계획 과정에서의 기술적 · 경제적 타당성 분석에 기초가 되는 부분이며, 공사시행 과정에서는 발주자와 시공자의 공사비 예산과 원가관리에 기준이 되기도 한다.

따라서 공사계획 및 시행과정에서 건설공사비 적산은 다음과 같이 활용되고 있다.

① 대안(설계과정에서 고려대상으로 삼고 있는 문제해결 방안)설계시 공사비의 비교 검토
② 공사비의 예산반영
③ 발주자의 예정가격 작성
④ 입찰자의 입찰금액 작성
⑤ 공사계약시 계약내역서 작성
⑥ 시공회사의 공사 실행예산서 작성
⑦ 공사시행중 설계변경으로 인한 계약금액 조정
⑧ 기성고 산출시 기성내역서 작성
⑨ 공사준공시 정산설계내역서 작성
⑩ 클레임(Claim : 권리요구, 청구, 주장) 발생시 금액 산정

1.2 예정가격의 결정

1.2.1 예정가격의 작성 및 비치

1) 예정가격의 작성

예정가격은 입찰 또는 계약체결전에 낙찰자 및 계약금액의 결정기준으로 삼기 위하여 작성한 가격으로 예정가격을 결정하고자 할 때에는 미리 예정가격 조서를 작성해야 한다.(국가계약법 시행규칙 제9조) – 표 7.1 예정가격 작성요령 참조.

2) 예정가격의 비치

각 중앙관서의 장 또는 계약담당 공무원은 경쟁입찰 또는 수의계약 등에 붙일 사항에 대해서 당해 규격서, 설계서 등에 의해 예정가격을 결정하고, 이를 밀봉하여 미

리 개찰장소 또는 계약협상 장소 등에 두어야 하며, 예정가격이 누설되지 않도록 해야 한다.(국가계약법 시행령 제7조의2)

1.2.2 예정가격의 결정방법

예정가격의 결정방법은 총액, 단가, 장기공급에 대한 예정가격으로 결정되며, 수의계약인 경우는 예정가격을 결정하지 않을 수도 있다.(국가계약법 시행령 제8조)

1) 총액에 의한 예정가격의 결정

계약을 체결하고자 하는 사항의 가격 총액으로 결정한다.

2) 단가에 의한 예정가격의 결정

단위당 가격인 단가로 예정가격을 결정한다.

3) 장기공급에 대한 예정가격의 결정

장기계속공사 및 장기물품제조 등의 계약에서 계약 목적물의 내용이 확정된 물품 또는 총 공사에 대해 예산상의 총 공사금액 또는 총 제조금액의 범위 안에서 예정가격을 결정한다.

1.2.3 예정가격의 결정기준

예정가격의 결정기준은 거래 실례가격, 원가계산에 의한 가격, 실적공사비, 감정 또는 견적 가격으로 결정되며, 건설공사는 대부분 원가계산에 의한 예정가격으로 결정되고 있다.(국가계약법 시행령 제9조)

1) 거래 실례가격

적정한 거래인 경우 그 거래의 실례가격으로 하며, 법령의 규정에 의하여 가격이 결정된 경우에는 그 결정가격의 범위 안에서 거래 실례가격으로 한다.

2) 원가계산에 의한 가격

물품, 공사, 용역 등 계약의 특수성으로 인하여 적정한 거래 실례가격이 형성되어 있지 않은 경우에는 원가계산에 의한 가격으로 결정하며, 이 경우에는 재료비, 노무비, 경비, 일반관리비 및 이윤 등을 계상해야 한다.

공사원가라 함은 공사시공과정에서 발생한 재료비, 노무비, 경비의 합계액을 말한다.

3) 표준시장단가

이미 시행된 건설공사를 토대로 축적된 표준시장단가(실적공사비)로서 중앙관서의 장이 인정한 공사비를 말하며, 한국건설기술연구원 건설코스트연구센터에서 표준시장단가를 관리하고 있다.

4) 감정가격, 유사한 거래가격 또는 견적가격

앞의 기준을 적용할 수 없는 경우에는 감정가격, 유사한 거래가격 또는 견적가격으로 한다.

1.3 입 찰

1.3.1 입찰참가자격 사전심사 및 기술제안서

1) 입찰참가자격 사전심사(PQ : prequalification)

입찰참가자격 사전심사제도는 발주자가 요구하는 공사나 용역을 설계도서, 계약조건 및 발주지침 등에 따라 건설업자가 성공적으로 공사를 수행할 수 있는지를 사전에 심사하는 절차를 말한다.

입찰참가자격 사전심사의 시행은 기술자 보유상태, 기술능력과 당해 공사에 대한 실적과 경험, 회사의 경영상태, 신인도 등에 대한 조사를 통하여 공사수행에 적절한 후보업체를 선정하는 것을 목적으로 하고 있다.

2) 기술제안서(T.P, P.P : technical proposal)

건설공사나 용역의 입찰에 참여하기 위해 회사나 개인이 가지고 있는 신기술, 특히 노하우(knowhow) 등을 활용하여 프로젝트를 수주할 경우, 보다 우수하게 수행할 수 있는 기술적인 사항을 제안하여 입찰 전에 발주처에 제출한다.

대형 건설공사의 턴키 입찰시 제출하는 설계도서, 설계용역 입찰시 제출하는 기술제안서, 감리용역 입찰시 제출하는 작업계획 및 기법 등이 이에 해당되며, 건설공사나 용역의 입찰에서 가격과 기술사항을 종합적으로 평가하여 최종 낙찰자를 선정하고 있다.(예 : PQ 30점, PP 30점, 가격 40점)

1.3.2 입찰제도

1) 총액단가 입찰

입찰시 입찰자로 하여금 발주자가 제공하는 별지서식에 단가 등 필요한 사항이 기입된 산출내역서를 제출하게 하는 제도로서 종전의 총액 입찰에 의한 문제점을 해결하고, 건설시장 개방에 따른 기술개발 촉진 및 입찰질서 확립을 위해 도입한 제도이며, 단가산정 등 견적 작업에 대한 기술력이 필요할 뿐만 아니라 현장조사 등 충분하고 확실한 견적이 이루어질 수 있는 시간적 여유가 필요하다.

2) 대안입찰

성능 발주방식의 일종으로 도급자가 당초 설계의 기본방침의 변경 없이도 예정가격에 비해 유리하고, 공기단축 등이 가능한 공법이나 대안을 제시하여 입찰하는 방식이다.

설계상의 문제점 보완이 가능하고, 공사비를 절감할 수 있으며, 신기술 및 신공법의 개발이 가능하다.

또한, 시공자는 상당한 기술력을 보유하고 기술개발이 가능해야 하며, 발주자는 이에 대한 평가를 할 수 있도록 사전준비가 되어야 하고, 충분한 입찰기간을 필요로 한다.

3) 부대입찰

입찰참가자가 입찰서 제출시 첨부하는 내역서에는 입찰금액을 구성하는 공사 중 하도급할 부분, 하도급 금액 등의 하도급 사항을 기재하여 제출하도록 하는 제도를 말한다. 발주자가 원도급자에게 하도급 업체와 하도급 금액을 엄수하도록 유도하고, 원활한 건설업계에의 하도급 전문화를 도모하려는 취지를 갖고 있지만 실질적으로 낙찰 후에 이중계약의 방지 방안 등이 마련되어야 한다.

4) 설계시공 일괄입찰(Turnkey)

도급자는 대상 건설공사의 기업, 설계, 시공, 금융, 기술 지도까지 발주자가 필요로 하는 모든 것을 조달하여 인도하는 도급계약 방식으로 창의성 있는 설계를 유도할 수 있다. 설계기술과 시공기술의 접목으로 우수한 기술력의 개발 및 기술축적이 가능하지만 객관적인 기술력의 평가 및 적정 공사비 분석이 어려워 대규모 공사의 특수 공종에 대해 한정적으로 적용되고 있다.

5) 국내입찰과 국제입찰

우리나라가 WTO에 가입된 국가로 건설시장이 개방되었기 때문에 우리나라에서 발주되는 공사일지라도 대형공사는 모두 국제입찰 기준에 따라야 하며, 국가를 당사자로 하는 계약에 관한 법률 등의 기획재정부 장관이 정하는 고시금액(기획재정부고시 제2016-34호, 2016.12.30)에서 국제입찰 대상금액은 중앙행정기관(공사 80억원 이상, 물품 및 용역 2억1천만원 이상), 지방자치단체(공사 80억원 이상, 물품 및 용역 2억1천만원 이상), 정부투자 및 출연기관(공사 240억원 이상, 물품 및 용역 6억4천만원 이상)이 해당되고 있다.

1.3.3 입찰방식

도급자를 선정하기 위한 입찰방식에는 공개경쟁이나 지명경쟁 같이 2개의 업체 이상이 참여하는 경쟁방식과 수의계약 같이 1개 업체만 참여케 하는 비경쟁방식이 있다.

1) 공개경쟁입찰 또는 일반경쟁계약

입찰참가자격을 신문에 공고하거나 다른 방법을 통해 공고 · 게시하여 모든 유자격자에게 참가할 수 있는 기회를 주는 입찰방식으로 가장 널리 사용되고 있는 입찰방식이다.

2) 지명경쟁입찰, 기명경쟁계약, 제한경쟁계약

공사에 가장 적격하다고 인정되는 업체(시공실적, 기술자수, 업체소재지, 회사규모 등)를 발주자가 선정한 후 선정된 업체만 입찰에 참여시키는 방법이며, 공개경쟁입찰과 수의계약의 중간 형태의 입찰방식으로서 공고 및 게시는 공개경쟁입찰의 경우와 같다.

3) 비교견적입찰

발주자가 발주공사의 규모, 특성 등을 고려하여 가장 적합하다고 판단되는 2~3개 업체의 견적서를 받아서 업체를 지명하는 방법으로 공개경쟁이나 지명경쟁과 비교할 때 입찰기간을 단축할 수 있는 장점이 있다.

4) 수의계약, 특명입찰, 비경쟁입찰

발주자가 업체의 기술능력, 자산, 자재, 기술, 신용 등을 고려하여 발주공사에 가장 적격한 업체를 지명하는 방법으로 긴급한 경우나 비교적 소규모의 공사 및 용역에 적합한 방식이며, 간편하고 신속한 장점은 있지만 비합리적이거나 비경제적일 수도 있고, 제한을 하면서 부정이 개입될 수도 있으므로 정부발주공사에서는 극히 제한적으로 운용하도록 규정되어 있다.

1.3.4 낙찰자 선정방식

1) 부찰제

부찰제는 예정가격의 85% 이상 금액의 입찰자 사이에서 평균가격을 산정하고, 이 평균 입찰금액 이하로 가장 근접하게 입찰한 입찰자를 낙찰자로 선정하는 방법이다.

2) 최저가 낙찰제

2개 업체 이상의 입찰자 중 예정가격 범위 내에서 최저가격으로 입찰한 자를 선정하는 방식으로 과거에는 1원 입찰이 낙찰된 경우도 있었다.

업체에서 입찰가를 터무니없이 낮게 결정하는 경우는 차기 공사수주를 위해서이거나 면허 유지를 위한 실적보완 등의 특수한 경우에 적용되는 경우도 있지만 부실시공을 피할 수 없기 때문에 이를 보완하기 위해 사전자격 심사제도를 병행하기도 한다.

3) 제한적 최저가 낙찰제

예정가격 대비 85% 이상 입찰자 중 가장 낮은 금액으로 입찰한 자를 선정하는 방식으로 최저가 낙찰제를 통한 덤핑의 우려를 방지할 수는 있으나 업체의 공정한 경쟁보다는 요행을 바라는 복권 당첨식 낙찰자 선정방식이라는 비난을 받기도 한다.

4) 적격심사 낙찰제

단순히 가격만 고려하는 방식이 아닌 기술능력, 공법, 품질관리 능력 등을 고려하여 낙찰자를 결정하는 방식으로서, 종합낙찰제라고도 하며, 가격 우선 순위자부터 순차적으로 평가를 실시한다.

5) 종합심사 낙찰제

가격뿐만 아니라 공사수행능력, 사회적 책임을 심사하여 종합점수가 가장 높은 입찰자를 낙찰자로 선정하며, 세부평가기준은 다음과 같다.

심사 분야	배점	종합심사 낙찰제 세부 평가항목
가격	50~60	가격점수, 가격적정성(감점)
공사수행능력	40~50	시공실적, 시공평가결과, 배치기술자, 매출액 비중, 규모별 시공역량, 공동수급체 구성 등
사회적 책임	가점	고용, 건설안전, 공정거래, 상생협력

* 배점은 각 발주기관에서 해당 발주기관의 공사 특성을 고려하여 위 범위 내에서 결정

1.4 계 약

1.4.1 계약의 형태

1) 공사 수행방식에 따른 유형

(1) 설계 · 시공 분리계약(Separate contract, Traditional contract)

설계 · 계약 · 시공 등 일련의 과정이 완료되고 나면 후속과정이 착수되는 순차적 계약방식으로 발주자와 설계자는 대리 조정관계이고, 시공자는 완전히 독립된 계약자 관계를 유지한다.

(2) 설계 · 시공 일괄계약(Design-build contract, Turnkey contract)

발주자가 단일사와 계약을 체결하는 것으로 하나의 계약자가 기본설계, 실시설계, 조달, 공사 등을 일괄적으로 맡아 시행하는 계약형태를 말하며, 발주자는 사업관리, 설계, 시공계약, 시공관리, 시공 등 모든 기능과 책임을 질 수 있는 종합건설업체와

단일계약을 하며, 업체는 발주자로부터 완전히 독립된 계약자이다.

(3) 조기 착공계약(Fast track contract)

발주자가 설계자와 시공자를 동시에 결정할 수 있는 계약형태로 설계 및 시공기간을 단축시킬 수 있는 장점이 있으며, 공사 완료시까지 동일한 도급자를 사용할 수 있어 질적인 면과 효율성이 향상될 수도 있으나 발주자가 공사관리에 참여될 뿐만 아니라 설계가 완성되지 않음에 따라 도급자와 공사비에 대한 분쟁이 예상된다.

(4) 공동계약(Joint venture contract)

일반적으로 2개 이상의 도급자가 공동으로 어떤 일을 도급받아 공동책임 및 계산하에 계약을 이행하는 계약방식이며, 공동이행방식과 분담이행방식으로 구분된다.

2) 대가의 지급방식에 따른 유형

① 총액계약(Lump sum contract)
② 단가계약(Unit price contract)
③ 실비정산계약(Cost reimbursement contract)
④ 정액계약(Firm fixed price contract)

3) 계약의 체결방식에 따른 유형

① 일반경쟁계약(Open competition contract)
② 지명경쟁계약(Selective competition contract)
③ 제한경쟁계약(Restrictive competition contract)
④ 수의계약(Private contract)

1.4.2 계약서류

1) 계약에 필요한 서류

① 계약서(발주자, 시공자의 서명, 보증인의 서명 등)
② 설계서(내역서, 단가 및 수량산출서 등)
③ 시방서(특별, 전문, 일반 시방서 등)
④ 설계도서는 설계서, 설계도, 시방서를 모두 포함한다.

2) 계약에 필요한 용어

① 가격의 구분

a. 예산가격 : 정부 부처담당 공무원이 물품 · 공사 · 용역 등을 처리하기 위해 편성한 가격

b. 추정가격 : 계약담당 공무원이 물품 · 공사 · 용역 등의 조달계약을 체결함에 있어서 국제입찰 대상 여부를 판단하는 기준으로 삼기 위하여 예정가격이 결정되기 전에 산정된 가격

c. 설계가격, 조사가격 : 기술 또는 설계담당 공무원(원가계산 용역기관 포함)이 작성한 가격

d. 예정가격 : 입찰 또는 계약체결 전에 낙찰자 및 계약금액의 결정기준으로 삼기 위하여 원가계산에 의한 예정가격 작성원칙에 의거하여 그 기관의 재무관이 작성하는 가격으로 '예가' 라고도 한다.

② 계약이행보증

계약을 철저히 이행할 것을 약속하기 위한 보증으로 은행 등 금융기관의 보증서를 제출한다.

③ 하자이행보증

준공 후 하자보증기간의 하자는 시공자 책임하에 무상으로 보수하겠다는 보증을 말한다.

④ 지체보상금

계약서에 명기된 공사기간을 지키지 못했을 경우 부담해야 할 벌과금을 말한다.

⑤ 공사비의 구분

a. 착수금, 전도금, 선급금, 선수금

b. 중간불(기성대금, 기성불, 기성고)

c. 준공불(준공대금)

⑥ 기성검사원 및 준공검사원

기성검사나 준공검사를 요청하는 시공자의 서류로 수량 및 금액 산정은 현장기술자가 작성한다.

⑦ 기성검사조서 및 준공검사조서

기성검사와 준공검사를 행하는 발주자의 서류로 감독자나 감리자가 작성한다.

1.4.3 클레임과 분쟁

1) 용어의 정의

공사를 시공하면서 발생하는 여러 가지 문제들의 원인 제공자에게 추가 부담금을 요구하는 행위를 클레임(Claim)이라 하며, 클레임이 이해 당사자간에 원만히 해결되지 않을 경우 제3자에 의한 조정이나 법적인 해결책을 찾는 행위를 분쟁(Dispute)이라고 한다.

클레임은 분쟁 이전까지의 행위를 말하며, 클레임에 의한 요구사항은 주로 도급금액의 변경, 공사기간의 연장, 계약불이행에 의해 발생하는 손해배상 등이 있다.

과거에 국내 건설현장에서는 갑(발주자, 정부)의 우월적인 지위 때문에 을(시공자)이 제기하는 클레임은 거의 없었으나 최근에는 국내현장에서도 클레임이 자주 제기되고 있으며, 서울지하철 6,7,8호선 공사에서 많은 클레임이 발생된 바 있다.

해외공사의 경우 현장에는 클레임 담당자가 상주하고는 있으나 국내현장은 우리 기술자들에게 다소 생소한 분야로 인식되었으나 건설시장개방과 함께 클레임에 대한 연구와 관심이 날로 커지고 있다.

2) 클레임의 원인

① 계약조건과 현장조건의 상이(Differing site condition)
② 계약문서와 계약해제(Contract document, termination)
③ 공사변경이나 공사중단(Change scope, suspension)
④ 공사촉진 및 공사지연(Acceleration, delay)
⑤ 기상(Weather), 파업(Strike)
⑥ 업무착오(Maladministration)나 목적물의 품질결함 등

1.5 계약금액의 조정

1.5.1 설계변경으로 인한 계약금액의 조정(공사계약 일반조건 제19조~제21조)

설계변경은 시공 도중 예기치 못한 지반의 지질변화나 지하수 유출 등으로 공사물량의 증감, 신기술 공법 또는 정부설계와 동등 이상의 기능효과를 가진 기술, 공법, 기자재 등을 사용하여 공사비의 절감, 공기의 단축 등의 효과가 현저할 것으로 인정

될 때 당초의 계약내용을 변경시키는 것을 말하며, 설계변경을 하면 그에 따라 계약금액의 조정이 이루어진다.

1) 설계변경 사유

구 분	조 정 방 법
공사계약 일반조건 제19조의1~제19조의4	• 설계서와 현장상태가 상이한 경우(지질, 용수 등) • 설계서에 오류, 누락이 있는 경우 • 설계서간에 상호 모순이 있는 경우 • 신기술, 신공법에 의한 설계변경 [절차 : 업체의 서면통보 → 계약담당 공무원 검토 → 설계변경조치 (도면변경, 내역산출 등) → 시공]
공사계약 일반조건 제19조의5	• 계약담당 공무원이 설계서를 변경할 필요가 있다고 인정할 경우(공사규모 증감 등) [절차 : 계약담당 공무원 서면통보 → 계약상대자와 협의 → 설계 변경 조치 → 시공]

2) 설계변경으로 인한 계약금액의 조정방법

구 분	조 정 방 법
업체 요구시	• 계약된 공사물량의 증감 원칙 : 계약단가에 의한다. 예외 : 계약단가가 예정가격 단가보다 높고 물량이 증가하는 경우에는 예정가격단가로 한다. • 신규비목의 경우 : 설계변경 당시 단가에 낙찰률을 곱한 금액으로 한다.
정부 요구시	• 계약상대자의 책임사유가 없고 정부가 요구할 때 : 기존 물량의 증가 또는 신규비목의 여부에 관계없이 계약금액을 조정한다. • 설계변경 당시를 기준으로 산정한 단가와 동 단가에 낙찰률을 곱한 금액의 범위 내에서 합의 · 조정한다.

주) 턴키공사와 대안입찰공사는 정부의 요구, 천재지변, 불가항력의 사유가 발생했을 때로서 계약물량이 증가할 때는 계약단가를 적용하고, 신규비목일 때는 설계변경시 단가를 적용한다.

3) 기타 계약내용의 변경으로 인한 계약금액의 조정(공사계약 일반조건 제23조)

공사기간 중 당초 설계도서와 상이하게 시공되어야 할 현장여건이 발생되어 설계도서의 일부를 변경하는 행위를 설계변경이라 하고, 설계변경에 따라 공사기간이나 공사비 변경이 생겨 이를 변경하는 행위를 계약변경이라 하며, 설계변경이나 계약변경은 계약자 상호간의 협의에 의해 이루어진다.

① 설계변경, 물가변동 외에 계약내용이 변경되어 계약금액을 조정하는 것으로 이 때는 공사물량의 증감 없이 설계서 등의 변경으로 계약금액을 조정하는 제도이다.
② 기타 계약내용 변경의 예로서 토취장 이동으로 토사의 운반거리가 변경되었거나 관계법령의 제 개정으로 인하여 새로운 비목이 추가되는 경우 등이다.
③ 조정방법은 회계예규 "실비 정산기준"에 따라 변경내용을 실비 내에서 조정한다.
④ 계약금액 조정신청은 계약자의 신청이 있어야 한다.

1.5.2 물가변동으로 인한 계약금액의 조정(공사계약 일반조건 제22조)

계약체결 후 계약금액을 구성하는 각종 품목 또는 비목의 가격이 상승하거나 하락한 경우 계약금액을 조정하여 계약당사자의 부담을 경감시켜 줌으로써 계약이행을 원활하게 할 수 있게 하는 계약금액의 조정이며, 품목조정률과 지수조정률 방법 중 계약서에 명시된 한 가지 방법을 택일하여 적용한다.
① 조정요건은 계약일로부터 90일 이상이 경과되어야 하는데 이 기간은 이행 여부와 무관하므로 공사중지 기간 등이 포함된다.
② 품목조정률 또는 지수조정률의 증감이 100분의 3 이상 증감되어야 한다.

1) 품목조정률에 의한 방법(국가를 당사자로 하는 계약에 관한 법률 시행령 제64조)

이 방법은 계약금액을 구성하고 있는 모든 품목 또는 비목을 대상으로 품목조정률을 산정한 후 물가변동 적용대가에 동 품목조정률을 곱하여 계약금액을 조정하는 방법이다.
① 조정금액 = 물가변동 적용대가×품목조정률
② 품목조정률 =

$$\frac{(\text{등락폭}\times\text{수량})\text{의 합계}+(\text{동 합계액에 대한 일반관리비, 이윤, 부가가치세 등})}{\text{계약금}}$$

③ 등락폭 = 계약단가×등락률

④ $\text{등락률} = \dfrac{\text{물가변동 당시가격}-\text{계약체결 당시가격}}{\text{계약체결 당시가격}}$

위 계산식 중 수량 및 계약금액은 조정기준일 전에 이행이 완료되어야 할 부분을 제외한 수량 및 계약금액이며, 설계 후 계약 체결일까지의 가격변동은 계약 특수조건으로 약정하지 않는 한 적용이 불가능하다.

물가변동 당시 가격은 계약체결 당시 가격산출 방법과 동일한 방법으로 산출한다.

2) 지수조정률에 의한 방법(국가를 당사자로 하는 계약에 관한 법률 시행령 제64조)

이 방법은 계약금액을 구성하는 비목을 유형별로 정리하여 비목건을 편성, 각 비목건의 순공사금액에 대한 가중치(계수)를 산정한 후 비목건별로 한국은행이 매월 발행하고 있는 통계 원보상의 생산자물가 기본 분류지수 등을 대비하여 지수조정률(K)을 산출, 계약금액을 조정하는 방법이다.

① 비목군 편성 : A 노무비, B 기계경비, C 광산품, D 공산품, E 전력, 수도, 도시가스, F 농림 수산품, G 산재보험료, H 안전관리비, Z 기타 비목군 등으로 구분한다.

② 계수산정 : 각 비목군에 해당하는 산출내역서상의 금액이 순공사금액(재료비, 노무비, 경비의 합계액)에서 차지하는 비율을 산정하여 a, b, c, d…… z 등으로 표시한다.

③ 지수산정

- A (노무비) : 대한건설협회가 발표한 부문별 평균 노임
- B (기계경비) : 표준품셈상의 전체 건설기계 가격의 평균치
- C~F : 생산자물가 기본분류지수 및 수입물가 지수표상의 당해 물품에 해당하는 지수
- G, H, Z : 회계예규 “지수조정률 산출요령”상의 공식에 따라 산출

④ 지수조정률

$$K = \left(a\frac{A_1}{A_0} + b\frac{B_1}{B_0} + c\frac{C_1}{C_0} \cdots\cdots z\frac{Z_1}{Z_0} \right) - 1$$

여기서, $A_0 \sim Z_0$는 기준시점인 입찰시점의 지수

$A_1 \sim Z_1$은 비교시점인 물가변동시점의 지수

3) 조정금액 산정

① 계약금액 중 조정기준일 이후 이행될 부분의 대가에 조정률을 곱하여 조정금액

을 산출한다.

② 예정공정표를 기준으로 판단하되 정부 귀책사유, 폭풍, 기타 자연적, 사회적, 인위적 사태 등 불가항력으로 지연된 경우는 포함시킨다.

③ 선금이 조정기준일 이전에 지급된 경우는 그 비율만큼 공제한다.

④ 공제액＝물가변동 적용대가×조정률×선급금비율

⑤ 장기계속공사는 당해년도 계약체결분에서 공제한다.

⑥ 기성 수령부분은 제외된다.

⑦ 계약이행기간 중 요건이 충족되면 준공 후에도 조정이 가능하다.

4) 품목 및 지수조정률 중에서 한 가지 방법만 택일하여 적용한다.

① 품목조정률 방법과 지수조정률 방법 중 택일하여 계약서에 명시해야 한다.

② 예정가격이 100억원 이상인 경우는 원칙적으로 지수조정방식으로 한다.

품목조정률 및 지수조정률에 의한 방법을 비교하며 표 1.1과 같다.

표 1.1 품목조정률 및 지수조정률에 의한 방법 비교

구 분	품목조정률에 의한 방법	지수조정률에 의한 방법
개 요	계약금액의 산출내역을 구성하는 품목 또는 비목의 가격변동으로 당초 계약금액에 비하여 3% 이상 증감시에 계약금액을 조정한다.	계약금액의 산출내역을 구성하는 비목군의 지수변동으로 당초 계약금액에 비하여 3% 이상 증감시 조정한다.
조정률 산출방법	기 계약금을 구성하는 모든 품목 또는 비목의 등락을 개별적으로 계산하여 등락률을 산정한다.	계약금액을 구성하는 비목을 유형별로 정리한 "비목군"을 분류한다. 당해 비목군에 계약금액에 대한 가중치를 부여한다. 비목군별로 생산자 물가 기본분류 등을 대비하여 산출한다.
적용대상	거래 실례 가격 또는 원가계산에 의한 예정가격을 기준으로 체결한 계약	원가계산에 의한 예정가격을 기준으로 체결한 계약
장 점	계약금액을 구성하는 각 품목 또는 비목별로 등락률을 산출하므로 당해 비목에 대한 조정사유를 실제대로 반영이 가능하다.	한국은행에서 발표하는 생산자 물가 기본분류지수, 수입 물가지수 등을 이용하므로 조정률 산출이 용이하다.

표 1.1 (계속)

구 분	품목조정률에 의한 방법	지수조정률에 의한 방법
단 점	매 조정시마다 수많은 품목 또는 비목의 등락률을 산출하므로 복잡하다. 계산이 복잡한 만큼 시간과 노력이 많이 든다.	평균가격 개념인 지수를 이용하므로 당해 비목에 대한 조정사유가 실제대로 반영되지 않는 경우가 있다.
용 도	계약금액의 구성비목이 적고 조정횟수가 많지 않은 단기, 소규모, 단순공종공사 등에 적합하다.	계약금액의 구성비목이 많고 조정횟수가 많은 장기, 대규모, 복합공종공사 등에 적합하다.

1.6 건설업종의 구분

건설산업기본법시행령에 의한 건설업의 업종과 업종별 업무내용은 부록 4와 같다.

1.6.1 종합공사를 시공하는 업종(종합공사업)

종합공사업은 종합적인 관리 및 조정하에 시공하는 건설업을 말하며, 건설산업기본법시행령 제7조 별표1에서는 토목공사업, 건축공사업, 토목 · 건축공사업, 산업 · 환경설비공사업, 조경공사업의 5종으로 분류하고 있다.

2018년 5월 현재 대한건설협회의 종합공사업 등록현황을 보면, 전체 14,367개(12,245업체) 중 토목공사업 2,530, 건축공사업 6,819, 토목 · 건축공사업 3,153, 산업설비공사업 380, 조경공사업 1,485업체가 등록되어 있다.

건설산업기본법시행령 제13조 관련 건설업의 등록기준(별표 2, 개정 2018년 2월 4일)에서 회사설립에 필요한 토목공사업의 등록기준은 다음 표 1.2와 같다.

표 1.2 토목공사업의 등록기준

기술능력	국가기술자격법에 의한 토목기사 또는 건설기술진흥법에 따른 토목 분야의 중급기술자 이상인 자 중 2인을 포함한 토목 분야 초급 이상의 건설기술자 6명 이상
자 본 금	법인 : 7억원 이상, 개인 : 14억원 이상
시설/장비	사무실

토목 · 건축공사업의 등록기준은 표 1.3과 같다.

표 1.3 토목 · 건축공사업의 등록기준

구분	내용
기술능력	다음 각호의 기술자를 포함한 건설기술자 11인 이상 1. 국가기술자격법에 따른 토목기사 또는 건설기술진흥법에 따른 토목 분야의 중급기술자 이상인 자 중 2인을 포함한 토목 분야 초급 이상의 건설기술자 5인 이상 2. 국가기술자격법에 따른 건축기사 또는 건설기술진흥법에 따른 건축 분야의 중급기술자 이상인 자 중 2인을 포함한 건축 분야 초급 이상의 건설기술자 5인 이상
자 본 금	법인 : 12억원 이상, 개인 : 24억원 이상
시설/장비	사무실

[별표 1] 〈개정 2016.1.12.〉

건설기술자의 범위(제4조 관련)

1. 건설기술자의 인정범위

가. 「국가기술자격법」, 「건축사법」 등에 따른 건설 관련 국가자격을 취득한 사람으로서 국토교통부장관이 고시하는 사람

나. 다음의 어느 하나에 해당하는 학력 등을 갖춘 사람

1) 「초 · 중등교육법」 또는 「고등교육법」에 따른 학과의 과정으로서 국토교통부장관이 고시하는 학과의 과정을 이수하고 졸업한 사람

2) 그 밖의 관계 법령에 따라 국내 또는 외국에서 1)과 같은 수준 이상의 학력이 있다고 인정되는 사람

3) 국토교통부장관이 고시하는 교육기관에서 건설기술관련 교육과정을 6개월 이상 이수한 사람

다. 법 제60조제1항에 따른 국립 · 공립 시험기관 또는 품질검사를 대행하는 건설기술용역업자에 소속되어 품질시험 또는 검사 업무를 수행한 사람

2. 건설기술자의 등급

가. 국토교통부장관은 건설공사의 적절한 시행과 품질을 높이고 안전을 확보하기 위하여 건설기술자의 경력, 학력 또는 자격을 다음의 구분에 따른 점수범위에서 종합평가한 결과(이하 "건설기술자 역량지수"라 한다)에 따라 등급을 산정하여

야 한다. 이 경우 별표 3에 따른 기본교육 및 전문교육을 이수하였을 때에는 건설기술자 역량지수 산정 시 3점의 범위에서 가점할 수 있으며, 법 제2조제10호에 해당하는 건설사고가 발생하여 법 제24조제1항에 따른 업무정지처분 또는 법 제53조제1항에 따른 벌점을 받은 경우에는 3점의 범위에서 감점할 수 있다.

1) 경력 : 40점 이내

2) 학력 : 20점 이내

3) 자격 : 40점 이내

나. 건설기술자의 등급은 건설기술자 역량지수에 따라 특급 · 고급 · 중급 · 초급으로 구분할 수 있다.

3. 건설기술자의 직무 분야 및 전문 분야

직무 분야	전문 분야	
가. 기계	1) 공조냉동 및 설비 3) 용 접 5) 일반기계	2) 건설기계 4) 승강기
나. 전기 · 전자	1) 철도신호 3) 산업계측제어	2) 건축전기설비
다. 토목	1) 토질 · 지질 3) 항만 및 해안 5) 철도 · 삭도 7) 상하수도 9) 토목시공 11) 측량 및 지형공간정보	2) 토목구조 4) 도로 및 공항 6) 수자원개발 8) 농 · 어업 토목 10) 토목품질관리 12) 지적
라. 건축	1) 건축구조 3) 건축시공 5) 건축품질관리	2) 건축기계설비 4) 실내건축 6) 건축계획 · 설계
마. 광업	1) 화약류관리	2) 광산보안
바. 도시 · 교통	1) 도시계획	2) 교통
사. 조경	1) 조경계획	2) 조경시공관리
아. 안전관리	1) 건설안전 3) 가스	2) 소방 4) 비파괴검사
자. 환경	1) 대기관리 3) 소음진동 5) 자연환경 7) 해양	2) 수질관리 4) 폐기물처리 6) 토양환경
차. 건설지원	1) 건설금융 · 재무 3) 건설마케팅	2) 건설기획 4) 건설정보처리

4. 외국인인 건설기술자의 인정범위 및 등급
   외국인인 건설기술자는 해당 외국인의 국가와 우리나라 간 상호인정 협정 등에서 정하는 바에 따라 인정하되, 그 인정방법 및 등급에 관하여는 제1호 및 제2호를 준용한다.

5. 그 밖에 직무 · 전문 분야별 국가자격 · 학력 및 경력의 인정 등 건설기술자 역량지수 산정에 관한 방법과 절차는 국토교통부장관이 정하여 고시한다.

1.6.2 전문공사를 시행하는 업종(전문공사업)

전문공사업은 시설물의 일부 또는 전분야에 관한 공사를 시공하는 건설업을 말하며, 건설산업기본법시행령 제7조의 부록 4에서는 29종으로 분류하고 있다.

2018년 4월 현재 대한전문건설협회의 전문공사업 등록현황을 보면, 전체 등록은 60,776개(40,758업체) 중 토목관련 전문공사업은 토공사업 6,122, 철근 · 콘크리트 공사업 11,105, 상 · 하수도 설비공사업 7,463, 보링 · 그라우팅공사업 1,003, 포장공사업 2,632, 수중공사업 376, 강구조물공사업 679개가 등록되어 있다.

건설산업기본법시행령 제13조 관련 건설업의 등록기준(별표 2, 개정 2018년 2월 4일)에서 회사설립에 필요한 등록기순은 다음 표 1.4와 같다.

표 1.4 전문건설업 회사설립에 필요한 등록기준

전문공사업 구분	기 술 능 력	자본금	시설/장비
토공사업	건설기술진흥법에 의한 토목, 화약류 관리분야 건설기술자 또는 국가기술자격법에 의한 관련종목의 기술자격 취득자 중 2인 이상	개인 : 2억 이상 법인 : 2억 이상	사무실
철근 · 콘크리트 공사업	건설기술진흥법에 의한 토목, 건축분야 건설기술자 또는 국가기술자격법에 의한 관련종목의 기술자격 취득자 중 2인 이상	개인 : 2억 이상 법인 : 2억 이상	사무실
상하수도설비 공사업	건설기술진흥법에 의한 토목 · 기계분야 건설기술자 또는 국가기술자격법에 의한 관련종목의 기술자격 취득자 중 2인 이상	개인 : 2억 이상 법인 : 2억 이상	사무실

표 1.4 (표 계속)

전문공사업 구분	기 술 능 력	자본금	시설/장비
보링 · 그라우팅 공사업	건설기술진흥법에 의한 토목분야 건설기술자 또는 국가기술자격법에 의한 관련종목의 기술자격 취득자 중 2인 이상	개인 : 2억 이상 법인 : 2억 이상	사무실
포장공사업	1. 건설기술진흥법에 의한 토목분야 기술자 중 1인 이상 2. 국가기술자격법에 의한 관련종목의 기술자격 취득자 중 2인 이상	개인 : 6억 이상 법인 : 3억 이상	사무실
수중공사업	1. 국가기술자격법에 따른 잠수산업기사 또는 잠수기능사 1명 이상 2. 건설기술진흥법에 의한 토목, 기계분야 건설기술자 또는 국가기술자격법에 의한 관련종목의 기술자격 취득자 중 1인 이상	개인 : 2억 이상 법인 : 2억 이상	사무실
강구조물 공사업	1. 건설기술진흥법에 의한 기계, 토목, 건축분야 건설기술자 2인 이상 2. 국가기술자격법에 의한 관련종목의 기술자격 취득자 2인 이상	개인 : 6억 이상 법인 : 3억 이상	사무실
시설물유지관리업	건설기술진흥법에 의한 토목분야 또는 건축분야 건설기술자 중 4인 이상	개인 : 3억	• 사무실 1. 육안검사 장비 : 망원경, 비디오카메라, 균열폭 측정 현미경 2. 비파괴시험기 등

1.6.3 건설기술자 배치기준

건설산업기본법시행령 제35조 제2항 관련 공사예정금액의 규모별 건설기술자 배치기준(별표 5, 개정 2018년 2월 4일)은 표 1.5와 같다.

표 1.5 공사금액 규모별 건술기술자 배치 기준

공사예정금액의 규모	건설기술자의 배치기준
700억원 이상(법 제93조 제1항이 적용되는 시설물이 포함된 공사인 경우에 한정한다)	1. 기술사
500억원 이상	1. 기술사 또는 기능장 2. 「건설기술진흥법」에 따른 건설기술자 중 해당 직무분야의 특급기술자로서 해당 공사와 같은 종류의 공사현장에 배치되어 시공관리업무에 5년 이상 종사한 자
300억원 이상	1. 기술사 또는 기능장 2. 기사 자격취득 후 해당 직무분야에 10년 이상 종사한 자 3. 「건설기술진흥법」에 따른 건설기술자 중 해당 직무분야의 특급기술자로서 해당 공사와 같은 종류의 공사현장에 배치되어 시공관리업무에 3년 이상 종사한 자
100억원 이상	1. 기술사 또는 기능장 2. 기사 자격취득 후 해당 직무분야에 5년 이상 종사한 자 3. 「건설기술진흥법」에 따른 건설기술자 중 다음 각 목의 어느 하나에 해당하는 자 가. 해당 직무분야의 특급기술자 나. 해당 직무분야의 고급기술사로서 해당 공시의 같은 종류의 공사현장에 배치되어 시공관리업무에 3년 이상 종사한 자 4. 산업기사 자격취득 후 해당 직무분야에서 7년 이상 종사한 자
30억원 이상	1. 기사 이상 자격취득자로서 해당 직무분야에 3년 이상 실무에 종사한 자 2. 산업기사 자격취득 후 해당 직무분야에서 5년 이상 종사한 자 3. 「건설기술진흥법」에 따른 건설기술자 중 다음 각 목의 1에 해당하는 자 가. 해당 직무분야의 고급기술자 이상인 자 나. 해당 직무분야의 중급기술자로서 해당 공사와 같은 종류의 공사현장에 배치되어 시공관리업무에 3년 이상 종사한 자
30억원 미만	1. 산업기사 이상 자격취득자로서 해당 직무분야에 3년 이상 실무에 종사한 자 2. 「건설기술진흥법」에 따른 건설기술자 중 다음 각 목의 어느 하나에 해당하는 자 가. 해당 직무분야의 중급기술자 이상인 자 나. 해당 직무분야의 초급기술자로서 해당 공사와 같은 종류의 공사현장에 배치되어 시공관리업무에 3년 이상 종사한 자

표 1.6 건설기술자의 등급

[건설기술자 등급 인정 및 교육 · 훈련 등에 관한 기준, 국토교통부 고시 제2015-468호(2015.6.30)]

기술등급 \ 구분	설계 · 시공 등의 업무	품질관리업무	건설사업관리업무
특급	75점 이상	75점 이상	80점 이상
고급	65점 이상	65점 이상	70점 이상
중급	55점 이상	53점 이상	60점 이상
초급	35점 이상	35점 이상	40점 이상

건설기술자의 구분	직무내용
설계 · 시공 등의 업무	건설공사업무를 수행하는 사장(일반건설기술자) (현장대리인, 안전 · 환경관리자, 공사감독, 품질관리자, 사업책임기술자, 분야별 책임기술자, 용역감독, 참여기술자, 일반감독, 책임건설사업관리기술자, 상주기술자, 기술지원기술자)
품질관리업무	건설기술용역업자(전문 분야 : 품질검사)에 소속되어 품질시험 및 검사 등의 업무를 수행하는 사람
건설사업관리업무	건설기술용역업자(전문 분야 : 종합 또는 설계 · 사업관리)에 소속되어 건설사업관리 업무를 수행하는 사람

건설기술자 역량지수
=자격지수(40점 이내)+학력지수(20점 이내)+경력지수(40점 이내)+교육지수(3점 이내)

건설기술자 역량지수 세부항목별 배점

구분	자격종목, 학력지수	배점(점)
자격지수 (40점 이내)	기술사, 건축사	40
	기사, 기능장	30
	산업기사(기술지원 분야 : 변호사, 세무사, 공인회계사, 법무사, 변리사, 관세사, 행정사)	20
	기능사	15
	기타(학 · 경력자 및 해당 전문 분야 외의 분야)	10
학력지수 (20점 이내) (가산점 : 해당 전문 분야 석사 1.5점, 박사 3점)	학사 이상	20
	전문학사(3년제)	19
	전문학사(2년제)	18
	고졸	15
	국토교통부장관이 정한 교육과정 이수	12
	고졸 미만	10
경력지수 (40점 이내)	(logN/log40)×100×0.4 * N은 보정계수를 곱한 경력의 총합에 365일로 나눈(분야별 총 인정일/365) 값으로 한다. 다만, 분야별 총 인정일이 365일 미만인 경우는 1로 한다.	0~40
교육지수(3점 이내)	교육시간 35시간마다	1

제 1 장 연습문제

1 아래에 있는 법률의 차이점과 특징을 설명하시오.

1) 국가를 당사자로 하는 계약에 관한 법률, 시행령, 시행규칙
2) 지방자치단체를 당사자로 하는 계약에 관한 법률, 시행령, 시행규칙
3) 건설산업기본법, 시행령, 시행규칙
4) 건설기술진흥법, 시행령, 시행규칙
5) 공사계약 일반조건
6) 예정가격 작성기준

2 아래에 있는 기관의 주요 업무내용과 특징을 설명하시오.

1) 조달청 국가종합전자조달 나라장터
2) 국토교통부, 한국건설기술연구원 건설코스트연구센터
3) 대한건설협회, 대한전문건설협회, 해외건설협회
4) 대한토목학회, 토목연구정보센터
5) 한국도로공사, 한국수자원공사, 한국토지주택공사, 한국항만공사
6) 한국철도시설공단, 한국공항공사, 한국컨테이너부두공단, 한국시설안전공단

3 아래 내용을 설명하시오.

1) 건설공사에서 적산

2) 표준시장 단가

3) PQ, TP

4) 가격(예산, 추정, 설계, 예정)의 구분

5) 클레임과 분쟁

6) 설계변경으로 인한 계약금액의 조정

7) 물가변동으로 인한 계약금액의 조정

8) 전문건설업의 업종 분류

9) 공사금액 규모별 건설기술자 배치 기준

10) 건설기술자의 등급, 직무내용, 역량지수

2 수량산출

2.1 수량산출 개요

건설공사의 수량산출은 공사의 각 공종에 대한 분할로부터 시작되며, 설계도서와 미리 결정된 수량산출기준에 의해서 객관적이고 합리적으로 산출되어야 한다. 이를 위해서 국토교통부에서는 공종별 목적물의 물량내역서 및 산출내역서를 작성할 때 적용하도록 수량산출기준을 제정하여 사용토록 하고 있다.(공사계약 일반조건 제2조)

수량이란 실계치수에 따른 설계도서에 의한 설계수량과 생산치수 또는 시공상 부득이한 손실에 따른 할증을 포함한 소요수량으로 구분해야 한다.

수량계산은 단순한 반복 산술계산이지만 다양하고 많은 공종을 계산해야 하므로 실수하지 않도록 유의해야 하며, 수량산출서 및 수량산출 근거를 명확히 작성해야 한다.

2.2 공종별 수량산출

2.2.1 토공사 수량산출

토공은 터파기, 되메우기, 잔토처리, 절토, 성토 등이 있으며, 토공의 단면과 형상에 따라 양단면평균법, 중앙단면적법, 사각주체법, 삼각주체법, 등고선법 등이 사용되므로 가장 적합한 방법으로 산출해야 한다.

1) 토공의 구분

(1) 절 토

① 유용토 : 절토 - 싣기 - 운반

동일 현장이나 동일한 작업장 내에서 절토한 흙을 성토나 되메우기에 활용할 경우의 흙을 유용토라 하며, 토공의 균형을 위해 동일 장소에서 깎은 흙을 쌓기 하는 작업을 유용토쌓기라 하며, 이때는 불도저 등이 이용된다.

② 사토(잔토) : 절토 - 싣기 - 운반

작업현장에서 흙이 남아 외부의 사토장 등으로 반출하는 흙을 사토라 한다.

(2) 성 토

운반한 토사를 쌓아 올린 것을 성토라 하며, 순성토는 작업장 또는 일정한 구간 내에서 흙을 충당할 수 없어 토취장 등 외부에서 흙을 반입하여 성토하는 토량을 말한다.

① 유용토 : 부설 - 다짐

② 순성토 : 싣기 - 운반 - 부설 - 다짐

(3) 구조물 터파기

① 되메우기

② 잔토 : 유용토, 사토

2) 터파기

터파기는 기초 또는 지하구조물 등을 설치하기 위해 원지반보다 낮은 곳의 흙을 굴착하는 것을 말하며, 원지반으로부터 깊이 20cm 이상의 굴착은 터파기이며, 20cm 이하는 절취로 본다.

터파기는 토질에 따라 필요한 비탈구배를 유지해야 하고, 터파기의 깊이에 따라 작업상의 여유폭을 두어야 하므로 이러한 것들을 감안해서 계산해야 한다.

3) 되메우기

작업에 소요되는 터파기 흙을 작업완료 전에 다시 메우는 토공사를 말하며, 터파기와 되메우기 작업의 시차가 클 경우에는 되메우기 흙을 별도의 장소에서 운반해

와야 한다.

되메우기 토량 = 총 터파기량 − 기초매설부 체적으로 산출하며, 기초매설부 체적이란 지반선 이하의 잡석다짐, 기초콘크리트 등의 체적을 말한다.

4) 잔토처리

잔토처리량 = (총 터파기량 − 되메우기량) × 토량환산계수

5) 토량(체적)환산계수

흙은 토입자, 물, 공기를 포함해서 구성되어 있으므로 취급하는 상태에 따라 밀도와 부피의 변화가 크다.

토량의 변화는 자연상태의 토량, 흐트러진 상태의 토량, 다져진 상태의 토량으로 나타내며, 이들 상호간의 관계는 토량(체적)환산계수(f)로 나타낸다.

토량환산계수는 토질을 시험하여 적용하는 것이 원칙이지만 토량이 소량인 경우에는 표 2.1에 의한 토량환산계수를 적용할 수 있으며, 토량의 변화율은 표 2.2와 같다.

① 자연상태의 토량(N : Natural) : 굴착할 토량으로 자연지반, 본래바닥, 제자리에서의 흙으로 자연상태의 토량을 말한다.

② 흐트러진 상태의 토량(L : Loose) : 운반할 토량으로 느슨한 상태의 토량을 말한다.

③ 다져진 상태의 토량(C : Compact) : 다져진 후 완성된 토량으로 다져진 상태의 토량을 말한다.

④ 토량(체적)환산계수(f) : $L = \dfrac{\text{흐트러진 상태의 토량}(\mathrm{m^3})}{\text{자연상태의 토량}(\mathrm{m^3})}$,

$$C = \frac{\text{다져진 상태의 토량}(\mathrm{m^3})}{\text{자연상태의 토량}(\mathrm{m^3})}$$

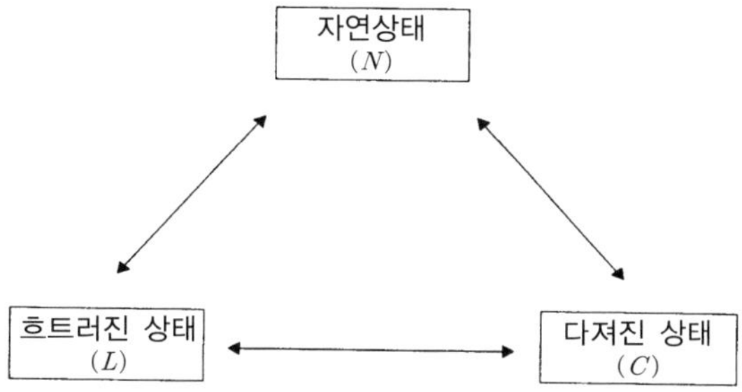

표 2.1 토량(체적)환산계수(f)

기준이 되는 토량 \ 구하는 토량	자연상태	흐트러진 상태	다져진 상태
자 연 상 태	1	L	C
흐트러진 상태	$1/L$	1	C/L

표 2.2 토량(체적)의 변화율(2019년 건설공사 표준품셈 제1장 적용기준)

종 별	L	C	종 별	L	C
경 암	1.70 ~ 2.00	1.30 ~ 1.50	암괴, 호박돌 섞인 모래	1.15 ~ 1.20	0.90 ~ 1.00
보 통 암	1.55 ~ 1.70	1.20 ~ 1.40	모래질 흙	1.20 ~ 1.30	0.85 ~ 0.90
연 암	1.30 ~ 1.50	1.00 ~ 1.30	암괴, 호박돌 섞인 모래질 흙	1.40 ~ 1.45	0.90 ~ 0.95
풍 화 암	1.30 ~ 1.35	1.00 ~ 1.15	점 질 토	1.25 ~ 1.35	0.85 ~ 0.95
호 박 돌	1.10 ~ 1.15	0.95 ~ 1.05	역이 섞인 점질토	1.35 ~ 1.40	0.90 ~ 1.00
역	1.10 ~ 1.20	1.10 ~ 1.05	암괴, 호박돌 섞인 점질토	1.40 ~ 1.45	0.90 ~ 0.95
역 질 토	1.15 ~ 1.20	0.90 ~ 1.00	점 토	1.20 ~ 1.45	0.85 ~ 0.95
고결된 역질토	1.25 ~ 1.45	1.10 ~ 1.30	역이 섞인 점질토	1.30 ~ 1.40	0.90 ~ 0.95
모 래	1.10 ~ 1.20	0.85 ~ 0.95	암괴, 호박돌 섞인 점토	1.40 ~ 1.45	0.90 ~ 0.95

6) 토량(체적)환산계수 적용요령

토량(체적)환산계수 적용은 대상이 되는 물량(구하는 Q)에 따라 적용하여야 한다.

① 절토 및 적사운반은 내역서상에 자연상태로 표기되며, 단가산출시 적사하여 운반하는 흙의 상태는 절토후 흐트러진 상태인 $f = 1/L$을 적용한다.

② 흙쌓기 되메우기는 내역서상에 다져진 상태로 표기되며, 대상이 되는 흙의 상태가 흐트러진 상태로 포설은 $f = C/L$을 적용하고, 다짐은 $f = 1$을 적용한다.

③ 보조기층 선택층은 내역서상에 다져진 상태로 표기되며, 대상이 되는 흙의 상태가 흐트러진 상태로 포설은 $f = C/L$을 적용하고, 다짐은 $f = 1$을 적용한다.

④ 골재운반(혼합층재, 모래, 자갈)은 흐트러진 상태에서 흐트러진 상태의 골재를 운반하는 것으로 $f = 1$을 적용하며, 구입은 다짐상태의 수량이 필요하므로 $f = L/C$를 적용하고, 내역서상에는 흐트러진 상태로 표시한다.

⑤ 토량(체적)환산계수(f) 적용표

구 분	대상기준 (내용수량)	절토	집토 적사	운반	포설	다짐	비고
절토 토사	자연상태	$1/L$	$1/L$	$1/L$			
절토리핑암	자연상태	$1/L$	$1/L$	$1/L$			
절토발파암	자연상태		$1/L$	$1/L$			
흙 쌓 기	다짐상태				C/L	1	
되메우기 및 다짐	다짐상태				C/L	1	
혼합층재 포설다짐	다짐상태				C/L	1	
혼합층재 구입운반	흐트러진 상태			1			상차도
골재포설다짐	다짐상태				C/L	1	
골재구입운반	흐트러진 상태			1			상차도

7) 토질 및 암의 분류(2019년 건설공사 표준품셈 제1장 적용기준)

① **보통토사** : 보통 상태의 실트 및 점토 모래질 흙이나 이들의 혼합물로서 삽이나 괭이로 상체를 약간 구부려 작업할 정도의 토질

② **경질토사** : 견고한 모래질 흙이나 점토로서 체중을 이용하여 2~3회의 동작으로 괭이나 곡괭이를 사용할 정도의 토질

③ **고사점토 및 자갈 섞인 토사** : 자갈질 흙 또는 견고한 실트, 점토 및 이들의 혼합물로서 곡괭이를 사용하여 파낼 수 있는 단단한 토질

④ **호박돌 섞인 토사** : 호박돌 크기의 돌이 섞여 있고, 경우에 따라서는 굴착에 약간의 화약을 사용해야 할 정도로 단단한 토질

⑤ **풍화암** : 일부는 곡괭이를 사용할 수 있으나 암질이 부식되고 균열이 1~10cm 정도로서 굴착 또는 절취에는 약간의 화약을 사용해야 할 정도의 암질

⑥ **연암** : 혈암, 사암 등으로 균열이 10~30cm 정도로서 굴착 또는 절취에는 화약을 사용해야 하지만 석축용으로는 부적당한 암질

⑦ **보통암** : 풍화상태는 거의 없고, 굴착 또는 절취에는 화약을 사용하여 균열이 30~50cm 정도의 암질

⑧ 경암 : 화강암, 안산암 등으로서 굴착 또는 절취에 화약을 사용해야 하며, 균열상태가 1m 이내로서 석축용으로 쓸 수 있는 암질

⑨ 극경암 : 암질이 매우 밀착된 단단한 상태의 암질

예제 2.1 자연상태의 토량이 15,000m³인 모래질 흙인 경우 굴착시의 토량과 다짐시의 토량을 구하시오.

풀이 표 2.2 토량의 변화율에서 모래질 흙인 경우

$L = 1.20 \sim 1.30$, 평균 $L = 1.25$

$C = 0.85 \sim 0.90$, 평균 $C = 0.88$(소수셋째자리에서 반올림)

1) 굴착하면 흐트러진 상태가 되므로 흐트러진 상태의 토량은

$15,000\,\mathrm{m}^3 \times 1.25 = 18,750\,\mathrm{m}^3$

2) 다짐을 하면 다져진 상태가 되므로 다져진 상태의 토량은

$15,000\,\mathrm{m}^3 \times 0.88 = 13,200\,\mathrm{m}^3$

예제 2.2 다짐을 하여 성토된 지반의 토량이 15,000m³인 점질토인 경우 자연상태의 토량과 흐트러진 상태의 토량을 구하시오.

풀이 표 2.2 토량의 변화율에서 점질토인 경우

$L = 1.25 \sim 1.35$, 평균 $L = 1.30$

$C = 0.85 \sim 0.95$, 평균 $C = 0.90$

1) 성토에 필요한 자연상태의 토량은

$$15{,}000\,\mathrm{m}^3 \times \frac{1}{C} = 15{,}000 \times \frac{1}{0.9} = 16{,}667\,\mathrm{m}^3$$

2) 성토에 필요한 흐트러진 상태의 토량은

$$15{,}000\,\mathrm{m}^3 \times \frac{L}{C} = 15{,}000 \times \frac{1.30}{0.90} = 21{,}667\,\mathrm{m}^3$$

2.2.2 콘크리트 및 거푸집 수량산출

콘크리트의 수량은 구조 부위별로 계산순서를 정하여 구조물의 최하부에서부터 상부로 이동하면서 구조물 기초, 기둥, 벽체, 슬래브 등으로 산출하며, 레미콘의 규격인 콘크리트의 굵은골재크기, 설계기준강도(f_{ck}), 슬럼프치수(레미콘규격 예 : 25-24-120)

등 같은 규격끼리 합산하고, 중복 산출하거나 누락되지 않도록 해야 한다.

거푸집 수량은 종류별로 합판거푸집, 목재거푸집, 강재거푸집, 치장거푸집 등으로 구분하고, 사용장소 및 사용횟수 등으로 구분하여 산출한다.

보와 슬래브의 연결부에 설치하는 헌치와 사면부분의 거푸집은 구배가 1 : 0.5 이상인 경우에 설치하며, 개구부의 면적이 1개소당 $1m^2$ 이상이면 공제한다.

(1) 독립기초

독립기초는 구조물의 위치별로 베이스, 헌치 등 각 부분으로 구분하여 계산한다.

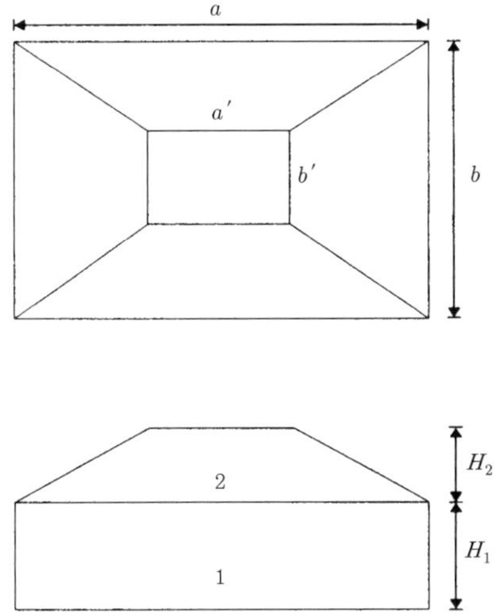

그림 2.1 독립기초

① 콘크리트량

$$V_1 = a \times b \times H_1$$

$$V_2 = \frac{H_2}{3}[ab + a'b' + \sqrt{(ab)(a'b')}]$$

또는 $V_2 = \frac{H_2}{6}[(2a + a')b + (2a' + a)b']$

$$\therefore \ V = V_1 + V_2$$

V_2 의 정확한 계산은 두 번째 V_2 계산식에 의해서 구해지지만 계산의 간편화를 위해 의사공식은 첫 번째 V_2 계산식을 사용해도 무방하다.

② 거푸집량

$$A_1 = 2(a+b)H_2$$

$$A_2 = \left[\left(\frac{a'+a}{2}\right) \times c \times 2\right] + \left(\frac{b'+b}{2}\right) \times c \times 2\right]$$

$$A = A_1 + A_2$$

이때

$$c = \sqrt{H_2^2 + \left(\frac{a-a'}{2}\right)^2}$$

사면 부분의 거푸집을 계상해야 하는가를 점검하려면 다음과 같이 한다.

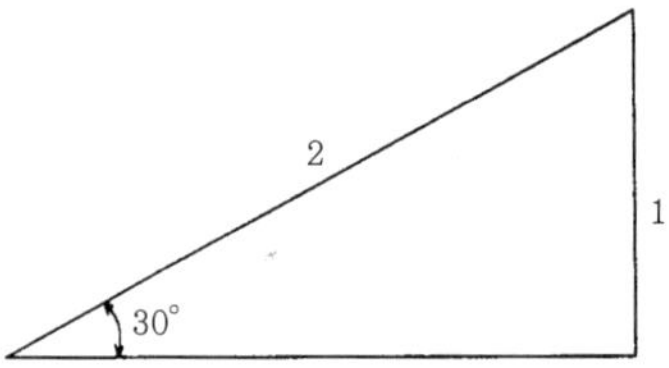

건축공사에서는 경사각이 30° 이상일 때 계상하고 경사각이 30° 미만일 때는 계상하지 않으며, 토목공사에서는 사면의 구배가 1/2 이상일 때 설치하는 것으로 한다.

(2) 줄기초

콘크리트량은 기초단면적에 중심선 길이를 곱하여 계산한다.

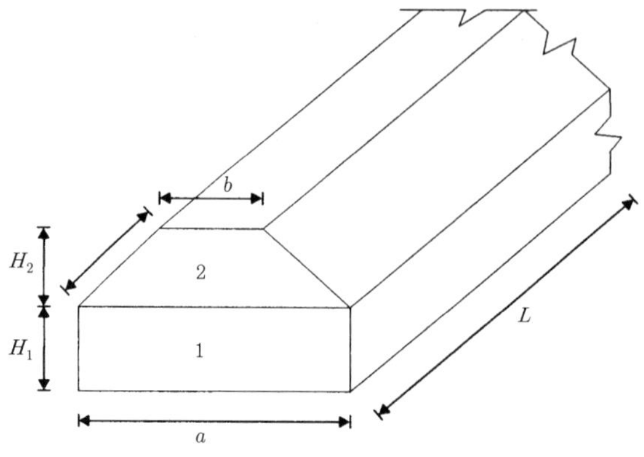

그림 2.2 줄기초

① 콘크리트량

$$V = (\text{단면적}) \times (\text{중심연장})$$

$$V_1 = a \times H_1 \times L$$

$$V_2 = \frac{(a+b)}{2} \times H_2 \times L$$

$$V = V_1 + V_2$$

② 거푸집량

$A = 2 \times L \times H_2$ (사면 구배가 1/2 미만일 때 또는 경사각이 30° 미만일 때)

$A = 2 \times L \times (H_2 + c)$(사면 구배가 1/2 이상일 때 또는 경사각이 30° 이상일 때)

(3) 기 둥

기둥 단면적에 층 높이에서 바닥판 두께를 뺀 높이를 곱하여 콘크리트량을 계산한다.

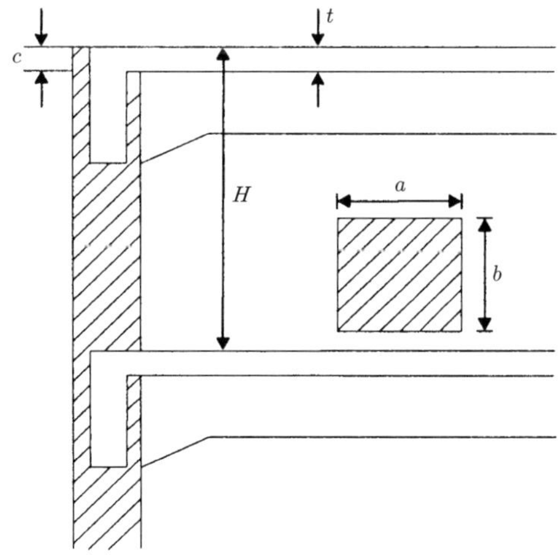

그림 2.3 기 둥

① 콘크리트량

$$V = (a \times b) \times (H - t) \times n$$

$(a \times b)$: 기둥단면적

H : 층 높이

t : 바닥판 두께

n : 동일 치수의 기둥 본수

취합 부분의 거푸집은 1개소당 $1m^2$ 이상인 때에만 공제한다.

② 거푸집량

$A =$(기둥 둘레길이)$\times (H-t) \times n$

이때 외용 기둥의 돌출부분 "c"의 거푸집을 가산한다.

(4) 보

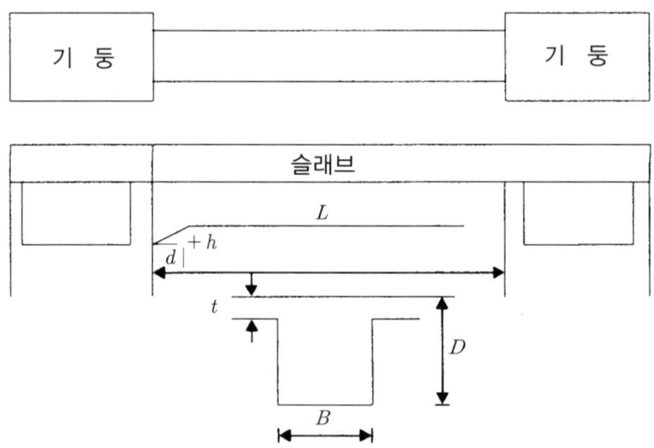

그림 2.4 보

① 콘크리트량

$V =$ (보단면적)×(보길이)$= B \times (D-t) \times L$

보의 단면적은 보의 너비에서 슬래브 두께를 뺀 것을 곱한 면적으로 하고, 보의 길이는 기둥간 내측거리로 한다.

헌치 부분이 있을 때에는 별도로 헌치 부분을 계산한다.

$$V_1 = \frac{L \times d \times h}{2} \times 2 = L \times d \times h$$

② 거푸집량

$A =2\times$(슬래브 두께를 뺀 옆면높이) $\times$ 2(기둥간 내측길이)

$= 2(D-t) \times L$

보의 밑부분은 슬래브에 포함하며, 헌치가 있을 때는 보 옆면 증가분을 계산한다.

$$A_1 = \frac{d \times h}{2} \times 2 \times 2 = 2dh$$

(5) 슬래브

콘크리트의 수량은 설계치수에 따른 슬래브 두께와 바닥판 면적을 곱하여 계산하고, 바닥판 전체 면적은 외곽선으로 둘러싸인 면적으로 하며, 거푸집량은 외벽의 두께를 뺀 내벽간 바닥면적으로 한다.

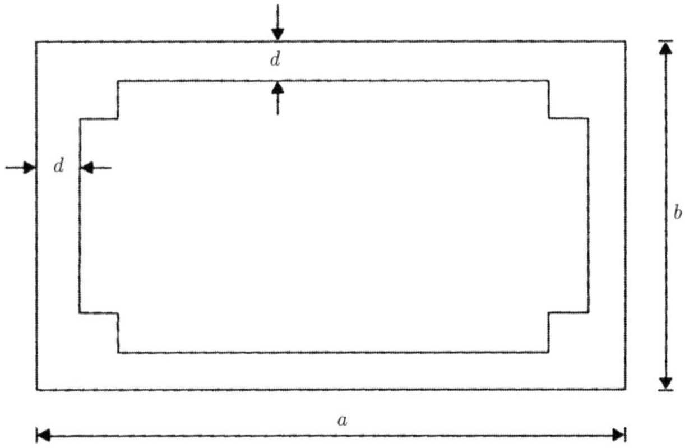

그림 2.5 슬래브

① 콘크리트량

$V = a \times b \times t$

여기서, t : 슬래브 두께 (단, 개구부 면적은 제외한다.)

② 거푸집량

$A = (a - 2d) \times (b - 2d)$

d : 외벽두께

2.2.3 철근 수량산출

① 철근은 종별, 지름별로 총연장을 산출하고, 단위중량을 곱하여 총중량을 산출한다.

② 철근은 각 구조물의 부위별로 구분하여 각 부분이 중복되지 않도록 산출한다.

③ 철근수량은 이음정착 길이를 정밀하게 계산하여 정미량(정확한 양)을 산정하고, 정미량에 할증률을 가산하여 소요량을 산출한다.

④ 철근의 가스압접 개소는 철근의 정착길이에 의한 실 수량을 산정하되, 개략값을 산정할 때의 철근의 단위 길이는 6m를 기준으로 한다.

⑤ 사각이 15도 이상인 암거는 반드시 보강철근을 가산해야 한다.

2.2.4 비계 및 동바리 수량산출

비계란 높은 곳에서 일을 할 수 있게 긴 나무나 쇠파이프 등으로 가로세로 얽어서 만든 시설이며, 동바리는 위에 있는 콘크리트 등의 무게를 받치는 통나무 또는 강관을 말한다.

1) 비계 수량산출

① 비계는 직고 2m 미만의 경우는 계상하지 않는다.

② m^2의 면적으로 산출한다.

③ 비계 및 동바리와 구조물과의 최소 이격거리는 50cm로 한다.

④ 비계매기는 기초상단으로부터 매는 것으로 한다.

⑤ 성토부의 석축, 블록쌓기에는 원칙적으로 비계매기를 계상하지 않는다.

2) 동바리 수량산출

① 직고 2m 미만의 경우의 교대, 교각, 암거 및 돌쌓기 등에는 계상하지 않으며, 아치구조의 새들 등 특수 구조물이나 구조적으로 하중이 크게 작용하여 동바리가 필요하다고 인정될 때는 예외로 한다.

② 동바리의 자재비는 동바리의 높이별 m^3 체적의 합계수량이며, 설치비는 동바리 높이가 7m 이상일 때는 매 3m 증가마다 20% 할증한다.

③ 동바리에 대한 수량산출은 공 m^3로 산출하며, 내부 면적에 길이를 곱하여 산출하고, 헌치부 면적은 공제한다.

3) 설계요령

① 비계 및 동바리는 직고 2m 미만인 경우 비계는 삭제하고, 동바리는 계상한다.

② 강관동바리는 암거의 경우 기초상단부터 계상하고, 교대 및 교각은 원지반을 기준으로 산출한다.

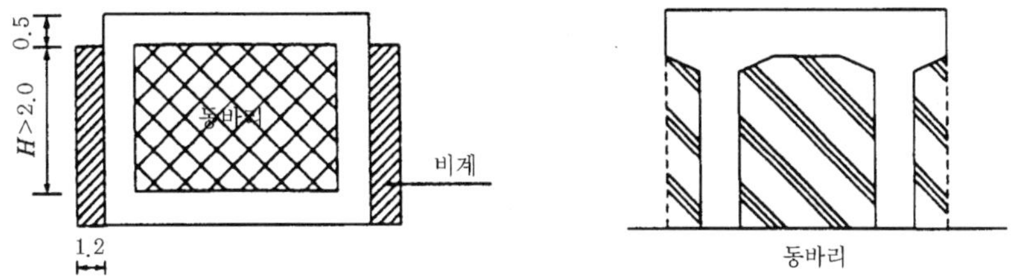

③ 강관동바리 사용높이가 3.5m를 초과하는 경우에는 안전성을 위하여 높이 2m 마다 수평연결재를 단위면적당으로 설치한다.

④ 시가지 또는 특수한 지장물(철도, 전력선, 하천) 등이 있을 경우는 낙하물 방지 시설을 설치할 수 있다.

4) 대가산출요령

비계 및 동바리는 표준품셈을 기준하여 적용하되 사용횟수 및 높이증가에 따라 할증은 현지여건에 따라 결정한다.

2.2.5 표준품셈에서 규정한 수량의 계산(2019년 건설공사 표준품셈 제1장 적용기준)

제3장 표준품셈에서 규정하고 있는 수량계산 적용기준은 다음과 같다.

① 수량의 단위는 KS규격에서 규정힌 SI(System International)단위를 사용한다.(길이 : m, 질량 : kg, 시간 : S, 전류 : A, 평면각 : rad, 넓이 : m^2, 부피 : m^3)

② 수량의 단위 및 소수위는 표준품셈 단위표준에 의한다.

③ 수량의 계산은 지정 소수위 이하 1위까지 구하고, 끝수는 4사5입한다.

④ 계산에 쓰이는 분도는 분까지, 원둘레율, 삼각함수 및 호도의 유효숫자는 3자리로 한다.

⑤ 곱하거나 나눗셈에 있어서는 기재된 순서에 의하여 계산하고, 분수는 약분법을 쓰지 않으며, 각 분수마다 그의 값을 구한 다음 전부의 계산을 한다.

⑥ 면적의 계산은 보통 수학공식에 의하는 것 외에 삼사법이나 구적기(Planimeter)로 한다. 다만 구적기를 사용할 경우에는 3회 이상 측정하여 그 중 정확하다고 생각되는 평균값으로 한다.

⑦ 체적계산은 의사공식에 의함을 원칙으로 하지만 토사체적은 양단면적을 평균한 값에 그 단면간의 거리를 곱하여 산출하는 것을 원칙으로 한다. 단, 거리평

균법으로 고쳐서 산출할 수도 있다.

⑧ 다음에 열거하는 것의 체적과 면적은 구조물의 수량에서 공제하지 아니한다.

a. 콘크리트 구조물 중의 말뚝머리

b. 볼트의 구멍

c. 모따기 또는 물구멍

d. 이음줄눈의 간격

e. 포장공종의 1개소당 0.1m^2 이하의 구조물 자리

f. 강구조물의 리벳 구멍

g. 철근콘크리트 중의 철근

h. 조약돌 중의 말뚝 체적 및 책동목

i. 기타 전항에 준하는 것

⑨ 성토 및 사석공의 준공토량은 성토 및 사석공 설계도의 양으로 한다. 그러나 지반침하량은 지반의 성질에 따라 가산할 수 있다.

⑩ 절토량은 자연상태의 설계도의 양으로 한다.

제 2 장 연습문제

1 아래에 있는 용어를 설명하시오.

1) 물량내역서, 수량산출서

2) 토공사 수량산출법(양단면평균법, 중앙단면적법, 삼각주체법, 사각주체법, 등고선법)

3) 유용토, 순성토, 터파기, 절취

4) 토량환산계수

5) 철근의 이음방법, 정착길이

6) 비계, 동바리(시스템 동바리)

7) 표준품셈

2

건설공사 원가계산

3 건설공사 표준품셈

3.1 품셈의 정의

표준품셈은 건설공사 목적물을 구성하는 각 공종별로 표준적이고 보편적인 공법 및 공정을 기준으로 단위작업에 소요되는 재료수량, 노무량, 기계장비의 사용시간 등을 수치로 표시한 적산의 기준이며, 사람이나 기계 등이 목적물을 만드는데 필요로 하는 재료의 수량과 노력을 숫자로 나타낸 것이다. 표준품셈의 목적은 정부에서 시행하는 건설공사의 질적인 향상과 공사비의 적정산정 및 시공의 현대화를 위해 건설공사의 적정한 예정가격을 산정하는 기준으로 사용되고 있으며, 표준품셈의 적용 근거는 부록 1의 원가계산에 의한 예정가격 작성기준 제34조에 규정되어 있다.

건설표준품셈의 적용기준은 정부 등 공공기관에서 시행하는 건설공사의 적정한 예정가격을 산정하기 위한 일반적인 기준이며, 적용범위는 국가, 지방자치단체, 정부투자기관 및 위 기관의 감독과 승인을 요하는 기관에서는 표준품셈을 건설공사예정가격 산정의 기초자료로 활용하도록 하고 있다.

3.2 표준품셈의 편성

표준품셈은 관련 산업을 관리하는 부처별로 제정하여 활용되고 있으며, 제정 및 개정 실무작업은 대부분 민간기관에서 관리하고 있다.

토목부문 및 건축부문 표준품셈의 소관부처는 국토교통부이며, 실무기관은 1996년부터 2003년까지 대한건설협회에서 담당하였으나, 2004년 이후부터는 한국건설기술연구원 건설코스트연구센터에서 담당하고 있다. 표준품셈의 내용은 각 부문별로 적용기준과 공종별 종목에 대한 품셈으로 편성되어 있으며, 건설공사부분은 "건설공사 표준품셈"을 매년 수정 · 보완하여 발간하고, 표준품셈의 목차는 표 3.1과 같다.

표 3.1 2019년 건설공사 표준품셈 목차

토 목 부 문	
제1장 적용기준	제10장 도로포장 및 유지
제2장 가설공사	제11장 하천
제3장 토공	제12장 항만
제4장 조경	제13장 터널
제5장 기초	제14장 궤도
제6장 철근콘크리트	제15장 철강 및 철골공사
제7장 돌쌓기 및 헐기	제16장 관접합 및 부설
제8장 기계화 시공	제17장 토질 및 토양조사
제9장 기계경비 산정	제18장 측량
건 축 부 문	
제1장 적용기준	제10장 타일공사
제2장 가설공사	제11장 목공사 및 수장공사
제3장 토공	제12장 방수공사
제4장 조경공사	제13장 지붕 및 홈통공사
제5장 기초	제14장 금속공사
제6장 철근콘크리트 공사	제15장 미장공사
제7장 철골공사	제16장 창호 및 유리공사
제8장 조적공사	제17장 칠공사
제9장 돌공사	제18장 해체 · 철거공사

표 3.2 지하철공사 분류표 제시안(공종분류)

공통공종 W101. 총칙 1011. 공사일반 1012. 현장관리 1013. 본사관리 W102. 가설공사 1021. 임시구조물 1022. 공사편의시설 1. 조립식사무소 2. 조립식창고	3. 조립식시험실 4. 조립식합숙소 5. 조립식작업소 6. 조립식가설울타리 7. 공사용울타리 8. 조감도 9. 안내표지판 10. 안전통로 11. 작업계단 12. 안전펜스 13. 차선분리대 14. 환경정비도색	15. 차선도색 16. 환경정비 및 청소 1023. 임시설비 1. 차량자동세척대 2. 공사용조명 3. 임시전력 5. 보안등 설치 1024 공사용 가시설 (흙막이 복공) 1. 천공 2. 천공홀되메우기 3. 케이싱 튜브	4. H-PILE박기뽑기 5. H-말뚝연결 6. 주형보설치철거 7. 주형보받침보설치 8. 피스브라켓제작 9. 피스브라켓설치철거 10. 버팀보설치철거 11. 띠장설치철거 12. 띠장연결 13. JACK설치철거 14. 중간파일과 종방향 브레이싱 해체

15. ㄷ형강과 ㄷ형강연결
16. ㄷ형강과 ㄷ형강철거
17. L형강설치철거
18. 버팀보보강설치철거
19. 수직브레이싱과 중앙 파일철거
20. 수직브레이싱과 중앙 파일철거
21. 주형브레이싱설치철거
22. 주형보받침앵글연결
23. 주형보받침앵글철거
24. 보걸이설치철거
25. 스티프너설치
26. U볼트설치철거
27. 화타쐐기설치철거
28. 우각부띠장연결
29. 우각부찌장해체
30. 우각부띠장접합
31. ㄷ형강설치철거
32. 지장물보호보강 브레이싱설치철거
33. 장비통행구간보강 브레이싱설치철거
34. 버팀보횡방향 브레이싱연결해체
35. 복공판설치철거
36. 토류용앵글설치철거
37. 토류판설치
38. 토류벽콘크리트
39. 보조파일설치철거
40. 중앙말뚝방수처리
41. 숏크리트타설
42. ROCKBOLT설치
43. 작업구설치
44. 장비통행구간 보강설치 철거
45. 파일이어내리기보강
46. 중간파일과 종방향 브레이싱 연결

W103. 공란

W104. 지반조사(측정 및 시험)

1041. 측량

1042. 지반조사 및 시험
1. 하수관수밀시험
2. 말뚝재하시험

1043. 계측
1. 경사계측정
2. 응력계측정
3. 층별침하계측정
4. 간극수압계측정
5. 락볼트응력측정
6. 숏크리트응력측정
7. 천단침하측정
8. 내공변위측정
9. 지중수평변위측정
10. 지표침하측정
11. 하수관CCTV촬영

W105. 공란

W106. 해체 및 철거공사

1061. 콘크리트구조물 헤체, 철거
1. 구조물헐기
2. 구조물사토

1062. 철골구조물 해체, 철거

1063. PC구조물 해체, 철거

1064. 철골·철근콘크리트 구조물 해체, 철거

1069. 기타구조물 해체, 철거

W107. 지반개량 및 보강 공사

1071. 지반그라우팅
1. J.S.P
2. L.W
3. SCW
4. SGR

1072. 연약지반처리
1. 연약지반보강다짐
2. 치환공법
3. 장기압밀

1074. 지하연속벽
1. 안내벽설치철거
2. 지중연속벽굴착
3. 안정액공
4. SLIME처리
5. 안정액 회수
6. 철근망 가공조립
7. 철근망건입
8. 폐액처리공
9. 배관설비공
10. 두부정리 및 캡빔 설치
11. 케이싱튜브설치철거

1075. 지반앵커

1077. 관정

W108. 토공사

1081. 벌개제근 및 표토제거
1. 벌개제근

1082. 지장물보호 및 이설
1. 상수관보호 및 이설
2. 상수관복구공
3. 하수BOX보호 및 이설
4. 하수BOX복구공
5. 도시가스보호 및 이설
6. 도시가스복구공
7. 통신관로보호 및 이설
8. 통신관로복구공
9. 전주보호 및 이설

1083. 흙깎기 및 터파기
1. 줄파기
2. 층따기
3. 터파기
4. 절토
5. 절토면고르기
6. 바닥면고르기

1085. 흙쌓기 및 되메우기
1. 소할
2. 노상
3. 노체
4. 되메우기
5. 교대앞채움
6. 교대뒷채움

1086. 운반
1. 도저운반
2. 덤프운반
3. 무대운반
4. 사토반입
5. 잔토처리

1087. 비탈면 보호 및 보강

W110. 말뚝공사

1101. 현장타설 콘크리트 말뚝

1102. 기성말뚝
1. 쉬트파일박기
2. 쉬트파일뽑기

W111. 현장타설 콘크리트 공사

1111. 콘크리트생산 및 타설
1. 레미콘슈트타설
2. 레미콘펌프카타설
3. 채움콘크리트타설

1112. 거푸집 및 동바리
1. 유로폼
2. 합판거푸집
3. 문양거푸집
4. 원형거푸집
5. 강관비계
6. 강관동바리

1113. 철근 및 보강재
1. 철근가공조립
2. 철근커플러이음
3. 와이어메쉬설치
4. 콘크리트보강섬유

1114. 조인트
1. 시공이음정리
2. 지수판설치
3. 팽창성지수재설치
4. 신축이음재설치

1115. 포스트텐션 프리스트레싱

1118. 콘크리트 부대공
1. 매입전설치
2. 구조물면방수
3. 인서트설치
4. 관슬리브설치

W112. 프리캐스트 콘크리트 공사

1121. 프리캐스트 콘크리트 제작 및 설치

W113 관공사

1131. 상수도관 부설공
1. 지하수심정개발공
2. PE편수칼라관부설
3. 제수변실
4. 제수변보호통
5. 공기변실
6. 관로모래채움
7. 곡관
8. T형관
9. 플랜지관
10. 플랜지편락관
11. 이음관
12. 유량계
13. 제수밸브

1132. 하수도관 부설공

W114. 관공사부대공

1141. 맨홀, 변실
1. 맨홀
2. 집수정
3. 오수맨홀설치

1142. 측구
1. U형측구설치

1143. 지하배수
1. 잡석다짐
2. 뒷채움잡석
3. 부직포깔기
4. 바닥비닐깔기
5. 배수관설치
6. 관기초보호공
7. 횡단관보호공
8. 흄관부설 및 접합
9. 흄관날개벽
10. 우수받이
11. 홈통받이
12. 우수받이연결관
13. 도수로집수거설치
14. 진동전압관부설
15. 피트관설치

1144. 전식방지공

1145. 암거구조물
1146. 상수도관 갱생
1147. 하수도관 갱생
1148. 관 특수부설
  1. PEM관부설 및 접합

W115. 강구조물 공사
1151. 강교제작 및7 가설
1153. 철골 제작 및 가설
1155. 잡철물공
  1. 핸드레일설치
  2. 베이스플레이트설치
  3. 배수로뚜껑
  4. 철제사다리설치
  5. 환기구화강석설치
  6. 환기구그레이팅설치
  7. 청소선계단설치
  8. 청소선형강설치
  9. 앵커볼트
  10. 강관구멍뚫기
  11. 피트강관 및 형강 설치
  12. 세척기내부뚜껑
  13. 능형망펜스설치
  14. 엑스메탈펜스설치
  15. 낙석방지책설치
1156. 강교도장

W116. 방수공사
1161. 아스팔트 방수
1162. 쉬트방수
  1. 쉬트방수
  2. 보호모르터
  3. 면고르기 모르터
  4. 벽돌쌓기
1163. 도막방수
  1. 에폭시방수
  2. 우레탄방수
1164. 침투성방수
1165. 금속핀방수
1166. 실링
1167. 시멘트 모르터계 방수
1168. 방수보호재
1169. 방습공사

W117. 도장공사
1171. 페인트
  1. 녹막이페인트칠
1172. 착색제 및 투명도장
1173. 고성능도장
1174. 콘크리트 및 조적용 도장

W118. 조경공사
1181. 식재
  1. 나무종류별식재
1182. 잔디식재
1183. 식재 유지관리
1184. 유희시설물
1185. 안내시설물
1186. 휴게시설물
1187. 편익시설물
1188. 관리시설물
1189. 기타조경시설물
  1. 포트
  2. 수목보호홀덮개
  3. 분수
  4. 분수설비
  5. SITTING WALL
  6. 테니스코트
  7. 머릿돌 설치
  8. 수목명찰설치
  9. 점토벽돌포장
  10. 화강석판석포장
  11. 자갈깔기포장
  12. 녹지경계석
  13. 분리경계석
  14. 그린에지
  15. 파라솔
  16. 소형고압블록포장
  17. 지주목
  18. 토양개량재

토목공종

W201. 교량공사
2011. 케이슨 기초
2012. 교량가설공
  1. PC빔가설
2013. 교량부속시설공
  1. 무수축모르터
  2. 무수축콘크리트
  3. PC빔제작
  5. 교명주
  6. 교명판
  7. 실명판
  8. 교면포장
  9. 교면텍코팅
  10. 교면방수
  11. 슬래브양생
  12. 슬래브면고름
  13. 육교용집수구
  14. 육교용연결집수거
  15. 육교용직관
  16. 육교용곡관
  17. 육교용연결부
  18. 전선관설치
  19. 알루미늄난간설치
  20. 알루미늄방음벽
  21. 슈설치
  22. 솔플레이트설치
  23. 다웰바설치
  24. 타르페이퍼설치
  25. 스티로폴설치
  26. 스페이서설치
  27. 교량강관파일박기
  28. 파일두부 및 선단 보강
  29. 벤치마크설치
  30. 교대보호블록
  31. 점검용통로
  32. 점검용사다리

W202. 도로 및 포장공사
2021. 동상방지층, 보조기층, 기층
2022. 아스팔트 콘크리트 포장
  1. 아스콘표층
  2. 아스콘기층
  3. 혼합기층
  4. 보조기층
  5. 텍코팅
  6. 프라임코팅
  7. 보차도경계측구설치
  8. 보차도경계블록설치
  9. 보차도경계석설치
  10. 포장거푸집
  11. 포장수축이음 설치
  12. 포장신축이음설치
  13. 노견층
  14. 차선도색
2023. 시멘트 콘크리트포장
2024. 경하중 포장
2026. 도로 및 포장의 보수
2028. 도로공사 부대공

W203. 철도 및 궤도공사
2031. 궤도
2032. 분기기
2033. 궤도용접
2034. 도상설치 및 철거
2035. 자재교환
2036. 보선공사
2039. 기타 철도, 궤도공

W204. 터널공사
2041. 터널굴착
  1. 터널상반굴착
  2. 터널하반굴착
  3. 터널배수로굴착
  4. 갱내버럭운반
  5. 버럭갱외운반
2042. 보강 및 안정
  1. 쇼크리트잔재버럭 처리
  2. 쇼크리트타설
  3. 터널격자지보제작
  4. 락볼트시공
  5. 포아폴링시공비
  6. 개착숏크리트타설
  7. 암벽보호락볼트설치
2044. 터널 라이닝
  1. 슬라이딩폼제작
  2. 슬라이딩폼이동설치
  3. 본체라이닝타설
  4. 터널철근받침지보
2045. 터널 배수 및 방수
  1. 배수T관설치
  2. 배수구뚜껑
  3. 확인공뚜껑
  4. 맨홀설치
  5. 필터콘크리트타설
  6. 본체방수
  7. 바닥방수
2046. 터널 부속 시설물
2048. 터널 부대공
  1. 플륨관설치
  2. 통나무설치
  3. 마대쌓기
  4. 터널환기
  5. 터널조명
  6. 화약운반

W205. 하천공사
2051. 제방공
2052. 호안 및 수제
2054. 보 및 수문
2055. 취수 및 내수배제 시설
2056. 주운시설
2058. 자연형 하천시설

W206. 항만공사
2061. 준설
2062. 사석 및 고르기
2063. 케이슨
2064. 콘크리트 블록
2065. 방식
2066. 안벽부속공
2067. 수장 오염방지시설
2069. 기타 항만공사

W207. 댐 및 제방공사
2071. 콘크리트댐
2072. 휠댐(제방)
2073. 표면차수벽형댐

※ 굵은 글씨체는 기존분류의 순서와 내용을 수정 제시한 부분을 나타냄.

3.3 표준품셈의 적용기준

3.3.1 설계서 금액의 단위표준

종 목	단위	지위	비 고
설계서의 총액	원	1,000	이하 버림(단, 10,000원 이하의 공사는 100원 이하 버림)
설계서의 소계	원	1	미만 버림
설계서의 금액란	원	1	미만 버림
일위대가표의 계금	원	1	미만 버림
일위대가표의 금액란	원	0.1	미만 버림

3.3.2 공사종류별 설계서의 정의

구 분	물량 · 산출내역서	설계서
추정가격 50억원 이상인 공사	• 발주기관이 입찰공고일로부터 입찰등록 마감일까지 입찰에 참가하고자 하는 자에게 물량내역서 교부 • 입찰참가자는 교부된 물량내역서에 단가를 기재한 산출내역서를 입찰서에 첨부	설계도면 시방서 현장설명서 물량내역서
추정가격이 1억원 이상 50억원 미만인 공사	• 입찰시에는 물량내역서가 교부되지 않으며, 낙찰자로 결정된 자에게만 물량내역서 교부 • 착공신고서 제출시까지 교부된 물량내역서에 단가를 기재한 산출내역서 제출	설계도면 시방서 현장설명서 물량내역서
추정가격 1억원 미만인 공사	• 물량내역서의 교부가 없으며, 낙찰자가 직접 물량과 단가를 견적하여 산출내역서를 작성, 착공신고서 제출시까지 제출	설계도면 시방서 현장설명서
수의계약으로 체결된 공사	• 물량내역서의 교부가 없으며, 수의계약 상대자가 직접 물량과 단가를 견적하여 산출내역서를 작성, 착공신고서 제출시까지 제출	설계도면 시방서 현장설명서
일괄입찰, 대안입찰시 대안이 채택된 공사	• 물량내역서 교부가 없으며, 실시설계서 제출 또는 대안제출시 직접 물량과 단가를 견적한 산출내역서를 제출	설계도면 시방서 현장설명서

3.3.3 공사발주서류 작성순서

공사발주서류는 발주방침서, 내역서(갑지), 현장설명서, 시방서, 예정공정표, 총괄내역서(을지), 내역서(을지), 일위대가, 예정가격조서, 도면(표지, 목차, 표준횡단면도, 종단면도, 횡단면도, 배수 종평면도, 구조물도 등), 단가산출서, 수량산출서 순으로 작성한다.

3.3.4 표준품셈 적용방법

1) 공사의 예정가격 산정은 본 표준품셈을 활용한다.
2) 본 표준품셈에서 제시된 품은 일일 작업시간 8시간을 기준한 것이다.
3) 본 표준품셈은 건설공사 중 대표적이고 보편적이며 일반화된 공종, 공법을 기준한 것이며, 현장여건, 기후의 특성 및 조건에 따라 조정하여 적용하되 예정가격작성기준 제2조에 의거 부당하게 감액하거나 과잉 계산되지 않도록 한다.
4) 본 표준품셈에 명시되지 않는 사항은 각종 사업을 시행하는 국가기관, 지방자치단체, 공기업 · 준정부기관, 기타 공공기관 등의 장의 책임하에 적정한 예정가격 산정 기준을 적의 결정하여 사용한다.
5) 건설공사의 예정가격 산정시 공사규모, 공사기간 및 현장조건 등을 감안하여 가장 합리적인 공법을 채택 적용한다.
6) 본 표준품셈에서 "시공량/일"으로 명시된 항목 중 총 시공량이 본 품(시공량/일)의 기준 미만인 경우에는 현장여건 등을 고려하여 별도 계상한다.
7) 본 표준품셈에 명시되지 않은 품으로서 타 부문(전기, 통신, 문화재 등)의 표준품셈에 명시된 품은 그 부분의 품을 적용하고 타 부문과 유사한 공종의 품은 본 표준품셈을 우선하여 적용한다.
8) 소방법, 총포 · 도검 · 화약류단속법, 산업안전보건법, 산업재해보상보험법, 건설기술진흥법, 대기환경보건법, 소음 · 진동규제법 등 관계법령이나 계약 조건에 따라 소요되는 비용은 별도로 계상한다.
9) 각 발주기관에서 4항에 의하여 별도로 결정하여 적용한 품셈이 표준품셈 보완에 반영할 필요가 있다고 인정되는 경우에는 그 자료를 표준품셈 관리단체(한국건설기술연구원)에 제출한다.

제 3 장 연습문제

1 아래에 있는 내용을 설명하시오.

1) 건설공사 표준품셈 토목부분의 토공분야
2) 토목부분의 실적공사비 현황
3) 지하철공사 분류표에 있는 지반보강그라우팅의 종류
4) 지하철공사 분류표에 있는 터널의 공사중계측 항목
5) 표준품셈 적용방법

4 재료비의 적산

4.1 재료비의 구성

재료비는 공사를 시공하는데 소요되는 재료의 비용으로서 수량은 표준사용량에 운반, 저장 및 시공 중에 발생되는 손실량을 적정하게 가산한 양이다.

재료비 가격은 입찰시의 시장가격을 기준으로 설계서에 계상된 재료의 단위당 가격을 설계단가라고 하며, 설계단가는 가격정보 등을 참고하여 작성한다.

재료비는 직접재료비, 간접재료비, 사용고재 등의 부산물로 구성된다.

4.1.1 직접재료비

공사가 완공되었을 때 발주자에게 인도되는 공사목적물의 실체를 형성하는 물품의 가치로서 주요 자재비와 부분품비 등이 포함된다.

4.1.2 간접재료비

공사목적물의 실체를 형성하지 않으나 시공과정에서 보조적으로 소요되는 물품의 가치로서 소요재료비, 소요공구비, 기구비, 비품비, 가설재료비 등이 포함된다.

4.1.3 부산물

공사목적물의 시공 중에 발생하는 사용고재 및 기타 발생재 등의 부산물을 계산하여 재료비에서 공제한다.

4.1.4 재료의 단위중량

재료의 단위중량은 입경, 습윤밀도 등에 따라 달라지므로 시험에 의해 결정해야 하며, 일반적인 추정 단위중량은 다음과 같다.

1) 골재의 단위중량(자연상태)

① 모래(한강사)=1,582kg/m³

② 굵은골재 : #57은 26.5~5mm로 1,715kg/m³
#467은 37.5~5mm로 1,755kg/m³

③ 혼합기층재(25mm)=1,700kg/m³

④ 보조기층재(40mm)=1,650kg/m³

⑤ 경　　암=2,500kg/m³

⑥ 보 통 암=2,400kg/m³

⑦ 연　　암=2,300kg/m³

⑧ 풍 화 암=1,900kg/m³

⑨ 보통토사=1,600kg/m³

⑩ 견질토사=1,700kg/m³

2) 건설폐기물의 단위중량

① 철근콘크리트=2,400kg/m³

② 무근콘크리트=2,300kg/m³

③ 아스콘=2,350kg/m³

④ 벽돌벽=2,100kg/m³

⑤ 연와조 기와, 슬레이트=1,660kg/m³

⑥ 목재, 냉장고 등 폐재류=800kg/m³

4.2 재료비의 조사

4.2.1 기준가격

건설재료 및 자재의 단가는 거래실례가격 또는 통계법 제15조의 규정에 의한 지정기관이 조사하여 공표한 가격, 감정가격, 유사한 거래실례가격, 견적가격을 기준하며, 적용순서는 국가를 당사자로 하는 계약에 관한 법률시행규칙 제7조의 규정에 따른다.

재료비 단가인 자재단가는 기획재정부 등록 전문가격 조사기관의 2개 이상 가격 중에서 최저단가를 적용하고, 조달청 단가계약 품목은 별도로 적용하되, 조달수수료, 부가가치세의 포함 여부 등을 검토하여 적용해야 한다.

① 조달청장이 조사하여 통보한 가격(가격정보지)을 포함한 3개 이상의 물가자료를 비교하여 적용한 가격

② 거래실례를 직접 조사하여 확인한 가격(2 이상의 사업자)

③ 감정가격, 유사한 거래실례가격, 견적가격(2개 이상)

④ 설계내역서 작성은 최근의 물가적용을 원칙으로 한다.

4.2.2 전문 가격조사기관의 물가지

① 조달청장이 조사하여 발간하는 정부 구매물자 "가격정보지"

② 기획재정부장관이 지정하여 전문 가격조사기관이 발간하는 물가지

a. 대한건설협회 발행 "월간거래가격"

b. 한국물가협회 발행 "물가자료"

c. 한국물가정보센터 발행 "물가정보"

d. 한국응용통계연구소 발행 "유통물가"

e. 건설경제연구소 발행 "건설자재"

f. 유통경제연구소 발행 "물가시세"

g. 한국공정가격협회 발행 "공정가격"

4.2.3 재료의 할증률

공사용 재료의 할증률이란 시방서 및 도면에 의하여 산출된 정미량(正未量)에

재료의 운반, 절단, 가공 및 시공 중에 발생되는 손실량을 가산해 주는 비율(%)로서 표 4.1~표 4.7의 값 이내로 적용한다.

표준품셈에서의 단위당 소요품은 재료의 절대소요량을 기준으로 하여 정한 것이므로 가공 및 시공품을 적용할 때에는 할증량에 대해 추가로 적용해서는 안 되며, 설계수량만 적용해야 한다. 재료비는 단가에 할증량을 포함한 총소요량을 곱하여 산출한다.

【재료의 할증률 계산 예】 노상 및 노반재료인 모래의 설계량이 100m³인 경우 할증량을 포함한 총소요량=100+100×6%=106m³이다.

표 4.1 콘크리트 포장용 재료의 할증률

종 류	정 치 식(%)	기 타(%)
시멘트	2	3
잔골재 · 채움재	10	12
굵은골재	3	5
아스팔트	2	3
석 분	2	3
혼화재	2	–

주) 속채움 재료의 경우도 이 값을 준용한다.

표 4.2 노상 및 노반재료(선택층, 보조기층, 기층 등)의 할증률

종 류	할 증 률(%)
모 래	6
부순돌, 자갈, 막자갈	4
석 분	0
점질토	6
관 및 구조물기초 부설재료 : 모래	4

표 4.3 해상작업시 토사의 할증률

종 류	할 증 률(%)	비 고
치환모래	20	표면건조포화상태의 모래에 대한 할증률
깔모래	30	
사항용 모래	20	
압입모래	40	

표 4.4 해상작업시 사석의 할증률

종류 \ 지반 / 사석두께	보통지반		모래치환지반		연약지반	
	2m 미만	2m 이상	2m 미만	2m 이상	2m 미만	2m 이상
기초사석	25%	20%	30%	25%	50%	40%
피복석	15%	15%	15%	15%	20%	20%
뒤채움사석	20%	20%	20%	20%	25%	25%

표 4.5 해상작업시 속채움재의 할증률

종 류	할증률(%)	비 고
모 래	10	케이슨 또는 세라 블록 등의 속채움시 단, 블록 또는 콘크리트의 속채움재는 제외
사 석	10	

표 4.6 강재류의 할증률

종 류	할증률(%)	종 류	할증률(%)
원형철근	5	대형 형강	7
이형철근 이형철근*	3 6~7	소형 형강	5
일반볼트	5	봉 강	5
고장력 볼트(HTB)	3	평강 대상	5
강 판	10	경량형강 각 파이프	5
강관(옥외 수도용 강관 제외)	5	리벳(제품)	5

주) * 교량, 지하철 및 이와 유사한 복잡한 구조물의 주철근을 말하며, 해당공사 또는 구조물의 시공 실적에 따라 조정하여 적용할 수 있다.

표 4.7 기타 재료의 할증률 (1)

재 료 별		할 증 률(%)
목 재	각 재	5
	판 재	10
합 판	일반용 합판	3
	수장용 합판	5
쉬 스 관		8
조립식 구조물(U형 플륨관 등)		3

표 4.7 기타재료의 할증률(2)

재 료 별		할 증 률(%)
레디믹스트 콘크리트 타설 (현장플랜트 포함)	무근 구조물	2
	철근 구조물	1
	철골 구조물	1
도 료		2
벽 돌	붉은 벽돌	3
	시멘트 벽돌	5
	내화벽돌	3
	경계블록	3
	호안블록	5
원석(마름돌용)		30
석재판 붙임 용재	정 형 돌	10
	부 정 형 돌	30
조경용 수목		10
잔디 및 초화류		10
현장 혼합 콘크리트 타설 (인력 및 믹서)	무근구조물	3
	철근구조물	2
	소형구조물	5
아스팔트 콘크리트 포설(현장 플랜트 포함)		2
졸 대		20
텍 스		5
석 고 판	못붙임용	5
	본드붙임용	8
콜 크 판		5
단 열 재		10
유 리		1
테라코타		3
블 록		4
기 와		5
슬레이트		3
콘크리트 포장 혼합물의 포설		4
원심력 철근 콘크리트관		3

4.2.4 공구손료 및 잡재료

1) 공구손료

공구손료는 일반공구 및 시험용 계측기구류의 손료로서 공사 중 상시 일반적으로 사용하는 것을 말하며, 별도의 동력을 필요로 하지 않는 것을 말하고, 직접노무비(노임할증과 작업시간 증가에 의하지 않은 품할증 제외)의 3%까지 계상하며, 철골공사 및 석공사 등의 특수공구 및 검사용 특수 계측기류의 손료는 별도 계상한다.

여기서. 일반공구 및 일반시험용 계측기구에는 스패너류, 렌치류, 턴버클, 샤클, 스프레이건, 바이스, 클립 또는 클래프류, 용접봉 건조통, 게이지류, 마이크로미터, 버니어 캘리퍼스 등이 포함된다.

2) 잡재료 및 소모재료

잡재료 및 소모재료는 설계내역에 표시하여 계상하되 주재료비의 2~5%까지 계상한다.

4.2.5 발생재의 처리

사용고재 및 기타 발생재의 처리는 표 4.8에 의해 적용하고, 그 대금은 설계 당시 미리 공제한다. 또한 시공 도중에 발생되었거나 수량의 변동이 있는 경우에는 설계변경을 해야 한다.

표 4.8 발생재의 공제율

품 명	공 제 율
사용고재(시멘트공대 및 공드럼 제외)	90%
강재 스크랩(scrap)	70%
기타 발생재	발생량

주) 공제금액 계산=발생량×공제율×고재단가

주) 사용고재는 일정기간동안 목적물의 시공에 사용되는 것이 아닌 단순 발생재로서의 환금가치가 있는 것을 말한다.

4.2.6 관급자재

관급자재란 발주기관에서 공사의 수행에 필요한 자재를 계약상대자인 시공자에게 공급해 주는 자재를 말하며, 조달청을 통해 구매가 이루어지며, 표 4.9와 같이 조달 수수료를 납부해야 한다.

관급자재 및 대여품에 대해서는 부록2의 공사계약 일반조건 제13조에 규정되어 있다.

표 4.9 조달 수수료 요율표(조달청 나라장터, 2018.1.1 이후 적용)

1) 내자구매

[총액/단가]

<table>
<tr><th rowspan="2">금액 구분</th><th colspan="2">요율(%)</th><th rowspan="2">비고</th></tr>
<tr><th>총액</th><th>단가
(일반, 3자, MAS)</th></tr>
<tr><td>2천만원까지</td><td>210,000원(정액)</td><td rowspan="4">0.54</td><td rowspan="6">(총액)
• 1억원을 초과한 총액계약 수수료는 초과분 체감 적용
• 총액계약에는 일반용역 포함
• 장기분할대지급 건은 계약금액의 (연)0.94% 수수료 할증
(단가)
• 10억 원을 초과한 단가 수수료는 초과분 체감 적용
• 저장용 유류는 0.27(단, 한국철도공사, 국민안전처는 0.216% 적용)
• 유류 구매카드로 구매하는 비저장용 유류는 0.135</td></tr>
<tr><td>2천만원 초과~5천만원까지</td><td>530,000원(정액)</td></tr>
<tr><td>5천만원 초과~1억원까지</td><td>1.07(정률)</td></tr>
<tr><td>1억원 초과~10억원까지</td><td>0.76</td></tr>
<tr><td>10억원 초과~100억원까지</td><td>0.48</td><td>0.47</td></tr>
<tr><td>100억원 초과</td><td>0.38</td><td>0.37</td></tr>
</table>

2) 외자구매

[요율표]

금액 구분	요율(%)
1백만달러까지	1.2
1백만달러 초과~5백만달러까지	0.9
5백만달러 초과~천만달러까지	0.7
천만달러 초과	0.4

표 4.9 (계속)

3) 시설공사

구분		요율(%)				비고
		A Type	B Type	C Type	D Type	
공사계약 (국가기관)	10억원까지	0.4	0.35	0.3	0.2	1. 초과분 체감 적용 2. A Type : 종합심사낙찰제(국가), 종합평가낙찰제(지자체), 기술형입찰의 수의계약(검토가격 작성) 3. B Type : PQ 대안입찰, 실시설계 기술제안입찰 4. C Type : 비PQ 5. D Type : 일괄입찰, 기본설계기술제안입찰, 기술형 입찰의 수의계약(검토가격 미작성)
	10억원 초과~50억원까지	0.3	0.25	0.2	0.1	
	50억원 초과~100억원까지	0.15	0.12	0.1	0.05	
	100억원 초과~500억원까지	0.07	0.06	0.05	0.02	
	500억원 초과	0.06	0.05	0.045	0.015	
공사계약 (지방자치)	10억원까지	0.3	0.25	0.2	0.1	
	10억원 초과~50억원까지	0.15	0.12	0.1	0.05	
	50억원 초과~100억원까지	0.07	0.06	0.05	0.02	
	100억원 초과~500억원까지	0.04	0.03	0.02	0.01	
	500억원까지	0.035	0.025	0.015	0.01	

4) 기술용역

금액 구분	요율(%)							
	설계 등 용역			감리 CM용역			설계공모	
	제안	PQ	비PQ	제안	PQ	비PQ	심사 포함	심사 제외
1억원까지	1.3	1.0	0.8	1.2	0.9	0.8	1.9	0.8
1억원 초과~10억원까지	1.1	0.8	0.6	1.0	0.7	0.6	1.6	0.6
10억원 초과~30억원까지	0.9	0.6	0.4	0.8	0.5	0.4	1.3	0.4
30억원 초과	0.7	0.4	0.2	0.6	0.3	0.2	1.0	0.2

5) 총사업비대가검토

구분		국가 · 기타 기관	지방자치단체	수수료 산출방법
실시설계단가 적정성 검토 (검토요청금액)	100억원까지	0.04		요청금액× 적용요율
	100억원 초과	0.04	0.02	
물가변동 검토 (검토요청금액)		0.1		
민자사업 검토 (검토요청금액)		0.05		
설계변경 단가적정성 검토 (변경대상금액)	변경대상금액	0.05		

※ 조달청에 공사계약을 요청하는 공사에 대하여는 총사업비 수수료 면제

표 4.9 (계속)

6) 공사원가 사전검토

구분		국가, 기타 기관	지방자치단체	수수료 산출방법
공사원가 사전 검토	100억원까지	0.04	0.04	요청금액×적용요율
	100억원 초과	0.04	0.02	

※ 조달청에 공사계약을 요청하는 공사에 대하여는 공사원가 사전검토 수수료 면제

7) 설계적정성 검토

구분		요율(%)						비고
		설계적정성 검토(일반)			설계적정성 검토(VE 병행)			
		계획	기본(중간)	실시	계획	기본(중간)	실시	
설계적정성 검토 - 총사업비 관리대상 사업 - 국방사업 (총사업비) - 맞춤형 서비스 사업 - 국고보조사업	100억원까지	0.029	0.058	0.058	0.029	0.102	0.102	※ 초과분 체감 적용
	100억원 초과~500억원까지	0.026	0.053	0.058	0.026	0.081	0.081	
	500억원 초과~1000억원까지	0.021	0.042	0.042	0.021	0.065	0.065	
	1000억원 초과	0.019	0.038	0.038	0.019	0.058	0.058	
설계변경 사전 타당성 검토	변경대상금액	0.2						

제 4 장 연습문제

1 아래에 있는 내용을 설명하시오.

1) 조달청에서 매월 발행하는 가격정보지
2) 전문 가격조사기관의 물가지
3) 토목공사에 사용되는 철근 및 레미콘의 할증률
4) 관급자재와 사급자재의 차이점
5) 발생재의 공제율

2 아래에 있는 내용의 조달수수료를 계산하시오.

1) 내자구매 가격이 총액 200억원으로 직접 지급할 경우 내자구매 조달수수료는 얼마인가? (요율 0.38%)

답 : 7,600만원

2) 국가기관에서 시행하는 턴키공사 금액이 1,500억원인 경우 공사계약 조달수수료는 얼마인가? (요율 0.015%)

답 : 2,250만원

3) PQ설계용역금액이 15억원인 경우 기술용역 조달수수료는 얼마인가? (요율 0.6%)

답 : 900만원

5 노무비의 적산

5.1 노무비의 구성

노무비는 공사를 하는데 소요되는 인력품에 대한 비용으로서 소요인원은 현장 여건과 공사규모를 고려한 과거의 공사실적을 분석하여 설정한 표준적인 인력품을 적용한다.

노무비는 직접노무비와 간접노무비로 구분하며, 부록 1의 예정가격 작성기준 제10조에 상세하게 기술되어 있다.

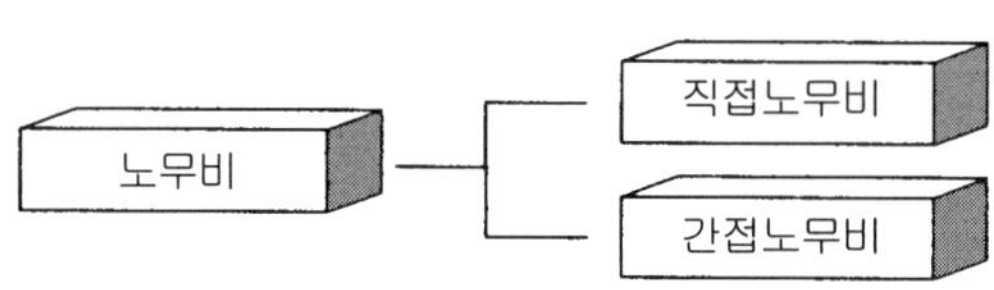

5.1.1 직접노무비

공사현장에서 계약한 목적물의 시공을 위해 직접 작업에 종사하는 종업원 또는 노무자에게 제공하는 노동력의 대가로서 기본급, 제수당, 상여금, 퇴직급여충당금의 합계액을 말한다.

1) 기본급

기본급은 통계법 제3조의 규정에 의해 통계작성의 승인을 받은 기관이 조사 및 공표한 시중 노임단가를 말하며, 1일 근로시간은 휴게시간을 제하고 8시간을 기준으로 하며, 이 단가에는 기본급의 성격을 갖는 정근수당, 가족수당, 위험수당 등이 포함된다. 시중 노임단가는 대한건설협회에서 매년 상반기와 하반기로 나누어 조사 및 공표하며, 시중 노임단가를 기준 노임단가로 적용하고 있다.

건설부분의 시중노임단가는 부록 6을 참조하기 바란다.

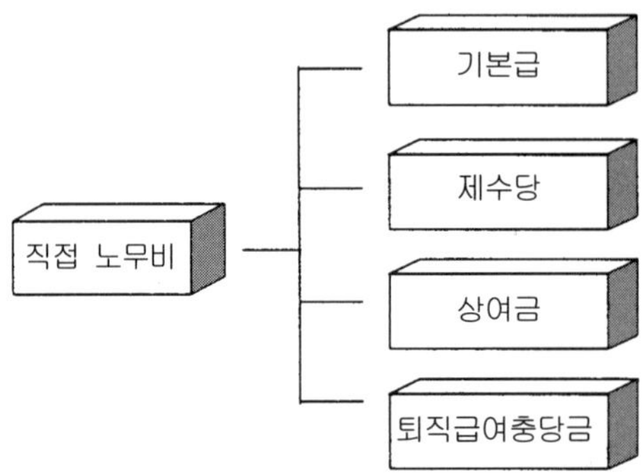

2) 제수당

제수당은 기본급의 성격을 가지지 않는 연장근로, 야간근로, 휴일근로 등 작업상 통상적으로 지급되는 금액이며, 정한 급료 이외에 주는 보수를 의미한다.

제수당은 근로기준법 제56조에서 규정하는 임금에 대한 할증으로서 근로시간에 대하여 통상임금의 50/100 이상을 지급하도록 되어 있으며, 연장근로는 1일 주간 8시간을 초과한 연장시간의 근로, 야간근로는 오후 10시부터 다음날 오전 6시까지 사이의 근로, 휴일근로는 휴일에 근로할 경우에 적용한다.

① 주간 8시간 보통작업시의 노임 : A는 시중 노임단가를 의미함.

노임 $= A \times (8/8 \times 1) = A$

② 주간 10시간 보통작업시의 노임

노임 $= A \times (8/8 \times 1) + A \times \{(2/8 \times (1+0.5)\} = 1.375A$

③ 야간 8시간 보통작업시의 노임

노임 $= A \times \{(8/8 \times 1) \times (1+0.5) \times 1.25\} = 1.875A$

④ 야간 10시간 보통작업시의 노임

노임 $= A \times [\{(8/8 \times 1) \times (1+0.5) \times 1.25\} + (2/8 \times 1)] = 2.125A$

야간작업을 해야 할 경우에는 작업능률 저하를 20%로 보아 야간작업의 능률은 80%이므로 같은 작업을 하더라도 주간작업과 비교하면 125%(1/0.8=1.25)의 품이 들어 25%의 품이 할증된다. 야간작업은 일몰부터 일출까지로 보는 견해도 있으나 근로기준법에서는 일반적으로 1일 3교대 작업으로 오후 10시에서 다음날 오전 6시까지 사이의 근로를 야간작업으로 본다.

근로기준법에서는 야간근로시간을 8시간만 인정하므로 위의 ④에서 초과된 2시간은 주간 근로시간을 적용한다.

3) 상여금

상여금은 원가계산에 의한 예정가격 작성기준 제10조에 따라 연간기본급 월액의 400%로 한다.

4) 퇴직급여충당금

퇴직급여충당금은 연간기본급 월액의 100%로 한다.

5.1.2 간접노무비

공사현장에서 계약한 목적물의 시공에 직접 종사하지는 않으나 보조작업에 종사하는 노무자, 종업원과 현장감독자 등에 대한 기본급과 근로기준법에서 규정하는 범위 내에서 계상하는 제수당, 상여금, 퇴직급여충당금의 합계액을 말한다.

간접노무비 대상으로는 현장소장, 현장의 기획, 노무, 자재, 교육, 산재, 복지후생, 경비, 청소업무 등에 종사하는 인원을 들 수 있다.

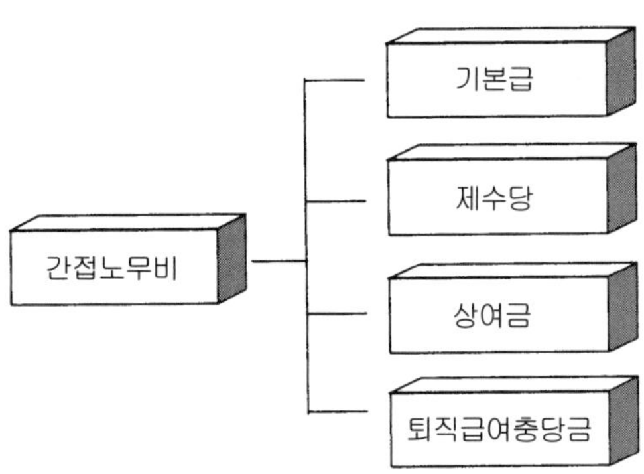

간접노무비는 예정가격 작성기준 제10조 등에 의해 직접계산방법, 비율분석방법, 간접노무비율 적용방법 등이 있으나 표 5.1과 같이 간접노무비율 적용방법이 많이 사용되고 있다.

간접노무비 = 직접노무비 × 간접노무비율

표 5.1 공사원가계산 간접노무비율 적용기준(2018.3, 조달청 자료)

공사규모	공사기간	간접노무비 (직접노무비)×간접노무비율		
		토목	조경	산업설비(토목)
50억원 미만	6개월 이하 (183일)	12.6	11.3	12.6
	7~12개월 (365일)	12.8	11.5	12.8
	13~36개월 (1095일)	12.8	11.4	12.8
	37개월 이상 (1096일)	12.7	11.4	12.7
50억원 이상~300억원 미만	6개월 이하 (183일)	12.6	11.2	12.6
	7~12개월 (365일)	12.8	11.4	12.8
	13~36개월 (1095일)	12.7	11.4	12.7
	37개월 이상 (1096일)	12.7	11.4	12.7
300억원 이상~1000억원 미만	6개월 이하 (183일)	12.4	11.1	12.4
	7~12개월 (365일)	12.6	11.3	12.6
	13~36개월 (1095일)	12.6	11.3	12.6
	37개월 이상 (1096일)	12.5	11.2	12.5
1000억원 이상	6개월 이하 (183일)	11.7	10.4	11.7
	7~12개월 (365일)	11.9	10.6	11.9
	13~36개월 (1095일)	11.9	10.6	11.9
	37개월 이상 (1096일)	11.9	10.5	11.9

5.2 품의 할증

품셈에서 제시하고 있는 품의 할증은 다음과 같다.

1) 군 작전지구 내

군 작전지구 내에서 작업능률에 현저한 저하를 가져올 때는 작업할증률을 20%까지 가산할 수 있다.

2) 도서지구, 공항, 산악지역 등

도서지구(외부에서 인력동원 파견시), 공항(김포, 김해, 제주공항 등에서 1일 항공기 이착륙 횟수가 20회 이상), 도로개설이 불가능한 산악지역에서는 작업할증(노력품)을 50%까지 가산할 수 있다.

3) 지세별 할증률

지세별 할증률은 표 5.2와 같다.

표 5.2 지세별 할증률

구 분		할 증 률(%)
평 탄 지		0
야 산 지		25
물이 있는 논		20
소택지 또는 깊은 논		50
번 화 가	2차선 도로	30
	4차선 도로	25
	6차선 도로	20
주 택 가		15

4) 지형별 할증률

지형별 할증률은 표 5.3과 같다.

표 5.3 지형별 할증률

구 분	할 증 률(%)	비 고
강 건너기	50	강폭 150m 이상
계곡 건너기	30	150m 이상

5) 철도 선로공사의 열차 빈도별 할증률

① 본선상에서 작업시 열차통과에 따라 작업이 중단되는 경우 열차횟수별 할증은 표 5.4.1과 같이 적용한다.

표 5.4.1 **본선상에서 작업시 열차빈도별 할증률**

열차횟수(8시간)	13회 미만	14~18회	19회 이상
할증률(%)	14	25	37

② 열차운행선 인접공사시(선로와의 이격거리 10m 이내) 열차통과에 따라 작업이 중단되어 작업능률이 저하되는 경우 할증은 표 5.4.2와 같이 적용한다

표 5.4.2 **인접공사시 열차빈도별 할증률**

열차횟수(8시간)	13회 미만	14~18회	19회 이상
할증률(%)	3	5	7

–선로와의 이격거리 : 건축한계(2.1m)+굴삭기(0.4m³) 회전반경(약 7.7m) ≒10m

6) 야간작업

PERT(Program Evaluation Review Technique)/CPM(Critical Path Method) 공정계획에 의한 공기산출결과 정상작업(정상공기)으로는 공사기간 내 준공이 불가능하여 야간작업을 할 경우 또는 공사의 성질상 부득이하게 야간작업을 해야 할 경우에는 품을 25%까지 가산한다. 즉 야간작업의 능률은 80%이므로 같은 작업을 하더라도 주간작업과 비교하면 125%(1/0.8=1.25)의 품이 들어 25%의 품이 할증된다.

7) 고소작업

고층 특수건물공사에서 고소작업 및 능률저하를 고려하여 품의 할증을 할 수 있다.

8) 소단위 건축공사

10m² 이하, 기타 이에 준하는 소단위 건축공사에서는 각 공종별 할증이 감안되지 않은 사항에 대하여 품을 50%까지 가산할 수 있다.

9) 건물 층수별 할증률

건물 층수별 할증률은 표 5.5와 같이 적용한다.

표 5.5 건물 층수별 할증률

구 분		할 증 률(%)
지상층 할증	2층~5층 이하	1
	10층 이하	3
	15층 이하	4
	20층 이하	5
	25층 이하	6
	30층 이하	7
	30층 초과시 매 5층 이내 증가마다 1%씩 가산	
지하층 할증	지하 1층	1
	지하 2층~5층	2
	6층 이하는 상황에 따라 별도 계상	

10) 위험 할증률

위험 할증률은 표 5.6과 같이 적용한다.

표 5.6 위험 할증률

작업종류	구 분	할 증 률(%)
교량상작업	인 도 교	15
	철 교	30
	공 중 작 업	70
지 하 작 업	지하 4m 이하	10
터널내작업	인 도	15
	철 도	30

주) 터널내 작업 할증률은 터널입구에서 25m 이상 터널 속으로 들어가서 작업하는 경우에 적용하며, 터널내 사다리작업으로 인해 작업능률이 현저하게 저하될 경우에는 위의 할증률에 10%까지 가산할 수 있다.

11) 유해환경 할증률

유해환경 할증률은 표 5.7과 같이 적용한다.

표 5.7 유해환경 할증률

구 분	할 증 률(%)
고온 · 고압기기 접근작업	30
고열 · 위험물 · 독극물 보관 실내작업	20
정화조 · 축전시설 등 유해가스 발생장소	10

12) 특수작업 할증률

① 작업의 중요성 또는 특별한 시방에 따라 특별한 기술과 안전관리 등을 위해 기술원(기술사 및 기사, 특수자격자, 안전관리자 등) 및 감독원이 투입될 때는 필요에 따라 본 작업에 대해서 5~10%까지 계상할 수 있다.

② 특별한 작업조를 편성하여 작업해야 하는 경우에는 각 작업조에 따라 기술원 또는 감독원 1인을 계상할 수 있다.

13) 휴전시간(작업시간제한)별 할증률

휴전시간(작업시간제한)별 할증률은 표 5.8과 같이 적용한다.

표 5.8 휴전시간(작업시간제한)별 할증률

구 분	할 증 률(%)	구 분	할 증 률(%)
1일 3시간 휴전시	30	1일 6시간 휴전시	10
1일 5시간 휴전시	20	1일 8시간 휴전시	0

14) 이동시간에 대한 할증률

원거리 작업, 계속이동작업, 분산작업의 경우와 같이 집합장소로부터 작업장소까지 도달하기 위해 상당한 왕복시간을 필요로 하거나 작업장소가 분산되어 있어 이동에 상당한 시간이 소요되어 실작업 시간이 현저하게 감소될 경우에는 50%까지 가산할 수 있다. 단, 도달 왕복 시간 또는 이동시간이 1시간 내인 경우에는 특별한 경우를 제외하고는 적용할 수 없다.

15) 원자력발전소 공사의 품 할증

원자력발전소 공사에서 작업단계별 품질 및 안전도 검사 등이 엄격히 적용되는 공정의 경우에는 각 공정에 따라 품 할증을 별도 가산한다.

16) 기타 할증률

다음과 같은 이유로 작업능률의 저하가 현저할 때에는 50%까지 가산할 수 있다.

① 같은 장소에서 수종의 건설기계를 가동하는 경우

② 작업장소가 협소한 경우

③ 소음

④ 진동

⑤ 위험

또한 작업조건이 특수하여 작업시간 및 통행제한으로 작업능률 저하가 현저할 경우는 별도 가산할 수 있다.

제 5 장 연습문제

1 아래 내용을 설명하시오.

1) 직접노무비
2) 제수당
3) 간접노무비
4) 간접노무비율
5) 지세별 할증
6) 지형별 할증
7) 철도 선로공사의 열차 빈도별 할증
8) 야간작업 할증
9) 위험 할증
10) 휴전시간별 할증

6 기계경비의 적산

기계경비의 적산은 2019년 건설공사 표준품셈 제8장 기계화시공과 제9장 기계경비(국토교통부, 한국건설기술연구원)를 참고하여 발췌하였다.

6.1 기계경비의 구성

기계경비는 건설기계 사용시 발생되는 기계손료, 운전경비, 운송비, 조립 및 해체비 등으로 구성된다.

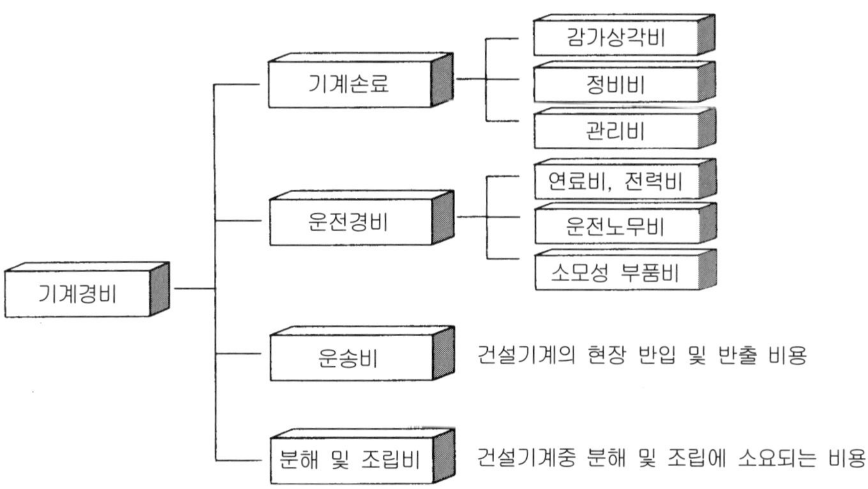

6.1.1 기계손료

기계손료에는 감가상각비, 정비비, 관리비로 구분되며 기계손료는 이들의 합계액이다.

기계손료 = 감가상각비 + 정비비 + 관리비

1) 감가상각비

감가상각비란 기계의 사용에 따르는 기계가치의 감가액을 말하며, 감가상각비 계산방법에는 정액법과 정률법이 있다.

정액법은 감소한 가격이 매년 균등하게 발생하는 것으로 보고, 직선적으로 상각하는 방법으로 적산시에는 정액법이 사용되고 있다.

$$\text{연 감가상각비} = \frac{\text{취득가격} - \text{잔존가치}}{\text{감가상각기간}}$$

정률법은 매년 일정률을 상각하는 것으로 상각금액이 매년 다르게 산출되어 적산시에는 사용되지 않고 있다.

(1) 취득가격

국산기계의 취득가격은 표준규격에 의한 표준시가를 적용하고, 수입기계는 운임 및 보험료 포함 가격인 CIF(Cost, Insurance & Freight)가격의 수입에 따르는 제경비를 포함하여 US$로 표시하고, 환율은 연도초 최초로 발표하는 외국환거래법에 의한 금융결재원의 기준환율(매매기준율)을 적용하며, 건설기계 가격을 원화로 환산할 경우에는 1,000원 미만은 절사한다. 다만, 환율이 3% 이상의 증감이 있을 때에는 건설기계 가격을 조정할 수 있다.

$$\text{평균 취득가격} = \text{취득가격} \times \frac{1.1 \times \text{경제적 내용년수} + 0.9}{2 \times \text{경제적 내용년수}}$$

(2) 경제적 내용시간

잔존율이 취득가격의 10%가 되고, 경제적인 사용이 가능하다고 인정되는 운전시간을 말하며, 장비의 종류와 규격에 따라 다르지만 굴삭기인 경우는 일반적으로 10,000시간 정도이다.

(3) 잔존율

경제적인 내용시간이 끝날 때의 기계 잔존가치의 취득가격에 대한 비율을 말하며, 0.1로 한다.

$$\text{잔존가치} = \text{취득가격} \times 0.1$$

(4) 연간표준 가동시간

기계가 연간 운전되는데 가장 표준이라고 인정되는 시간을 말하며, 장비의 종류와 규격에 따라 다르지만 굴삭기인 경우는 일반적으로 1,400시간 정도이다.

$$(20\text{일} \times 6.67\text{시간} \times \frac{10\text{개월} + 11\text{개월}}{2} = 1,400\text{시간},$$

1일 8시간 중 실작업 시간=8시간−휴식 80분=6.67시간)

(5) 경제적 내용년수

경제적 내용시간을 연간 표준가동시간으로 나눈 값을 말한다.

$$\text{경제적 내용년수} = \frac{\text{경제적 내용시간}}{\text{연간 표준가동시간}}$$

【예】 굴삭기인 경우 경제적 내용년수$= \frac{10,000\text{시간}}{1,400\text{시간}} = 7.14\text{년}$

2) 정비비

정비비는 기계를 사용함에 따라 발생하는 기계고장, 성능저하 부분의 개선을 목적으로 하는 분해, 수리 및 정비와 기계 기능을 유지하기 위한 정기정비 또는 수시정비에 소요되는 비용을 말한다. 그러나 기계의 삽날(Cutting edge), 귀삽날(End bit), 타이어(Tire), 투스(Tooth) 등의 소모성 부품은 포함되지 않는다.

정비비−취득가격×정비비율

여기서, 정비비율은 기계의 경제적 내용시간 동안에 소요되는 정비비 누계액의 기계 취득가격에 대한 비율로 장비의 종류와 규격에 따라 다르지만 굴삭기인 경우에는 일반적으로 0.7이다.

$$\text{운전시간당 정비비} = \frac{\text{취득가격} \times \text{정비비율}}{\text{경제적 내용시간}} = \text{취득가격} \times \text{시간당 정비비계수}$$

3) 관리비

관리비는 보유한 기계를 관리하는데 필요한 이자 및 보관·격납 비용을 말하며, 연이자 8%와 보관격납비 2%를 합한 10%(0.1)를 연간 관리비율로 정하고 있다.

관리비는 1일 가동시간이 8시간을 초과하더라도 8시간으로 계산한다.

$$\text{운전시간당 관리비} = \frac{\text{평균취득가격} \times \text{연간 관리비율}}{\text{연간 표준가동시간}} = \text{취득가격} \times \text{시간당 관리비계수}$$

기계손료는 감가상각비, 정비비, 관리비의 합계액으로 적산시에는 운전시간당으로 단일화되어 계산되며, 굴삭기인 경우 상각비계수는 900×10^{-7}, 정비비계수는 700×10^{-7}, 관리비계수는 438×10^{-7}로 이들을 합한 $2,038\times10^{-7}$이 시간당 기계손료가 되며, 계산방법은 327페이지를 참조 바란다.

각종 건설장비에 대한 건설기계손료 및 운전경비 산정은 부록 5를 참조 바란다.

6.1.2 운전경비

운전경비는 건설기계를 사용하는데 소요되는 비용으로 다음과 같다.

① 연료, 전력, 윤활유 등의 연료비

② 운전사의 급여 또는 임금과 기타의 운전노무비

③ 정비비에 포함되지 않는 잡품비

운전경비＝재료비＋노무비

재료비＝운전시간×시간당 연료비×잡품비

노무비＝시중 노임단가$\times\frac{1}{8}\times$휴지계수×상여계수×1일 작업인원

－상여계수 : $\frac{16}{12}$(상여금 등 400%)

－휴지계수 : $\frac{25}{20}$(월 25일 기준, 평균작업일수 20일, 기계점검 및 가동준비 5일)

－할증계수＝휴지계수×상여계수＝$\frac{25}{20}\times\frac{16}{12}=1.666$

1) 연료비

표준품셈에서 연료비란 표준기계에 의한 내용기간 중의 시간당 소비량의 평균치를 연료비로 한다.

2) 운전노무비

운전사(건설기계운전사, 화물차 운전사, 일반기계 운전사의 노임으로 상시고용일 경우에는 일당을 월급으로 환산하되 기본급을 기준으로 제수당, 상여금 및 퇴직급여 충당금을 계상하여 시간당 운전노무비를 다음과 같이 구한다. 단, 상여금은 400%, 퇴직급여 충당금은 100%로 본다.

$$\text{시간당 운전노무비} = \text{기본급 또는 기본임금} \times \text{시간당 운전노무품} \times \left(\frac{12}{12} + \frac{4+1}{12}\right)$$

$$\text{여기서, 시간당 운전노무품} = \frac{1}{\text{운전일수율 또는 취로일수율}} \times \frac{1}{8}$$

운전노무비 산정시 필요한 분야별 운전사의 구분은 표 6.1과 같다.

표 6.1 분야별 운전사 구분(2019년 건설공사 표준품셈 제8장 기계화시공 참조)

구 분	해 당 기 계
건설기계 운전사	건설기계관리법 시행령 제2조에 규정한 기계로서 다음과 같은 기종을 말한다. (불도저, 굴삭기, 로더, 지게차, 스크레이퍼, 덤프트럭(12톤 이상), 기중기(차륜 및 무한궤도), 모터 그레이더, 롤러, 노상안정기, 콘크리트 배칭플랜트, 콘크리트 피니셔, 콘크리트 살포기, 콘크리트믹서, 콘크리트펌프(5m³ 이상), 아스팔트 믹싱 플랜트, 아스팔트 피니셔, 아스팔트살포기, 골재살포기, 쇄석기, 천공기, 항타 및 항발기(0.5톤 이상), 사리채취기, 준설선, 특수건설기계, 타워크레인
화물차 운전사	자동차관리법 시행규칙 제2조에 규정된 차량류로서 다음과 같은 기종을 말한다. (12톤 미만의 덤프트럭, 화물트럭, 살수차, 트랙터, 제설차, 노면청소차, 트럭탑재형 크레인, 기타 공업용 소형트럭 등)
일반기계 운전사	건설기계관리법 및 자동차관리법에 규정되어 있지 아니한 기계류로서 다음과 같은 기종을 말한다.(소형의 공기압축기, 양수기, 소형믹서, 윈치, 소형항타기, 소형 그라우트 펌프, 벨트 컨베이어, 발전기, 램머, 콤팩터, 콘크리트파쇄기, 공기압축기(2.83m³/min 이상), 기타 소형 기계 등)

3) 소모성 부품비

건설기계의 소모성 부품으로는 삽날, 귀삽날, 타이어, 티스 등이 있으며, 공신력 있는 기관에서 인정하는 각 소모성 부품의 가격에 일정한 비율을 곱하여 산출한다.

6.1.3 운송비

공사에 소요되는 자재 및 물품 중에서 덤프트럭에 적재하여 하차시 훼손이나 파괴가 예상되는 드럼들이 아스팔트, 석유류, 시멘트, 흄관, 경계석, 보도블록 등은 화물자동차로 운반하며, 싣기 및 부리기에 대한 경비는 별도로 가산한다.

건설기계의 운송은 건설현장에서 가장 가까운 시 · 군 · 구 · 도청소재지인 관공서로부터 수송에 필요한 경비를 계상한다. 다만, 구득이 곤란하다고 인정되는 기종에 대하여는 그 기종이 소재한다고 인정되는 가장 가까운 시 · 군 · 구 · 도청소재지로부터의 수송비를 계상할 수 있다.

자주식 건설기계의 운송비는 표 6.2의 이동속도를 기준으로 계상하며, 운송경비는 기계사용료와 운전경비를 합한 금액으로 한다.

표 6.2 자주식 건설기계의 이동속도(2019년 건설공사 표준품셈 제8장 기계화시공 참조)

(단위 : km/hr)

기 종 / 도로구분	덤프 트럭	로더 (타이어)	크레인 (트럭)	모터 그레이더	스크 레이퍼	아스팔트 디스트리뷰터 슬러리실 기계	트럭, 트랙터 및 트레일러	리프트 트럭
포장도로 (고속4차선)	60	–	–	–	–	–	–	–
포장도로 (고속2차선)	50	–	–	–	–	50	50	–
포장도로	40	25	30	25	35	40	40	25
사리도로 (양호)	25	15	15	15	25	25	20	15
사리도로 (불량)	10	10	10	10	10	10	10	10

하천이나 해양에서 작업선으로 공사를 할 경우 작업선의 회항비는 공사에 제공되는 피예인선의 편도 수송시간에 대한 선원의 노임, 예인선의 왕복운항시간에 대한 손료 및 운전경비, 예인선 및 피예인선의 회항보험금의 합계액으로 하며, 공사현장에 투입되는 예인선의 회항비는 편도 운항경비만을 계상한다.

자체적으로 운항하는 자항 작업선의 경우에는 작업선의 편도 수송시간에 대한 손료 및 운전경비와 회항보험금의 합계액으로 한다.

6.1.4 분해 및 조립비

분해 및 조립을 필요로 하는 건설기계는 다음과 같으며, 이에 소요되는 경비는 계상한다.

① 정치식의 아스팔트 믹싱 플랜트

② 정치식의 클러싱 플랜트

③ 정치식의 콘크리트 플랜트

④ 정치식의 벨트 컨베이어

⑤ 디젤 파일 해머

⑥ 크레인
⑦ 골재세척설비
⑧ 기타 분해 조립이 필요하다고 인정되는 기계

6.2 건설기계 적용기준

건설공사의 종류와 규모에 따라 적용하는 건설기계 조합의 적정여부에 의해 공사비의 증가와 감소가 크게 나타날 수 있으므로 합리적인 장비의 사용과 조합이 필요하다.

6.2.1 작업종류별 적용기준

건설표준품셈에 의한 작업종류별 적용기준은 표 6.3과 같다.

표 6.3 작업종류별 적용기준(2019년 건설공사 표준품셈 제8장 기계화시공 참조)

작업 종류	건설기계의 종류
벌개, 제근	불도저(레이크도저)
굴 삭	로더, 굴삭기, 불도저, 리퍼
적 재	로더, 버킷식엑스커베이터
굴착, 적재	로더, 굴삭기, 버킷식엑스커베이터
굴착, 운반	불도저, 스크레이퍼
운 반	불도저, 덤프트럭, 벨트컨베이어
부 설	불도저, 모터그레이더, 골재살포기
함수량조절	살수차
다 짐	롤러, 불도저, 진동콤팩터, 램머, 탬퍼
정 지	불도저, 모터그레이더
도랑파기	굴삭기, 트랜처
비탈마무리	백호, 그레이더, 불도저
착 암	브레이커, 래그 해머, 크롤러 드릴
기초공사	디젤해머, 진동파일 드라이버, 보링기, 어스드릴, 어스오거, 그라우팅 기계
기중기류	트럭 크레인, 휠 크레인, 무한궤도식 크레인, 케이블 크레인, 데릭 크레인, 지브 크레인, 탑형 크레인, 엘리베이터, 호이스트 윈치
터널공사	착암기, 브레이커, 점보드릴, 크롤러 드릴, T.B.M, 쉴드, 로드헤더
골재생산	쇄석기, 골재선별기, 골재공급기
콘크리트 타설	콘크리트 배처플랜트, 콘크리트 믹서기, 콘크리트 트럭믹서, 애지테이터 트럭, 콘크리트 펌프, 콘크리트 진동기

표 6.3 (표 계속)

작업 종류	건설기계의 종류
포 장	아스팔트믹싱 플랜트, 아스팔트 피니셔, 아스팔트 살포기, 콘크리트포장 정리기, 콘크리트 포설기, 콘크리트 페이버, 콘크리트 스크리트, 콘크리트 커터
도로유지	도로청소차, 라인마커, 리프트카, 스노플로, 노면파쇄기
공기압축	공기압축기, 송풍기, 펌프
해상작업	드래그석션 준설선, 펌프준설선, 그레이브 준설선, 디퍼 준설선, 버킷 준설선, 기중기선, 쇄암선, 항타선, 콘크리트 플랜트선, 앵커 바지선

6.2.2 운반거리별 적용기준

건설표준품셈에 의한 운반기계별 적용기준은 표 6.4와 같다.

표 6.4 운반거리별 적용기준(2019년 건설공사 표준품셈 제8장 기계화시공 참조)

작업구분	운반거리	건 설 장 비
절붕, 압토	평균 20m	불도저
토사운반	60m 이하	불도저
	60~100m	불도저 로더+덤프트럭 굴삭기+덤프트럭
	100m 이상	로더+덤프트럭 굴삭기+덤프트럭 모터스크레이퍼

6.2.3 공사규모별 적용기준

건설공사 설계시 적정공사비 산정과 기계화시공의 합리적인 발전을 위해 공사규모에 적합한 규격의 장비를 선정해야 하며, 공사의 규모는 소규모, 중규모, 대규모 공사로 구분한다. 토공사의 시공량이 10,000m^3 미만은 소규모, 10,000~100,000m^3은 중규모, 100,000m^3 이상은 대규모로 구분하며, 현장여건과 토질조건 및 공사기간 등을 감안하여 종합적으로 결정한다.

공사규모에 따른 적용기준은 표 6.5와 같다.

표 6.5 공사규모별 적용기준(2019년 건설공사 표준품셈 제8장 기계화시공 참조)

장 비 명	작업종류	작업규모	표준규격
불 도 저	유압리퍼작업	중규모 이하 대규모	19톤 32톤
	굴삭(운반) 집 토	중규모 이하 대규모	19톤 32톤
	습지, 연약토 작업		13톤
굴 삭 기	굴삭, 적재작업	소규모 중규모 대규모	0.4m³ 0.7m³ 1.0m³ 이상
덤프트럭	운 반	소규모 중규모 대규모	8톤 이하 8~15톤 15톤 이상

주) 각 작업규모별 구체적인 덤프트럭 규격(2.5, 4.5, 6, 8, 10.5, 15, 20, 25, 32톤)은 도로상태, 시공성, 시공규모 등을 감안하여 현장 실정에 맞도록 적용한다.

6.3 건설기계의 작업능력 산정

6.3.1 기본 작업능력 산정식

건설기계의 기본적인 작업능력 산정식은 다음과 같다.

$$Q = n \times q \times f \times E \tag{6.1}$$

여기서, Q : 시간당 작업량(m^3/hr, ton/hr)

n : 시간당 작업사이클 수

q : 1회 작업사이클당 표준작업량(m^3 또는 ton)

f : 토량환산계수(체적환산계수)

E : 작업효율

위 공식이 세부내용을 설명하면 다음과 같다.

1) 기계의 작업시간

기계의 시간당 작업량은 기계의 운전시간당 작업량을 말하며, 이 운전시간은 기계의 주기관이 회전하거나 주 작동부가 가동하는 시간으로 주목적의 작업을 하는 실작업 시간 외에 작업 중의 기계이동, 기관 또는 주 작동부의 예비가동, 운전시간 중의 점검 또는 조정, 주유, 조합기계 때의 대기시간 등이 포함된다.

2) 시간당 작업량(Q)

토공에 있어서의 작업능력은 일반적으로 ㎥/hr로 표시되고, 자연상태의 토량, 흐트러진 상태의 토량, 다져진 상태의 토량으로 표시되며, 기계의 종류에 따라 ton/hr, ㎥/hr, m/hr 등으로 표시할 때도 있다.

3) 1회 작업 사이클당 표준작업량(q)

기계는 일련의 동작을 되풀이해서 작업을 하게 되는데 이때의 1회 사이클 동작으로 이루어지는 표준적인 작업조건과 작업 관리상태에 있어서의 작업량을 1회 작업 사이클당 표준작업량이라 하고, 토량인 경우에는 흐트러진 상태에서 취급되는 것이 일반적이고, 보통 m^3 또는 톤(ton)으로 표시한다.

4) 시간당 작업사이클 수(n)

$n = \dfrac{60}{C_m(\text{min})}$ 또는 $n = \dfrac{3,600}{C_m(\text{sec})}$ 으로 표시한다.

여기서, C_m은 사이클 시간으로서 기계의 작업속도나 주행속도에 따라 분(min) 또는 초(sec)로 표시한다.

5) 작업효율(E)

기계의 시간당 작업량은 그 기계고유의 일정한 값이 아니고, 작업현장의 제반 조건에 따라 변화하는 것이므로 표준적인 작업능력에 작업현장의 여러 가지 여건에 알맞은 효율을 고려하여 산정한다.

작업효율(E)=현장 작업능력 계수×실작업 시간율

(1) 현장작업 능력계수

기계의 표준적인 작업능력에 영향을 미치는 기상, 지형, 토질, 공사, 규모, 시공방법과 기계의 종류, 기계 조정원의 숙련도, 해상작업의 경우에는 파도 및 풍향 등의 작업현장 여건을 고려한 계수를 말한다.

(2) 실작업 시간율

기계의 상태, 공사규모, 시공방법 등에 의해 변화하며 다음과 같이 표시한다.

$$실작업\ 시간율 = \frac{실작업\ 시간}{운전시간}$$

6) 토량(체적)환산 계수(f)

자연상태의 토사를 굴착하여 매립하고 다시 전압을 주는 경우 각 상태에서의 토사 체적은 증감하게 된다. 이러한 변화율은 토사의 종류에 따라 다르다.

자연상태의 토량을 1로 하고, 이것을 굴착한 경우(흐트러진 상태)의 토량으로 했을 때의 토량을 L, 다시 이 흐트러진 상태의 흙을 전압한 후의 토량을 C라 하면 다음과 같은 관계가 성립한다.

$$L = \frac{흐트러진\ 상태의\ 토량(m^3)}{자연상태의\ 토량(m^3)}, \qquad C = \frac{다져진\ 상태의\ 토량(m^3)}{자연상태의\ 토량(m^3)}$$

6.3.2 불도저(Bull dozer)와 리퍼(Ripper)

1) 불도저

불도저는 단거리의 굴착, 성토, 땅고르기, 매립 등에 적합한 건설기계로서 대형 장비는 약 100m, 소형장비는 약 50m 정도에 이용되며, 바퀴형태에 따라 크롤러식(Crawler type)의 무한궤도와 타이어식(Tire type)으로 구분한다.

불도저의 종류를 구분하면 다음과 같다.

(a) 무한궤도식 도저 (b) 타이어식 도저

그림 6.1 주행방식에 따른 도저의 종류

① 스트레이트 도저(Straight dozer)

가장 많이 사용되는 불도저로서 배토판의 상부가 전후로 경사지게 조작되며, 중규모의 굴착 및 압토용으로 사용된다.

② 앵글 도저(Angle dozer)

배토판의 정착된 위치를 전후로 바꾸어 배토판이 중립축에서 30°~60° 정도로 경사각을 이루며, 배토판의 전후 경사도 변경이 가능한 도저로서 신설도로의 굴삭작업에 사용된다.

③ 틸트 도저(Tilt dozer)

배토판을 좌우측 하부로 기울일 수 있어서 경사면의 굴삭과 옆 도랑파기 등에 사용된다.

④ 레이크 도저(Rake dozer)

배토판 대신에 갈고리인 레이크가 장착된 도저로 굳은 땅, 자갈층, 벌개, 제근 작업에 사용된다.

⑤ 리퍼 도저(Ripper dozer)

도저 전면에는 배토판이 있고, 후면에는 갈고리 형태인 찢거나 세로로 켜는 톱 역할을 하는 리퍼가 1본 ~3본이 장착되어 있어 풍화암 정도의 단단한 지층을 굴착하는데 사용된다.

⑥ 습지 도저

일반 도저는 지면과 접촉하는 접지압(contact pressure)이 약 0.6~0.8kgf/cm^2 이지만 습지도저는 약 0.2~0.8kgf/cm^{2}로 적으며, 무한궤도의 폭이 넓어 연약한 습지의 굴삭이나 압토 등에 사용된다.

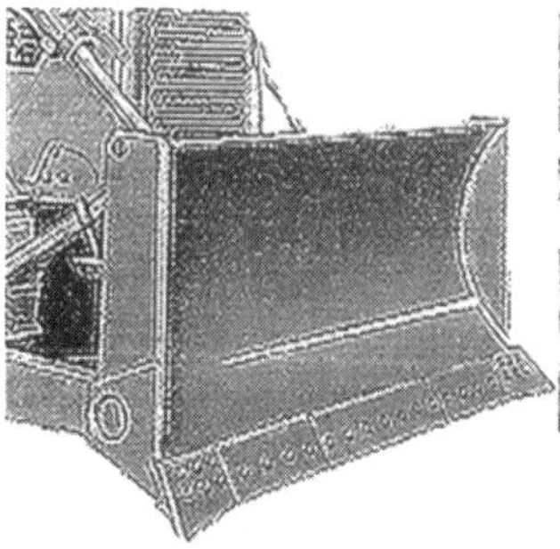

(a) 스트레이트 도저

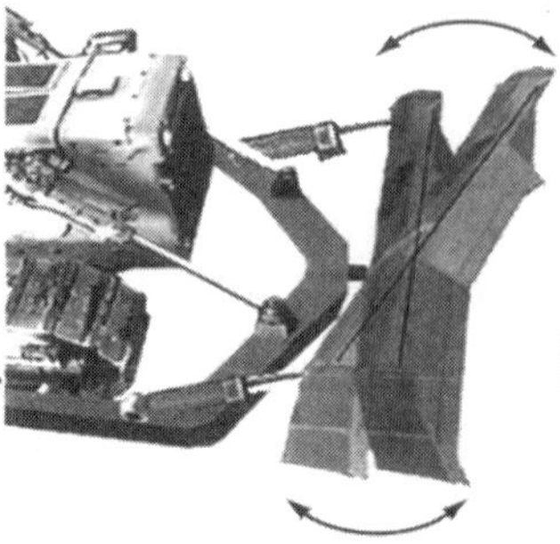

(b) 앵글 도저

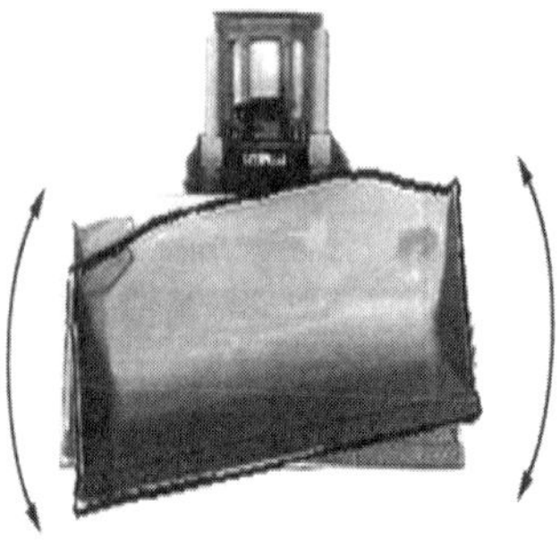

(c) 틸트 도저

(d) 레이크 도저

(e) 리퍼 도저

그림 6.2 배토판의 각도와 용도에 따른 도저의 종류

2) 불도저의 작업능력 산정식

$$Q = \frac{60 \times q \times f \times E}{C_m} \qquad (6.2)$$

여기서, Q : 시간당 작업량(m³/hr)

q : 삽날의 용량(m³)= $q^0 \times e$

q^0 : 거리 및 경사를 고려하지 않은 삽날의 용량(m³)

e : 운반거리계수

E : 작업효율

f : 토량(체적)환산계수

C_m : 1회 사이클 시간(분)

위 공식의 세부내용을 설명하면 다음과 같다.

(1) q^0의 값(m³) : 거리 및 경사를 고려하지 않은 삽날의 용량

표 6.6 q^0의 값

종별 \ 급수(ton)	4 (초습지)	7	10	12	13 (습지)	15	19	28	32	33
무한궤도	0.5	1.1	1.5	2.0	1.5	–	3.2	–	5.5	–
타이어	–	–	–	–	–	3.1	–	4.0	–	5.7

(2) 운반거리 및 경사에 대한 e값

표 6.7 e의 값

운반거리(m)	10 이하	20	30	40	50	60	70	80
e	1.0	0.96	0.92	0.88	0.84	0.80	0.76	0.72

(3) E 의 값

표 6.8 E의 값

현장조건 / 토질명	자연상태			흐트러진 상태		
	양 호	보 통	불 량	양 호	보 통	불 량
모래, 사질토	0.80	0.65	0.50	0.85	0.70	0.55
자갈섞인 흙, 점성토	0.70	0.55	0.40	0.75	0.60	0.45
파쇄암	−	−	−	−	0.35	0.25

주) ① 양호 : 작업현장이 넓고(배토판 폭의 3배 이상), 지반의 요철 등에 의한 미끄럼이 없고, 또한 하향구배 등으로 작업속도가 충분히 기대되는 조건인 경우
② 보통 : 작업현장은 넓으나 작업속도가 기대되지 않는 경우, 작업현장은 좁으나(배토판 폭의 3배 미만) 작업속도가 충분히 기대되는 등 제 조건의 중간으로 판단되는 경우
③ 불량 : 작업현장이 좁고 지반상태를 고려한 미끄럼이 많고, 또 상향구배 등으로서 작업속도를 저해하는 조건인 경우
④ 정지작업을 겸하는 경우는 0.1을 뺀 값으로 한다.
⑤ 터파기에 대해서는 0.05를 뺀 값으로 한다.
⑥ 리핑한 것은 리핑된 상태를 고려하여 그 상태에 해당되는 토질에서의 값을 취한다.

(4) 1회 사이클 시간(C_m)

$$C_m = \frac{l}{V_1} + \frac{l}{V_2} + t$$

여기서, C_m : 1회 사이클 시간(분)

l : 운반거리(m)

V_1 : 전진속도(m/분)

V_2 : 후진속도(m/분)

t : 기어 변속시간(0.25분=15초)

전진속도와 후진속도에 대하여 무한궤도형 불도저는 표 6.9, 타이어형 불도저는 표 6.10과 같다.

표 6.9 무한궤도형의 V_1 및 V_2의 값

규격(ton)	전진속도(m/분)				후진속도(m/분)		
	1단	2단	3단	4단	1단	2단	3단
4(초습지)	40	57	100	–	63	85	–
7	43	67	92	116	53	78	107
10	42	64	88	116	50	75	105
12	40	55	75	107	48	70	100
13(습지)	40	55	75	–	48	70	–
19	40	55	75	103	46	70	98
32	40	52	70	91	43	58	78

주) ① 굴착 또는 굴착운반, 벌근, 석재류의 집적작업 등에는 전진1단, 후진1단을 사용한다.
② 흐트러진 상태의 토사운반 작업 등에는 전진2단, 후진2단을 사용한다.
③ 평탄하고 흐트러진 상태의 정지 전압작업 등에는 전진3단, 후진3단을 사용한다.
④ 제방과 같은 상향 작업시에는 전진1단, 후진2단을 사용한다.
⑤ 수중작업시에는 전진1단, 후진1단을 사용한다.
⑥ 작업현장에서의 이동에는 전진3단 또는 4단을 사용한다.

표 6.10 타이어형의 V_1 및 V_2의 값

규격(ton)	전진속도(m/분)			후진속도(m/분)	
	1단	2단	3단	1단	2단
15	83	200	415	92	125
28	92	200	482	92	200
33	92	210	546	110	250

주) ① 흐트러진 상태의 토사운반, 연약지반의 굴착운반 작업 등에는 전진1단, 후진1단을 사용한다.
② 평탄하고 흐트러진 상태의 정지 및 전압작업 등에는 전진2단, 후진2단을 사용한다.
③ 작업현장에서의 이동에는 전진2단 또는 전진3단을 사용한다.

예제 6.1 현장조건이 양호하고 평지인 사질토 지반에서 19톤의 무한궤도 불도저로 평균운반거리 50m로 굴착운반 작업을 할 경우 시간당 작업량은 얼마인가? (단, 계산은 소수셋째자리에서 반올림)

풀이 $Q = \dfrac{60 \times q \times f \times E}{C_m}$, $q = q^0 \times e$ 에서 19톤의 무한궤도이며, 운반거리가 50 m이므로

$q = 3.2 \times 0.84 = 2.69$

f는 토량환산계수로 흐트러진 상태로 가정하여 $f = 1$을 적용

E는 작업효율로 현장조건이 양호한 사질토지반이므로 $E = 0.80$을 적용

굴착 또는 굴착운반 작업시 작업속도는 전진1단, 후진1단을 사용하므로

$V_1 = 40\text{m}/$분, $V_2 = 46\text{m}/$분, $t = 0.25$분, $l = 50\text{m}$ 이므로

$$C_m = \frac{l}{V_1} + \frac{l}{V_2} + t = \frac{50}{40} + \frac{50}{46} + 0.25 = 2.59\text{분}$$

$$Q = \frac{60 \times 2.69 \times 1 \times 0.80}{2.59} = 49.85\text{m}^3/\text{hr}$$

(여기서, q의 값은 흐트러진 상태의 토량이고, $f = 1$을 적용했으므로 산출된 Q는 흐트러진 상태의 작업량이다. 자연상태의 토량으로 산정할 때에는 $f = \frac{1}{L}$을 적용하여 계산한다.)

3) 리퍼(유압식)의 작업능력 산정식

$$Q = \frac{60 \times A_n \times l \times f \times E}{C_m} \tag{6.3}$$

여기서, Q : 시간당 파쇄량(m^3/hr)

l : 1회의 작업거리(m)

A_n : 1회 리핑의 단면적(m^2)

f : 토량(체적)환산계수

E : 작업효율

C_m : 1회 사이클 시간(분), 계획할 때는 $C_m = 0.05\,l + 0.25$

위의 공식의 세부 내용을 설명하면 다음과 같다.

(1) A_n의 값

표 6.11 A_n의 값

트랙터의 규격	1회당 리핑 단면적(m^2)		
	1본	2본	3본
20톤급	0.15	0.30	0.45
30톤급	0.20	0.40	0.60

(2) E의 값

표 6.12 E의 값

암 질	발톱수	20톤급		30톤급	
		탄성파 속도(m/s)	E	탄성파 속도(m/s)	E
연질	3본	500 700 900	0.85 0.65 0.50	600 800 1,000	0.85 0.65 0.45
중질	2본	700 900 1,200	0.80 0.60 0.40	900 1,200 1,400	0.70 0.50 0.40
경질	1본	1,000 1,300 1,600	0.70 0.50 0.30	1,200 1,500 1,800	0.80 0.50 0.30

① 암질과 탄성파속도와의 관계

표 6.13 암질과 탄성파속도와의 관계

구 분 / 암의 종류	탄성파속도(m/sec)		
	연 질	중 질	경 질
사 암	1,000 이하	1,000 ~ 1,500	1,500 ~ 2,000
점 판 암	1,000	1,000 ~ 1,500	1,500 ~ 2,000
석영반암	900	900 ~ 1,200	1,200 ~ 1,500
석회암, 혈암	600	600 ~ 1,000	1,100 ~ 1,500
화 강 암	600	600 ~ 1,000	1,000 ~ 1,500

(3) 리핑작업과 도저작업을 함께 하는 경우 시간당 작업량 산정식

리퍼로 암을 파쇄하고, 도저로 운반작업을 하는 경우의 작업량(Q)은 다음 식에 의해 산정한다.

$$Q = \frac{Q_1 \times Q_2}{Q_1 + Q_2}$$

여기서, Q : 리핑과 도저작업을 함께 하는 경우의 시간당 작업량(m^3/hr)

Q_1 : 시간당 리핑 작업량(m³/hr)

Q_2 : 시간당 도저 운반작업량(m³/hr)

이 경우, Q를 흐트러진 상태의 토량으로 구할 때는 Q_1과 Q_2 역시 흐트러진 상태의 토량으로 하여 계산해야 한다.

예제 6.2 지반이 화강암이고 탄성파속도가 900m/sec이며, 작업거리가 20m에서 30톤급의 무한궤도 불도저로 리핑작업을 할 경우 시간당 작업량은 얼마인가? (단, 생크는 2본을 사용하며, $f=1.4$, 계산은 소수셋째자리까지 반올림)

풀이 $Q=\dfrac{60\times A_n\times l\times f\times E}{C_m}$

A_n은 30톤급, 생크가 2본이므로 $A_n=0.40\text{m}^2$, $l=20\text{m}$, $f=1.4$, E는 화강암 탄성파속도 900m/sec는 중질에 속하며, 생크가 2본인 경우 $E=0.70$을 적용(리핑작업)

$C_m=0.05l+0.25=0.05\times 20+0.25=1.25$분

$Q_1=\dfrac{60\times 0.40\times 20\times 1.4\times 0.70}{1.25}=376.32\text{m}^3/\text{hr}$

(여기서, f는 흐트러진 상태이므로 Q는 흐트러진 상태의 작업량이다.)

참고로 이 작업조건에서 전면의 배토판으로 도저의 운반작업을 병행할 경우 시간당 작업량은 다음과 같이 산출할 수 있다. (도저운반작업)

$Q=\dfrac{60\times q\times f\times E}{C_m}$, $q=q^0\times e=5.5\times 0.96=5.28$, $f=1$

E는 파쇄암으로 $E=0.35$로 하고, $C_m=\dfrac{20}{40}+\dfrac{20}{43}+0.25=1.22$분

$Q_2=\dfrac{60\times 5.28\times 1\times 0.35}{1.22}=90.89\text{m}^3/\text{hr}$

리핑작업과 도저작업을 함께하는 경우 시간당 작업량 $Q=\dfrac{Q_1\times Q_2}{Q_1+Q_2}$

Q_1은 리핑 작업량으로 $Q_1=376.32\text{m}^3/\text{hr}$

Q_2는 도저 운반작업량으로 $Q_2=90.89\text{m}^3/\text{hr}$이므로

$Q=\dfrac{376.32\times 90.89}{376.32+90.89}=73.21\text{m}^3/\text{hr}$

6.3.3 로더(Loader)

로더는 트랙터 셔블(Tractor shovel)이라고도 하며, 버킷으로 토사를 굴삭하여 들어올린 다음 이동하여 운반기계 등에 적재하는 기계이다.

주행방식에 따라 크롤러식의 무한궤도식, 차륜식의 타이어식 등이 있으며, 버킷용량은 보통 1.72m³이다. 적재방법에 따라 프런트엔드식(Front end), 오버헤드식(Over head), 투웨이식(Two way), 사이드덤프식(Side dump)이 있으며, 표준품셈에서는 일반적으로 많이 사용되는 프런트엔드식을 표준으로 하고 있다.

특수 로더의 종류에는 휠버킷식(Wheel bucket), 컨베이어식(Conveyer)이 있다.

(a) 휠 형식

(b) 프런트엔드식

그림 6.3 로더의 종류

로더의 작업능력 산정식은 다음과 같다.

$$Q = \frac{3{,}600 \times q \times K \times f \times E}{C_m} \tag{6.4}$$

여기서, Q : 시간당 작업량(m³/hr)

q : 버킷용량으로 일반적으로 1.72m³을 적용

K : 버킷계수

E : 작업효율

f : 토량(체적)환산계수

C_m : 1회 사이클 시간(초)

위 공식의 세부내용을 설명하면 다음과 같다.

(1) K의 값

표 6.14 K의 값

현 장 조 건	계 수
굴착기계로 깎거나 쌓아 모은 산적상태에서 적재하는 것으로 굴착력을 필요로 하지 않고 쉽게 버킷에 산적할 수 있는 것. 즉 조건이 좋은 모래, 보통토 등	1.2
흐트러진 산적상태에서 적재하는 것으로 위의 상태보다 약간 삽날이 들어가기 어려운 토질로서 버킷에 가득 채울 수 있는 것. 즉 점토, 자갈질토	1.0
모래, 사력 보통토, 점토, 자갈질토 등 직접 자연상태에서 굴착 적재할 수 있는 여건으로 버킷에 평적에 의해 약간 미달되게 채울 수 있는 것.	0.9
버킷에 가득 채울 수 없는 것으로 다른 기계로 쌓아 모아놓은 부순돌 및 점질토, 자갈질토로서 굳어진 덩어리 상태로 되어 있는 것.	0.7
버킷에 넣기 어렵고 허술하며, 불규칙한 공극이 생긴 것, 즉 발파 또는 리퍼로 깎은 암괴, 호박돌, 자갈 등	0.55

※ 위 표는 타이어식 로더를 기준으로 한 것으로 발파암 및 암괴 등을 적재할 경우는 무한궤도식 로더로 계상할 수 있다.

(2) E의 값

표 6.15 E의 값

현장조건 / 토질명	자 연 상 태			흐트러진 상태		
	양 호	보 통	불 량	양 호	보 통	불 량
모래, 사질토	0.70	0.55	0.40	0.75	0.60	0.45
자갈섞인 흙, 점성토	0.60	0.45	0.30	0.60	0.50	0.35
파 쇄 암	–	–	–	–	0.35	0.25

주) ① 양호 : 자연지반이 무르고, 적재형식이 덤프트럭 이동형으로서 작업방해가 없고, 절토높이가 최적(1~3m) 등의 조건이 경우
② 보통 : 적재형식은 덤프트럭 이동형이지만 작업방해 등이 있는 경우 또는 적재형식이 덤프트럭 정치형이지만 작업방해가 없는 경우 등, 제 조건이 중간으로 판단되는 경우
③ 불량 : 자연지반이 단단하여 굴삭이 곤란하고, 적재형식은 덤프트럭 정치형으로서 작업방해가 많고, 절토높이가 최적이 아닌 경우
④ 흐트러진 상태의 토사적재의 경우는 상기의 조건 중 단단한 조건을 뺀 기타의 조건을 감안하여 수치를 정하는 것으로 한다.
⑤ 터파기에 대하여는 0.05를 뺀 값으로 한다.
⑥ 리핑한 것은 리핑된 상태를 고려하여 그 상태에 해당되는 토질에서의 값을 취한다.
⑦ 작업방해란 도로 개량공사 등에서 시간당 최대 교통량이 100대 이상이거나 현장조건이 이와 유사하다고 판단되는 경우를 말한다.
⑧ 타이어식 로더의 적용은 흐트러진 상태에서 파쇄암 이외의 토질 적재시 현장조건이 양호한 것으로 한다.

⑨ 적재형식 구분

㉮ 덤프트럭 이동형

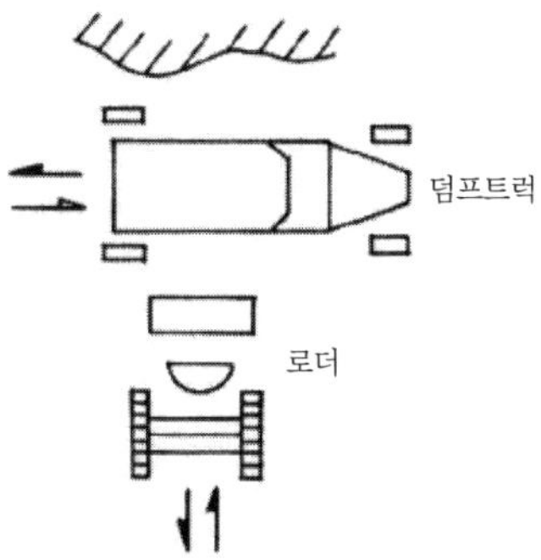

㉯ 덤프트럭 정치형

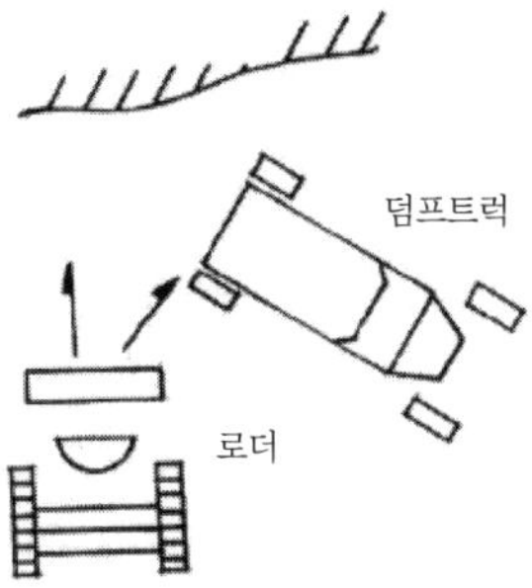

(3) C_m 값

$$C_m = m \times l + t_1 + t_2$$

여기서, m : 계수(sec/m)로서 무한궤도식 2.0, 타이어식 1.8을 적용

l : 편도 주행거리로 8m를 표준으로 한다.

t_1 : 버킷에 토량을 담는 데 소요되는 시간(초)

t_2 : 기어변화 등 기본시간과 다음 운반기계가 도착될 때까지의 시간으로 14초로 한다.

① t_1의 값

표 6.16 t_1의 값(초)

기종별	무한궤도식		타이어식	
작업방법 / 현장조건	산적상태에서 담을 때	지면부터 굴착 집토해서 담을 때	산적상태에서 담을 때	지면부터 굴착 집토해서 담을 때
용이한 경우	5	20	6	22
보통인 경우	8	29	9	32
약간 곤란한 경우	9	36	14	41
곤란한 경우	11	–	18	–

예제 6.3 흐트러진 상태의 산적된 모래를 1.72m³ 용량의 타이어식 로더로 덤프트럭에 적재하는 경우 시간당 작업량은 얼마인가? (단, 계산은 소수 셋째자리에서 반올림)

풀이 $Q = \dfrac{3{,}600 \times q \times K \times f \times E}{C_m}$

q는 버킷용량으로 1.72

K는 흐트러진 상태의 산적된 모래를 적재하므로 1.2

f는 흐트러진 상태로 1로 가정

E는 작업효율로 흐트러진 상태의 양호한 조건의 사질토로 0.75

$C_m = m \times l + t_1 + t_2$에서, $C_m = 1.8 \times 8 + 6 + 14 = 34.4$초이므로

$Q = \dfrac{3{,}600 \times 1.72 \times 1.2 \times 1 \times 0.75}{34.4} = 162.00\text{m}^3/\text{hr}$

(여기서, f는 흐트러진 상태이므로 Q는 흐트러진 상태의 작업량이다.)

6.3.4 굴삭기(Excavator)

1) 굴삭기의 종류

① 파워셔블(Power shovel)

기계의 위치보다 높은 지반의 굴착에 사용되며, 디퍼셔블(Dipper shovel)이라고 하고, 버킷용량은 보통 0.6~1.0m³ 정도이다.

② 백호(Back hoe)

기계의 위치보다 낮은 지반의 굴착에 주로 사용되며, 드래그(Drag) 또는 풀셔블(Pull shovel)이라고도 하고, 버킷 용량은 보통 0.1~2.0m³ 정도이다.

③ 클램쉘(Clam shell)

주로 구조물의 기초 및 우물통과 같은 협소한 장소의 깊은 굴착에 사용되며, 작업용량은 보통 0.5~3.0m³ 정도이다.

④ 드래그라인(Drag line)

기계의 위치보다 낮거나 높은 곳의 굴착과 넓은 범위의 굴착에 사용되며, 수로나 하상굴착 또는 골재채취에 이용된다.

(a) 무한궤도식 백호

(b) 타이어식 백호

(c) 클램쉘

(d) 드래그라인

(e) 파워셔블

그림 6.4 굴삭기의 종류

2) 굴삭기의 작업능력 산정식

$$Q = \frac{3,600 \times q \times K \times f \times E}{C_m} \quad (6.4)$$

여기서, Q : 시간당 작업량(m^3/hr)

q : 리퍼 또는 버킷용량(m^3)

K : 리퍼 또는 버킷 계수

E : 작업효율

f : 토량(체적)환산계수

C_m : 1회 사이클 시간(초)

위 공식의 세부내용을 설명하면 다음과 같다.

(1) K의 값

표 6.17 K의 값

현 장 조 건	백호, 클램쉘, 드래그라인	파워셔블
용이하게 굴착할 수 있는 연한 토질로서 버킷에 산적으로 가득 찰 때가 많은 조건이 좋은 모래, 보통토인 경우	1.10	1.20
위의 토질보다 약간 단단한 토질로서 버킷에 거의 가득 채울 수 있는 모래, 보통토 및 조건이 좋은 점토인 경우	0.90	0.95
버킷에 가득 채우기가 어렵거나 가벼운 발파를 필요로 하는 것으로서 단단한 점토질, 점토, 자갈질인 경우	0.70	0.75
버킷에 넣기 어렵고 불규칙한 공극이 생기는 것으로서 발파 또는 리퍼작업 등에 의하여 얻어진 암, 파쇄암, 호박돌, 자갈 등인 경우	0.55	0.60

(2) 유압식 백호의 E의 값

표 6.18 유압식 백호의 E값

토질명 \ 현장조건	자 연 상 태			흐트러진 상태		
	양 호	보 통	불 량	양 호	보 통	불 량
모래, 사질토	0.85	0.70	0.55	0.90	0.75	0.60
자갈섞인 흙, 점성토	0.75	0.60	0.45	0.80	0.65	0.50
파쇄암	–	–	–	–	0.45	0.35

주) (1) 자연상태의 굴삭시 작업효율
① 양호 : 자연지반이 무르고, 절토작업이 최적으로 연속작업이 가능하고, 작업방해가 없는 등의 조건인 경우
② 보통 : 자연지반은 단단하지만 절토작업이 최적인 경우, 또는 자연지반은 무르지만 절토작업이 곤란한 경우 등 제조건이 중간으로 판단되는 경우
③ 불량 : 자연지반이 단단하고 또한 연속작업이 곤란하며, 작업방해가 많은 등의 조건인 경우
(2) 흐트러진 상태의 적용은 상기 (1)항의 조건중 자연지반상태의 조건을 제외한 기타의 조건을 감안하여 결정한다.
(3) 작업장소가 수중 또는 용수작업인 경우는 불량을 적용한다.
(4) 터피기에 대하여는 0.05를 뺀 값으로 한다.
(5) 굴착작업시 지하매설물(각종 매설관 등)로 인하여 작업이 현저하게 저하하는 경우는 작업효율을 별도로 정할 수 있다.
(6) 주택가지역에서 상하수도관로부설 등의 공사시 작업장소가 협소하고 지하매설물 등으로 인하여 작업이 현저하게 저하하는 경우에는 다음의 작업효율(E)을 적용할 수 있다.

토질명 \ 현장조건	자연상태	
	보통	불량
모래, 사질토	0.30	0.19
자갈섞인 흙, 점성토	0.26	0.15

① 보통 : 작업현장이 보통의 경우나 지하장애물이 약간 있는 경우로서 연속적인 굴착이 불가능한 지역
② 불량 : 작업현장이 협소한 경우나 지하장애물이 많은 경우로서 연속적인 굴착이 불가능한 지역

(3) 파워셔블의 E값

표 6.19 파워셔블의 E값

토 질 명	현 장 조 건		
	양 호	보 통	불 량
모 래	0.85	0.70	0.60
사질토, 보통토	0.60	0.50	0.40
역질토, 호박돌	0.50	0.40	0.30
점질토, 점토	0.40	0.30	0.20
파 쇄 암	0.40	0.30	0.20

(4) 드래그라인, 클램쉘의 E값

표 6.20 드래그라인, 클램쉘의 E값

토 질 명	현 장 조 건		
	양 호	보 통	불 량
사질토, 보통토	0.75	0.60	0.45
역질토, 호박돌	0.60	0.50	0.40
점질토, 점토, 파쇄암	0.30	0.25	0.20

주) ① 파쇄암은 클램쉘 작업인 경우에만 해당한다.

(5) 유압식 백호의 C_m값(초)

표 6.21 유압식 백호의 C_m값(초)

각도(도) / 규격(㎥)	사 이 클 타 임(초)			
	45°	90°	135°	180°
0.12	13	15	18	20
0.2	13	15	18	20
0.4	13	15	18	20
0.7	16	18	20	22
1.0	17	19	21	23
2.0	22	25	27	30

(6) 파워셔블의 C_m 값(초)

표 6.22 파워셔블의 C_m값(초)

선회각도	90°								
굴착정도 \ 용량(m³)	0.38	0.57	0.76	0.95	1.15	1.53	1.91	2.29	3.06
용이한 굴착	15	18	18	18	18	18	20	22	24
보통의 굴착	18	20	20	20	20	20	22	24	26
곤란한 굴착	24	26	26	26	26	26	24	30	32

(7) 클램쉘 및 드래그라인의 C_m 값(초)

표 6.23 클램쉘 및 드래그라인의 C_m값(초)

선회각도	110°								
굴착정도 \ 용량(m³)	0.38	0.57	0.76	0.95	1.15	1.53	1.91	2.29	3.06
용이한 굴착	20	22	24	24	24	28	28	30	32
보통의 굴착	24	26	28	28	28	33	33	35	38
곤란한 굴착	30	32	35	35	35	41	41	42	45

(8) 선회각도에 따른 C_m 보정계수

표 6.24 선회각도에 따른 C_m 보정계수

구 분 \ 선회각도	45°	60°	75°	90°	120°	150°	180°
파워셔블	0.80	0.86	0.93	1.00	1.14	1.27	1.41
드래그라인 및 클램쉘	0.78	0.85	0.90	0.95	1.03	1.12	1.17

예제 6.4 0.7m³ 용량의 무한궤도 유압식 백호로 현장조건이 양호한 사질토지반을 터파기할 때의 시간당 작업량은 얼마인가? 선회각도는 90°, $f = 1$, 소수셋째자리에서 반올림.

풀이 $Q = \dfrac{3{,}600 \times q \times K \times f \times E}{C_m}$

q는 버킷용량으로 0.7

K는 버킷에 산적으로 가득 채울 수 있는 사질토이므로 1.10

f는 흐트러진 상태로 1

E는 흐트러진 상태로 현장조건이 양호한 사질토이므로 0.90이나, 터파기 작업이므로 0.90−0.05=0.85

C_m은 선회각도가 90° 이므로 18

$$Q = \frac{3{,}600 \times 0.7 \times 1.10 \times 1 \times 0.85}{18} = 130.90\text{m}^3/\text{hr}$$

예제 6.5 예제 6.4와 같은 조건에서 m³당 터파기 단가를 아래와 같이 주어진 조건으로 산출하시오.(계산은 소수셋째자리에서 반올림)

표 6.25 단가 조사표(2018년 기준)

구 분	단 위	규 격	단 가(원)	비 고
휘발유	l	무 연	1,318.00	부가가치세 별도
경 유	l	저유황	1,104.00	부가가치세 별도
중 유	l	저유황	567.00	부가가치세 별도
건설기계운전사	인		162,022.00	
무한궤도 유압식 백호	대	0.2m³	58,627,000	
무한궤도 유압식 백호	대	0.4m³	66,819,000	
무한궤도 유압식 백호	대	0.7m³	100,250,000	
무한궤도 유압식 백호	대	1.0m³	121,364,000	
무한궤도 유압식 백호	대	2.0m³	265,405,000	

표 6.26 유압식 백호(무한궤도) 운전경비 산정기준 및 손료계수(2019년 건설공사 표준품셈 제9장 기계경비 참조)

규격(m³)	주연료(경유) (l)	잡품비 (%)	건설기계 운전사 (인/일)	시간당 손료 계수($\times 10^{-7}$)	비 고
0.2	5.0	21	1	2,038	
0.4	9.9	22	1	2,038	
0.7	11.6	22	1	2,038	
1.0	19.5	22	1	2,038	
2.0	32.8	22	1	2,038	

풀이 1) 0.7m³ 용량의 무한궤도 유압식 백호의 시간당 중기 사용료

(1) 시간당 노무비

시간당 노무비는 노임단가×1일기준시간×상여계수×휴지계수×수량으로 산출한다.

① 건설기계 운전사

$$=162,022\times\frac{1}{8}\times\frac{16}{12}\times\frac{25}{20}\times 1.0=33,755\text{원/hr}$$

(2) 시간당 재료비

시간당 재료비는 단가×수량으로 산출한다.

① 주연료비(경유) = 1,104 × 11.6 = 12,806.4원/hr

② 잡품비(주연료비의 22%) = 12,806.4 × 0.22 = 2,817.0원/hr

소계 = 15,623원/hr

(3) 시간당 경비

시간당 경비는 중기에 대한 손료로 중기가격×시간당 손료로 산출한다.

① 시간당경비 = 100,250,000 × 2,038 × 10^{-7} = 20,431원/hr

(4) 합계 = (1)~(3) = 33,755 + 15,623 + 20,431 = 69,809원/hr

2) 시간당 작업량(예제 6.4 풀이 참소)

$$Q=\frac{3,600\times 0.7\times 1.10\times 1\times 0.85}{18}=130.90\text{m}^3/\text{hr}$$

3) 1m³당 터파기 단가

1m³당 터파기 단가는 시간당 중기사용료÷시간당 작업량으로 산출한다.

① 노무비 = 33,755원/hr ÷ 130.90m³/hr = 257.9원/m³

② 재료비 = 15,623원/hr ÷ 130.90m³/hr = 119.4원/m³

③ 경비 = 20,431원/hr ÷ 130.90m³/hr = 156.1원/m³

계 = 257.9 + 119.4 + 156.1 = 533원/m³

④ 합계 = 69,809원/hr ÷ 130.90m³/hr = 533원/m³

예제 6.6 1.53m³ 용량의 클램쉘로 현장조건이 보통인 굴착이 곤란한 호박돌 지반을 굴착하여 선회각도 90°로 덤프트럭에 적재하는 경우 시간당 작업량은 얼마인가? $f=1$ (흐트러진 상태)로 계산하시오.

풀이 $$Q=\frac{3,600\times q\times K\times f\times E}{C_m}$$

q는 버킷용량으로 1.53

K는 호박돌인 경우 0.55

f는 흐트러진 상태로 1

E는 현장조건이 보통이며 호박돌이므로 0.50

C_m은 곤란한 굴착이므로 41이며, 선회각도 90°의 보정계수는 0.95이므로

$41 \times 0.95 = 39$

$$Q = \frac{3,600 \times 1.53 \times 0.55 \times 1 \times 0.50}{39} = 38.84\text{m}^3/\text{hr}$$

(여기서, q의 값은 흐트러진 상태의 토량이고, $f = 1$을 적용했으므로 산출된 Q는 흐트러진 상태의 작업량이다. 자연상태의 토량으로 산정할 때에는 $f = \frac{1}{L}$을 적용하여 계산한다.)

6.3.5 덤프트럭(Dump truck)

1) 덤프트럭의 종류

(1) 덤프형태에 따른 분류

① 리어 덤프트럭(Rear dump truck)

적재함을 유압으로 뒤로 들어 올려서 적재물이 쏟아지게 하는 트럭형태

② 버텀 덤프트럭(Bottom dump truck)

적재함의 저면이나 옆면을 열어서 적재물이 쏟아지게 하는 트럭형태

(2) 용도에 따른 분류

① 일반토사 운반용 덤프트럭

주로 토사 운반용으로 쓰이지만 경우에 따라서는 암석 운반도 이용되며, 국내에서 가장 일반적으로 볼 수 있는 적재용량 15톤의 덤프트럭이다.

② 암석 운반용 덤프트럭

주로 암석 운반용으로 쓰이나 경우에 따라서는 토사 운반용으로도 이용된다.

(a) 리어 덤프트럭

(b) 버텀 덤프트럭

(c) 일반토사 운반용

(d) 암석 운반용

그림 6.5 덤프트럭의 분류

2) 덤프트럭의 작업능력 산정식

$$Q = \frac{60 \times q \times f \times E}{C_m} \tag{6.5}$$

여기서, Q : 시간당 작업량(m^3/hr)

q : 흐트러진 상태의 덤프트럭 1회 적재량(m^3), $q = \frac{T}{\gamma_t} \times L$

γ_t : 자연상태에서의 토석의 단위중량(습윤밀도 ; ton/m^3)

T : 덤프트럭의 적재중량(ton)

L : 토량환산계수에서의 토량변화율 $= \frac{\text{흐트러진 상태의 토량}(m^3)}{\text{자연상태의 토량}(m^3)}$

f : 토량(체적)환산 계수

E : 작업효율(0.9) − 실작업 시간율은 60분에 54분으로 0.9 적용

C_m : 1회 사이클 시간(분)

위 공식의 세부 내용을 설명하면 다음과 같다.

(1) 1회 사이클 시간(분) : C_m

$$C_m = t_1 + t_2 + t_3 + t_4 + t_5 + t_6$$

① 적재시간(t_1) : 적재방법에 따라 산출한다.

② 왕복시간(t_2)

$$\text{왕복시간(분)} = \frac{\text{운반거리}}{\text{적재시 평균 주행속도}} + \frac{\text{운반거리}}{\text{공차시 평균 주행속도}}$$

표 6.27 **운반도로와 평균주행속도**

도 로 상 태	평균속도(km/hr)	
	적 재	공 차
토취장 또는 토사장 등 열악한 조건의 도로	7	8
교차가 힘든 산간지도로 및 제방 등의 도로	10	15
교차가 가능한 산간지도로 및 제방도로, 비포장도로	15	20
2차로 이상의 공사용 도로	30	35
2차로 교통량 및 교통대기가 많은 시가지 포장도로(7,000대/일 이상) 4차로 이상의 교통량 및 교통대기가 많은 시가지 포장도로(40,000대/일 이상)	20	25
2차로 시가지 포장도로(7,000~2,000대/일)	25	30
4차로 이상의 시가지 포장도로(40,000대/일 미만) 2차로 교외 포장도로(2,000대/일 이상) 4차로 이상의 교외 포장도로(40,000대/일 이상)	30	35
2차로 교외 포장도로(2,000대/일 미만) 4차로 이상의 교외 포장도로(40,000대/일) 미만	35	35
2차로 고속도로 또는 교통량(편도) 1일 40,000대 이상의 4차로 고속도로	50	55
4차선 고속도로(편도 교통량 1일 40,000대 미만)	60	60

주) 차로는 왕복기준이며, 주행속도는 차로수 · 교통량 등 현장 조건에 따라 주행속도를 측정하여 사용할 수 있다.

③ 적하시간(t_3)

적재한 토량을 내리는 데 소요되는 시간으로 차례를 기다리는 시간이 포함된다.

표 6.28 적하시간

토 질	작 업 조 건(분)		
	양 호	보 통	불 량
모래, 자갈, 호박돌 점질토, 점토	0.5 0.6	0.8 1.05	1.1 1.5
조건 구분	사토장이 넓고, 정지된 상태에서 일시에 적하하는 경우	사토장이 넓으나 움직이는 상태에서 적하하는 경우	사토장이 넓지 않고 천천히 움직이는 상태에서 적하하는 경우

④ 적재장소에 도착한 때로부터 적재작업이 시작될 때까지의 시간(t_4)

표 6.29 적재장소에 도착한 때로부터 적재작업이 시작될 때까지의 시간

작 업 상 태	소요시간(t_4)
적재장소가 넓어서 트럭이 자유로이 목적장소에 진입할 수 있을 때	0.15분
적재장소가 넓지는 않으나 목적장소에 불편 없이 진입할 수 있을 때	0.42분
적재장소가 좁아서 목적장소에 진입하는 데 불편을 느낄 때	0.70분

⑤ 적재함 덮개설치 및 해체시간(t_5) : 인력에 의한 경우 3.77분, 자동덮개시설의 경우 0.5분

⑥ 세륜기통과시간(t_6) : 세륜시간 1.5분

⑦ 적재기계를 사용하는 경우의 사이클시간 산정식

$$C_{mt} = \frac{C_{ms} \times n}{60 \times E_s} + (t_2 + t_3 + t_4 + t_5 + t_6)$$

여기서, C_{mt} : 덤프트럭의 1회 사이클 시간(분)

C_{ms} : 적재기계의 1회 사이클 시간(초)

E_s : 적재기계의 작업효율

n : 덤프트럭 1대의 토량을 적재하는 데 소요되는 적재기계의 사이클 횟수

$$n = \frac{Qt}{q \times k}$$

여기서, Qt : 덤프트럭 1대의 적재토량(m^3)

q : 적재기계의 덤퍼 또는 버킷 용량(m^3)

k : 리퍼 또는 버킷계수

⑦ 인력적재를 하는 경우에는 사이클 시간 및 적재비를 다음에 의해 산정한다.

표 6.30 인력적재

종 류 \ 구 분	적재시간(분/m^3)	조 건
토 사 류	10	적재인부 5인 기준
석 재 류	12	평지인 경우

(2) 작업효율(E)

덤프트럭의 시간당 작업량은 $Q = \dfrac{60 \times q \times f \times E}{C_m}$ 에 의하여 산정하므로 작업량은 C_m과 E에 따라 지배되고 운반도로와 평균 주행속도, 적재기계의 용량과 조합상태에 따라 결정되므로 덤프트럭의 실작업 시간율은 일반적으로 60분에 54분을 하는 것으로 보고 54/60인 0.9를 적용하도록 되어 있다.

예제 6.7 0.7m^3 용량의 무한궤도 유압식 백호로 현장조건이 양호한 사질토 지반을 터파기하여 선회각도 90° 옆에 대기중인 15톤 덤프트럭에 적재하여 운반거리 10km 떨어진 사토장에 운반하고자 한다. 운반도로는 2차로 교외포장도로(2,000대/일 미만)이며, 사질토의 자연상태 단위중량은 1.9 ton/m^3, $L = 1.25$, 운반토량이 2,000m^3, 작업시간은 8시간/일인 경우 유압식 백호와 덤프트럭의 소요대수는 몇 대인가? (단, 계산은 소수 셋째자리에서 반올림)

풀이 1) 0.7m^3 유압식 백호의 소요대수

① 시간당 작업량(예제 6.4 풀이 참조)

$$Q = \frac{3{,}600 \times 0.7 \times 1.10 \times 1 \times 0.85}{18} = 130.90\text{m}^3/\text{hr}$$

② 1일 작업량

$$Q_1 = 130.90\text{m}^3/\text{hr} \times 8\text{hr}/\text{일} = 1{,}047.2\text{m}^3/\text{일}$$

③ 소요대수

$$n = \frac{2{,}000}{1{,}047.2} = 1.91\text{대} \qquad \therefore\ 2\text{대 소요}$$

2) 15톤 덤프트럭의 소요대수

① 시간당 작업량

$Q = \dfrac{60 \times q \times f \times E}{C_m}$, $q = \dfrac{T}{\gamma_t} \times L = \dfrac{15}{1.9} \times 1.25 = 9.87\text{m}^3$

$f=1$, $E=0.9$, $C_m = t_1 + t_2 + t_3 + t_4 + t_5 + t_6$

$n = \dfrac{Qt}{q \times k}$에서 n은 덤프트럭 1대의 토량을 적재하는데 소요되는 0.7m^3 백호의 작업횟수이므로 $n = \dfrac{9.87}{0.7 \times 0.9} = 15.67$회

$t_1 = \dfrac{C_{ms} \times n}{60 \times E_s} = \dfrac{18 \times 15.67}{60 \times 0.85} = 5.53$분

$t_2 = \dfrac{10\text{km}}{35\text{km/h}} + \dfrac{10\text{km}}{35\text{km/hr}} = 0.57$시간 $= 34.29$분

$t_3 = 0.5$분, $t_4 = 0.15$분, 자동덮개시설인 경우 $t_5 = 0.5$분, 세륜시간 $t_6 = 1.5$분

$C_m = 5.53 + 34.29 + 0.5 + 0.15 + 0.5 + 1.5 = 42.47$분

$Q = \dfrac{60 \times 9.87 \times 1 \times 0.9}{42.47} = 12.55\text{m}^3/\text{hr}$

② 1일 작업량

$Q_1 = 12.55\text{m}^3/\text{hr} \times 8\text{hr}/$일 $= 100.40\text{m}^3/$일

③ 소요대수

$n = \dfrac{2,000}{100.40} = 19.92$대 　　　∴ 20대 소요

예제 6.8 아래와 같이 백호로 굴착을 하고, 통로박스 시공 후 되메우기를 한다. 이때 15톤 덤프트럭을 2대 사용하며, 1일 작업시간을 6시간으로 하고, 덤프트럭의 $E=0.9$, $C_m = 300$분인 경우 아래 물음에 답하시오.(단, 통로박스 길이는 10m, $C=0.8$, $L=1.25$, $\gamma_t = 1.8\ \text{ton/m}^3$, 계산은 소수셋째자리에서 반올림)

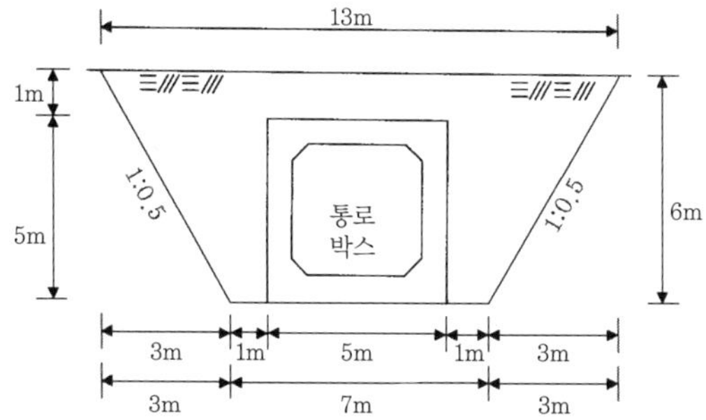

1) 사토량을 본바닥 토량으로 구하시오.

① 굴착량 : $V=\dfrac{(7+13)}{2}\times 6\times 10=600\text{m}^3$ (본바닥 토량)

② 통로박스 : $V=5\times 5\times 10=250\text{m}^3$

③ 되메우기량 $=600-250=350\text{m}^3$ (다짐상태)

④ 사토량 $=600-\dfrac{350}{0.8}=162.5\text{m}^3$ (본바닥 토량)

2) 덤프트럭 1대의 시간당 작업량을 구하시오.

$$Q=\frac{60\times q\times f\times E}{C_m},\quad q=\frac{T}{\gamma_t}\times L=\frac{15}{1.8}\times 1.25=10.42\text{m}^3$$

$$f=\frac{1}{L}=\frac{1}{1.25}=0.8$$

$$Q=\frac{60\times 10.42\times 0.8\times 0.9}{300}=1.5\text{m}^3/\text{hr}$$

3) 덤프트럭 2대를 사용할 경우 사토에 필요한 소요일수는 몇일인가?

① 1일 작업량 : $Q\text{day}=1.50\times 6\times 2=18\text{m}^3$/일

② 소요일수 $=162.5\text{m}^3\div 18\text{m}^3$/일 $=9.03$일

그러므로 소요일수는 9일이 소요된다.

6.3.6 모터 그레이더(Motor grader)

모터 그레이더는 앞바퀴와 뒷바퀴 중앙부에 흙을 밀거나 깎는 배토판(Blade)이 장착되어 주로 평탄작업인 정지작업에 많이 쓰이는 장비이다. 배토판의 길이는 대형인 경우 3.6m, 소형인 경우 2.5m이며, 주로 대형 배토판이 사용된다.

그림 6.6 모터 그레이더

모터 그레이더의 작업능력 산정식은 다음과 같다.

$$A = \frac{60 \times D \times W \times E}{P_1 C_{m1} + P_2 C_{m2} + \cdots\cdots P_i C_{mi}}, \quad Q = \frac{60 \times l \times D \times H \times f \times E}{P \times C_m} \tag{6.6}$$

여기서, A : 시간당 작업량(m^2/hr)

Q : 시간당 작업량(m^3/hr)

D : 1회의 작업거리(편도 m)

W : 작업장 전체의 폭(m)

E : 작업효율

P_i : 작업장 전체의 폭을 V_i 속도로 행하는 작업횟수

C_{mi} : 작업속도 V_i 때의 사이클 시간(분)

H : 굴착깊이 또는 흙고르기 두께(m)

l : 블레이드의 유효길이(m)

f : 토량(체적)환산 계수

P : 부설횟수

(1) 1회 사이클 시간

① 방향전환 또는 블레이드를 선회하여 왕복작업을 할 때의 C_m 산출공식

$$C_m = 0.06 \times \frac{D}{V_1} + t$$

② 전진작업만을 하고, 후진으로 되돌아오거나 회송이 필요할 때의 C_m 산출공식

$$C_m = 0.06 \times \left(\frac{D}{V_1} + \frac{D}{V_2}\right) + 2t$$

여기서, D : 작업거리 또는 되돌아오는 거리(편도 m)

V_1 : 작업속도(km/hr)

V_2 : 후진 또는 회송속도(km/hr)

t : 방향전환 또는 블레이드 선회 기어변속에 소요되는 시간(분)

표 6.31 V_1 및 V_2의 값(km/hr)

속 도	작 업			후 진			회 송		
작업종류 \ 현장조건	양호	보통	불량	양호	보통	불량	양호	보통	불량
토사도 보수	10	7	4	9	6.5	4	24	18	12
측구굴착	4	3	2	9	6.5	4	24	18	12
비탈면의 마무리	3	2.5	2	9	6.5	4	24	18	12
흙고르기	8	6	4						
마무리	8	6	4						
혼 합	10	7	4						
제 설	10	8	6						

주) 회송속도의 현장조건은 다음과 같다.
① 양호 : 2차선 이상으로 완전한 포장도로 또는 노면이 좋은 토사도인 경우
② 보통 : 2차선 미만이나 교차가 가능하고 노면보수가 좋은 도로인 경우
③ 불량 : 작업현장 내의 도로 또는 노면보수가 불량한 경우

표 6.32 t의 값

작 업 종 류	t (분)
작업거리가 비교적 짧은 경우	2.5
도로보수	1.5
흙고르기	0.5

(2) l의 값

표 6.33 l의 값

작 업 종 류	블레이드의 작업각도	블레이드의 길이(3.6m)	비 고
단단한 토질에서의 깎기	45°	2.3	작업시 겹치는 폭은 약 0.3m임
부드러운 토질에서의 깎기	55°	2.7	
흙밀기, 제설	60°	2.9	
마무리	90°	3.4	

블레이드의 유효길이 결정은 다음과 같이 계산할 수 있다.

모터 그레이더의 블레이드와 차체 진행방향으로 이루어지는 각도인 블레이드의 추진각은 작업종류와 현장조건에 따라 다르므로 작업시에 겹치는 폭을 0.3m로 하면

블레이드의 유효길이는 다음 식으로 계산할 수 있다.

블레이드의 유효길이(l)=블레이드 길이× $\sin\theta - 0.3$

일반적으로 사용하는 모터 그레이드의 블레이드 길이는 약 3.6m이므로 추진각인 θ가 45° 인 경우에는 3.60×0.71−0.3=2.3m로 계산된다.

(3) E의 값

표 6.34 E의 값

작 업 종 류	현 장 조 건		
	양 호	보 통	불 량
토사도의 보수 및 정지 등	0.8	0.7	0.6
흙고르기 등	0.7	0.6	0.5

예제 6.9 블레이드 길이가 3.6m인 모터 그레이더로 현장 작업조건이 보통인 폭 8m, 작업거리 60m, 흙고르기 및 흙밀기 두께 20cm를 작업할 때 시간당 작업량은 얼마인가?(계산은 소수 셋째자리에서 반올림)

풀이 $Q = \dfrac{60 \times l \times D \times H \times f \times E}{P \times C_m}$

l은 흙밀기이므로 2.9m

$D = 60\text{m}$, $H = 0.2\text{m}$,

f는 흐트러진 상태이므로 1

E는 현장조건이 보통인 흙고르기이므로 0.6

$P = 8\text{m} \div 2.9\text{m} = 2.8 \fallingdotseq 3$회

C_m은 전진작업만 하고 후진으로 되돌아오거나 회송이 필요한 경우이므로

$C_m = 0.06 \times \left(\dfrac{D}{V_1} + \dfrac{D}{V_2}\right) + 2t = 0.06\left(\dfrac{60}{6} + \dfrac{60}{6.5}\right) + 2 \times 0.5 = 2.15$분

$Q = \dfrac{60 \times 2.9 \times 60 \times 0.2 \times 1 \times 0.6}{3 \times 2.15} = 194.23\text{m}^3/\text{hr}$

6.3.7 롤러(Roller)

다짐기계인 롤러는 흐트러진 상태의 흙이나 아스팔트 혼합물, 시멘트 혼합물 등에 압력을 가하여 공극을 최소화하고 소요의 강도를 얻기 위한 다짐작업 장비이다.

1) 롤러의 종류

(1) 기계적 특성에 의한 분류

① 전압식 : 롤러 자중에 의하여 정적하중으로 다짐을 하는 장비로 로드롤러인(Road roller)인 머캐덤(Macadam)과 탠덤(Tandem)롤러, 탬핑(Tamping)롤러, 타이어(Tire)롤러 등이 있다.

② 충격식 : 동적인 충격하중에 의하여 다짐을 하는 장비로 램머(Rammer), 탬퍼(Tamper) 등이 있다.

③ 진동식 : 자중과 진동을 이용하여 다짐을 하는 장비로 바이브레이팅(Vibrating)롤러, 바이브로 콤팩트(Vibro compact)롤러, 바이브로 플레이트 콤팩터(Vibro plate compactor) 등이 있다.

(2) 전압식 다짐기계

① 머캐덤 롤러

2축 3륜 형식으로 쇄석, 자갈 등의 전압과 하층노반 전압용으로 많이 사용된다.

② 탠덤 롤러

2축 2륜 형식으로 머캐덤 롤러 작업 후 마무리 다짐, 아스팔트 포장의 끝마무리, 활주로의 최종 정지작업에 쓰인다.

③ 탬핑 롤러

철륜 표면에 돌기가 있어 접지면적을 작게 하여 접지압을 증가시킨 롤러로 깊은 다짐이나 고함수비의 다짐에 많이 이용한다. 돌기형태에 따라 쉽스 풋(Sheeps foot)롤러, 그리드(Grid)롤러, 태퍼 풋(Tapper foot)롤러, 턴 풋(Turn foot)롤러로 구분된다.

④ 타이어 롤러

접지압을 공기압으로 조절하여 기층이나 노반의 표면다짐 등에 많이 쓰인다.

(a) 머캐덤 롤러

(b) 탠덤 롤러

(c) 탬핑 롤러

(d) 타이어 롤러

그림 6.7 전압식 다짐기계의 종류

(3) 충격식 다짐기계

① 램머

국부적인 다짐이나 작업장소가 협소한 곳에 주로 쓰이며, 중량이 80~100kg으로 내연기관의 폭발에 의하여 30~50cm 튀어오를 때의 반력과 낙하중력으로 다짐을 하는 장비이다.

② 탬퍼

램머와 외형적으로 유사하지만 실린더 내에 복식 완충스프링의 신축에 따라 연속적인 충격으로 전압하는 장비로 주로 갓길의 다짐이나 소규모 도로토공에 쓰인다.

(4) 진동식 다짐기계

① 바이브레이팅 롤러

가진기에 의해 다짐차륜을 진동시켜 진동으로 다지는 기계로서 사질토나 자갈질토에 적합하지만 점성토 지반에는 효과가 적다.

② 바이브로 콤팩트 롤러

기계를 진동시켜 기진력에 의하여 다지는 기계로서 도로의 노반, 노상, 활주로, 제방, 안정처리노반, 구조물 주변 등의 다짐에 많이 쓰인다.

③ 바이브로 플레이트 콤팩터

두꺼운 강판 또는 강철판에 장착한 가진기를 진동시켜 다지는 기계로 보도포장 다짐, 소규모 다짐, 구조물 주변 등의 다짐에 많이 쓰인다.

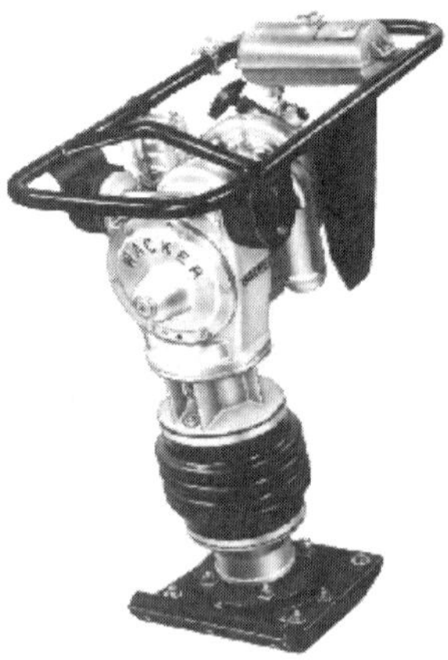

(a) 램머

(b) 바이브레이팅 롤러

(c) 바이브로 콤팩터 롤러

(d) 바이브로 플레이트 콤팩터

그림 6.8 충격식 및 진동식 다짐기계의 종류

2) 롤러의 작업능력 산정식

$$A = 1{,}000 \times V \times W \times E \times \frac{1}{N}, \quad Q = 1{,}000 \times V \times W \times E \times D \times \frac{f}{N} \qquad (6.7)$$

여기서, A : 시간당 작업량(m^2/hr)
Q : 시간당 다짐토량(m^3/hr)
W : 롤러의 유효폭(m)
D : 펴는 흙의 두께(m)
f : 토량(체적)환산 계수
N : 소요 다짐횟수
V : 다짐속도(km/hr)
E : 작업효율

(1) 다짐기계의 유효 다짐폭(W)과 다짐속도(V)

표 6.35 다짐기계의 유효다짐폭(W)과 다짐속도(V)

다짐기계	규 격 (톤)	유효다짐폭 (m)	표준 다짐속도 (km/hr)		
			노체, 축제, 노상	보조기층, 기층	표 층
머캐덤 롤러	6 ~ 8 8 ~ 10 10 ~ 12 12 ~ 15	0.7 0.8 0.8 0.9	2.0	2.5	3.0
탠덤 롤러	5 ~ 8 8 ~ 10 10 ~ 13	1.1 1.1 1.2	2.0	–	3.0
타이어 롤러	5 ~ 8 8 ~ 15 15 ~ 25	1.4 1.8 2.0	2.5	4.0	4.0
불 도 저	12 19	0.7 0.8	4.0	–	–
자주식, 양족식 롤러	19	1.8	4.0	–	–
견인식, 양족식 롤러 (드럼 2개 기준)	3 ~ 6 7 ~ 10 11 ~ 20	2.7 3.1 3.4	4.0	–	–
진동 롤러 (자주식)	2.5 4.4 6.0 10.0	0.7 0.8 1.5 1.9	1.0 1.0 3.0 4.0	1.0 1.0 3.0 4.0	–

(2) 소요다짐횟수(N) 및 다짐두께(D)

표 6.36 **소요다짐횟수 및 다짐두께**

<table>
<tr><th colspan="2">공 종</th><th>다짐두께(cm)</th><th>다짐기계</th><th>규격(톤)</th><th>다짐횟수</th><th>다짐도(%)</th></tr>
<tr><td colspan="2">노 체</td><td>30</td><td>진동 롤러
타이어 롤러</td><td>10
8 ~ 15</td><td>6
4</td><td>90 이상</td></tr>
<tr><td colspan="2">노 상</td><td>20</td><td>진동 롤러
타이어 롤러</td><td>10
8 ~ 15</td><td>6
4</td><td>95 이상</td></tr>
<tr><td colspan="2">보조기층</td><td>15 ~ 20</td><td>진동 롤러
타이어 롤러</td><td>10
8 ~ 15</td><td>8
4</td><td>95 이상</td></tr>
<tr><td colspan="2">동상방지층</td><td>20</td><td>진동 롤러
타이어 롤러</td><td>10
8 ~ 15</td><td>7
4</td><td>95 이상</td></tr>
<tr><td colspan="2">입도조정기층</td><td>15</td><td>진동 롤러
타이어 롤러</td><td>10
8 ~ 15</td><td>8
7</td><td>95 이상</td></tr>
<tr><td colspan="2">기 층
(아스팔트 안정처리)</td><td>7.5 ~ 10</td><td>머캐덤 롤러
타이어 롤러
탠덤 롤러</td><td>10 ~ 12
8 ~ 15
10 ~ 14</td><td>4
10
4</td><td>96 이상</td></tr>
<tr><td colspan="2">표 층</td><td>5</td><td>머캐덤 롤러
타이어 롤러
탠덤 롤러</td><td>8 ~ 10
8 ~ 15
10 ~ 14</td><td>2
10
4</td><td>96 이상</td></tr>
<tr><td rowspan="2">저수지</td><td>심 벽
(점토)</td><td>20</td><td>양족식 롤러
(자주식 롤러)</td><td>19</td><td>10</td><td>95 이상</td></tr>
<tr><td>성 토</td><td>30</td><td>양족식 롤러
(자주식 롤러)</td><td>19</td><td>8</td><td>95 이상</td></tr>
<tr><td colspan="2">축 제</td><td>30</td><td>진동롤러
(자주식)</td><td>10</td><td>6</td><td>85 이상</td></tr>
</table>

주) ① 다짐횟수는 동일지점을 하중륜이 통과한 횟수이며, 보편화된 조건에서 표준적인 횟수를 정한 것이다.
② 다짐두께는 다져진 상태의 두께이다.
③ 다짐도는 최대 건조밀도에 대한 다짐 후 건조밀도의 백분율이다. $\left(\frac{\gamma_d}{\gamma_d \max} \times 100\right)$

(3) E의 값

표 6.37 E의 값

공 종	다짐기계 \ 현장조건	양 호	보 통	불 량
표 층	머캐덤 롤러 타이어 롤러 탠덤 롤러	0.75 0.65 0.60	0.55 0.45 0.45	0.35 0.25 0.30
기 층 보조기층	진동 롤러 머캐덤 롤러 타이어 롤러	0.80 0.70 0.60	0.60 0.50 0.40	0.40 0.30 0.20
노 체	불도저	0.80	0.60	0.40
축 제	타이어 롤러 진동 롤러	0.80	0.60	0.40
노 상	양족식 롤러 (자주식, 견인식)	0.80	0.60	0.40

예제 6.10 **8~10톤의 머캐덤 롤러로 현장작업 조건이 양호한 다짐두께 5cm 도로의 표층을 다짐작업할 때 시간당 작업량은 얼마인가?(계산은 소수 셋째자리에서 반올림)**

풀이 1) 시간당 작업량 m^3/hr 계산 : 체적

$$Q = 1{,}000 \times V \times W \times E \times D \times \frac{f}{N}$$

V는 머캐덤 롤러 표층 다짐속도로 3km/hr, W는 유효 다짐폭 0.8m

E는 머캐덤 롤러 표층작업의 양호한 조건이므로 0.75

D는 다짐두께로 0.05m

$f = 1$, N은 다짐횟수로 표층인 경우 2회

$$Q = 1{,}000 \times 3 \times 0.8 \times 0.75 \times 0.05 \times \frac{1}{2} = 45m^3/hr$$

2) 시간당 작업량 m^2/hr 계산 : 면적

$$A = 1{,}000 \times V \times W \times E \times \frac{1}{N} = 1{,}000 \times 3 \times 0.8 \times 0.75 \times \frac{1}{2} = 900m^2/hr$$

【검산】 체적 = 면적 × 다짐두께 = $900m^2/hr \times 0.05m = 45m^3/hr$

7 제경비의 적산

공사 원가계산에서 제경비는 부록 1의 예정가격 작성기준 제19조에 상세하게 기술되어 있으며, 제경비는 경비, 일반관리비, 이윤, 공사손해보험료로 구분된다.

경비는 공사의 시공을 위해 소요되는 공사원가 중 재료비, 노무비를 제외한 원가를 말하며, 기업의 유지를 위한 관리활동 부문에서 발생하는 일반관리비와 구분되며, 경비를 구성하는 세비목은 26개로 규정되어 있다.

7.1 경비의 적산

경비는 당해 계약목적물의 시공기간 소요량을 측정하거나 원가계산자료, 계약서, 영수증 등을 근거로 산정해야 하며, 예정가격 작성기준에 따른다.

7.1.1 경비의 구성비목

경비의 구성비목은 예정가격 작성기준 제19조와 공사원가계산서에 기술되어 있으며, 표 7.1과 같이 나타낼 수 있다.

표 7.1 공사원가계산 및 예정가격 작성요령(예정가격 작성기준, 별표 2)

구 분	비 목	적 용 기 준	비고
1. 재료비	직 접 재 료 비	• 공사목적물의 실체를 형성하는 물품의 가치	
	간 접 재 료 비	• 공사에 보조적으로 소요되는 물품의 가치	
	작업설 · 부산물(△)	• 계약목적물의 시공중에 발생하는 물품의 가치	
2. 노무비	직 접 노 무 비	• 노무량 단위당 가격	
	간 접 노 무 비	• 작업현장에서 보조적으로 발생되는 비용	
3. 경비	기 계 경 비	• 건설표준품셈상의 건설기계경비산정기준에 의한 비용	
	산업안전보건관리비	• 작업현장에서 재해예방을 위하여 법령에 요구되는 비용	
	보 험 료	• 작업현장에서 법령 및 계약조건에 의하여 요구되는 비용(산재보험료, 고용보험료, 국민건강보험 및 국민연금보험)	
	전력비, 수도광열비	• 계약목적물을 시공하는데 직접 소요되는 비용	
	운 반 비	• 재료비에 포함되지 않는 운송비, 하역비, 상하차비, 조작비	
	품 질 관 리 비	• 계약목적물의 시공을 위하여 법령 및 계약조건에 의하여 품질시험이 요구되는 비용	
	가 설 비	• 시공을 위하여 필요한 가설물의 설치에 소요되는 비용	
	폐 기 물 처 리 비	• 공해유발물질을 법령에 의거 처리되는 비용	
	안 전 관 리 비	• 건설공사의 안전관리를 위하여 관계법령에 의하여 요구되는 비용	
	특 허 권 사 용 료	• 타인 소유의 특허권을 사용한 경우의 비용	
	기 술 료	• 당해 계약목적물을 시공하는데 필요한 KNOW-HOW 비용	
	연 구 개 발 비	• 당해 계약목적물을 시공하는데 필요한 직접 필요한 기술개발비	
	지 급 임 차 료	• 시공을 위하여 사용되는 토지, 건물, 기계기구의 사용료	
	복 리 후 생 비	• 시공의 작업조건유지에 관련되는 제비용	
	보 관 비	• 시공에 소요되는 재료, 기자재의 창고사용료	
	외 주 가 공 비	• 재료를 외부에 가공시키는 실가공비용	
	소 모 품 비	• 작업현장에 발생되는 소모용품 비용	
	여비 · 교통 · 통신비	• 시공현장에서 직접 소요되는 여비, 교통, 통신비	
	세 금 과 공 과	• 시공현장에서 당해 공사에 부담하여 납부하는 공과금	
	도 서 인 쇄 비	• 계약목적물의 시공을 위한 각종 도서구입 및 인쇄제작비	
	지 급 수 수 료	• 법률로서 규정되어 있거나 의무 지워진 수수료(공사이행보증서 발급수수료, 건설하도급대금 지급보증서 수수료 등)	
	환 경 보 전 비	• 계약목적물의 시공을 위한 제반환경오염 방지시설 비용	

표 7.1 (표 계속)

구분	비 목	적 용 기 준	비고
3. 경비	보상비 건설근로자 퇴직공제부금비 관급자재관리비 기타경비	• 당해공사로 인해 발생되는 보상, 보수비용 • 관계법령에 의하여 건설근로자 퇴직공제에 가입하는데 소요되는 비용 • 관급자재에 대한 보관 및 관리 등에 소요되는 비용 • 일반경비 이외의 것으로 법령으로 규정 및 의무지워진 경비	
4. 순공사원가		• 재료비+노무비+경비	
5. 일반관리비		• (재료비+노무비+경비)×요율	
6. 이윤		• {노무비+(경비-기술료-외주가공비)+일반관리비}×요율	
7. 총공사원가		• 재료비+노무비+경비+일반관리비+이윤 → 낙찰시 순계약금액 부분	
8. 공사손해보험료		• {보험가입대상 공사부분의 총원가+관급자재비}×요율	
9. 부가가치세		• (총공사원가+공사손해보험)×10%	
10. 예정가격		• (총공사원가+공사손해보험+부가가치세) → 낙찰시 계약금액 부분(관급자재비 미포함)	

7.1.2 경비의 비목별 산출방법

1) 관계법령에 의해 계상하는 비목

보험료, 세금과공과, 지급수수료, 환경보전비, 보상비, 안전관리비, 건설근로자 퇴직공제 부금비, 기타 법정경비

2) 관련 계약서에 의해 계상하는 비목

특허권사용료, 기술료, 연구개발비

3) 적산기준에 의해 산출하는 비목

전력비, 운반비, 기계경비, 가설비, 산업안전보건관리비

4) 원가구성 비율을 적용하여 계상하는 비목

수도광열비, 복리후생비, 소모품비, 여비 · 교통비 · 도서인쇄비, 지급수수료 등

5) 실비로 계상하는 비용

품질관리비, 지급임차료, 보관비, 외주가공비, 폐기물처리비, 보상비

7.1.3 제경비산출 및 계상기준

일반적으로 토목공사에 적용되는 경비산출 및 계상기준은 다음과 같다.

1) 간접노무비율(2018.3, 조달청 자료)

공사 규모	공사기간	간접노무비율(%) (직접노무비)×간접노무비율		
		토목	조경	산업설비(토목)
50억원 미만	6개월 이하 (183일) 7~12개월 (365일) 13~36개월 (1095일) 37개월 이상 (1096일)	12.6 12.8 12.8 12.7	11.3 11.5 11.4 11.4	12.6 12.8 12.8 12.7
50억원 이상~ 300억원 미만	6개월 이하 (183일) 7~12개월 (365일) 13~36개월 (1095일) 37개월 이상 (1096일)	12.6 12.8 12.7 12.7	11.2 11.4 11.4 11.4	12.6 12.8 12.7 12.7
300억원 이상~ 1,000억원 미만	6개월 이하 (183일) 7~12개월 (365일) 13~36개월 (1095일) 37개월 이상 (1096일)	12.4 12.6 12.6 12.5	11.1 11.3 11.3 11.2	12.4 12.6 12.6 12.5
1,000억원 이상	6개월 이하 (183일) 7~12개월 (365일) 13~36개월 (1095일) 37개월 이상 (1096일)	11.7 11.9 11.9 11.9	10.4 10.6 10.6 10.5	11.7 11.9 11.9 11.9

• 간접노무비＝직접노무비×간접노무비율(%)

2) 산업재해보상보험요율 : 고용노동부고시 제2017-75호

① 적용대상 : 단위 공사장별 총공사비 2,000만원 이상의 모든 공사장

구 분	요 율(%)	비 고
일반건설공사	4.05	총공사비는 부가세 제외 관급재료 시가환산액 포함

② 총 공사금액이 2천만원 미만인 건설공사가 법 제9조제2항 또는 제3항의 규정에 의하여 일괄적용을 받게 되거나 설계변경(사실상의 설계변경이 있는 경우를 포함한다.)으로 그 총 공사금액이 2천만원 이상으로 된 때는 그때부터 법의 적용을 받는다.

• 산업재해보상보험료＝노무비(직노＋간노)×산업재해보상보험요율(%)

3) 산업안전보건관리비율 : 고용노동부고시 제2017-8호

① 적용대상 : 공사금액(도급＋관급비)이 4천만원 이상 건설공사

구 분	5억원 미만 (%)	5억원 이상 50억원 미만		50억원 이상 (%)
		비 율(%)	기초액(천원)	
일반건설공사(갑)	2.93	1.86	5,349	1.97
일반건설공사(을)	3.09	1.99	5,499	2.10
중건설공사	3.43	2.35	5,400	2.44
철도 및 궤도 신설공사	2.45	1.57	4,411	1.66
특수 및 기타 건설공사	1.85	1.20	3,250	1.27

주) ① (재료비＋직접노무비)×요율%×1.2배
② (재료비＋관급자재비＋직접노무비)×요율%
>중 작은 값
③ 일반건설공사(갑) : 도로신설, 철도 · 궤도의 보수복구공사, 기설로면에 레일만 부설하는 공사
④ 일반건설공사(을) : 기계장치공사, 삭도건설공사(cable way)
⑤ 중건설공사 : 댐, 수력발전시설, 터널신설공사
⑥ 특수 및 기타건설공사 : 준설공사, 조경공사, 택지조성공사, 포장공사, 전기공사, 정보통신공사
⑦ 총공사금액이 3억원 미만, 공사기간 3개월 미만인 건설공사는 건설재해예방전문기관의 기술지도를 받지 않아도 되지만 대상공사로서 기술지도 계약을 체결하지 않을 때에는 안전관리비의 20%를 환수 조치해야 한다.

• 산업안전보건관리비＝(재료비＋직접노무비＋관급자재)×산업안전보건관리비율(%)

4) 건설공사 고용보험요율 : 고용보험법 시행령 제2조(국토부 고시 2016-781호)

① 적용대상 : 건설산업기본법 등의 법률에 의한 건설업자가 시공하는 공사로 공사비에 관계없이 적용

고용보험요율 산정기준

사업별	보험료율	산정기준
실업급여(공동 부담)	13/1,000(1.3%)	사용자 부담 6.5/1,000(0.65%) 근로자 부담 6.5/1,000(0.65%)
고용안정 · 직업능력 개발사업 (사용자 부담)	2.5/1,000(0.25%)	상시근로자 150인 미만
	4.5/1,000(0.45%)	상시근로자 150인 이상으로 우선지원 대상기업
	6.5/1,000(0.65%)	상시근로자 1,000인 미만으로 우선지원 대상기업 제외업체
	8.5/1,000(0.85%)	상시근로자 1,000인 이상

② 등급별 고용보험요율(등급별 유자격자 명부는 조달청 공고 참조)

등 급 별	추 정 금 액	요 율(%)
1	토목 1,700억 이상 (건축 1,200억 이상)	1.39
2	토목 1,700~950억 이상 (건축 1,200~950억)	1.17
3	토목 950~550억 이상 (건축 950~550억)	0.97
4	토목 550~400억 이상 (건축 550~400억)	0.92
5	토목 400~220억 이상 (건축 400~220억)	0.89
6	토목 220~140억 이상 (건축 220~130억)	0.88
7	토목 140~80억 이상 (건축 130~80억)	0.87

• 고용보험료 = 노무비(직노 + 간노) × 고용보험요율(%)

5) 환경보전비

① 환경보전비의 기준

환경보전비 = (재료비 + 직접노무비 + 산출경비) × 환경보전비율

a. 건설공사현장에 설치하는 환경오염방지시설의 설치 및 운영에 소요되는 비용은 원가계산 또는 표준품셈에 따라 산출하여 내역서에 각 항목별로 명시하여 반영하며, 환경관련 시험검사비, 교육훈련비 등 기타 환경보전비는 산출금액의 12%를 추가 계산한다.

* 기타 환경보전비 : 환경관련교육 · 훈련비, 환경관리 감리비, 발주자가 인정한 비용

b. 원가계산이나 표준품셈으로 산출곤란시 직접공사비에 다음의 환경보전비 적용요율을 적용하여 계산한다.

- 도로 0.9%. 플랜트 0.4%, 지하철 0.5%, 철도 1.5% 이상
- 상하수도 0.5%, 댐 1.1%, 항만 0.8% 이상
- 택지개발 0.6%, 주택(재개발 및 재건축) 0.7%, 주택(신축) 0.3% 이상

c. 폐기물처리 및 재활용비의 산출기준

- 건설현장에서 발생하는 폐기물의 처리 및 재활용에 소요되는 비용
- 수집, 운반비, 중간처리비, 최종처리비의 비용 반영

d. 기타

- 환경보전시설의 추가 설치시 설계변경 가능
- 환경관리비를 계상하지 않거나 다른 용도로 사용시는 5백만원 이하의 과태료 부과

e. 건설현장에 설치하는 환경오염방지시설

- 비산먼지 : 세륜시설, 살수시설, 살수차량, 방진덮개, 간이칸막이, 집진시설 등
- 소음 · 진동 : 방음벽, 방음막, 소음기, 방음덮개, 방진고무 등
- 폐기물 : 소각시설, 폐자재 수거박스, 폐기물 보관시설, 폐기물 선별기, 건설오니처리시설
- 수질오염 : 오폐수처리시설, 가배수로, 오탁방지막, 오일펜스, 흡착포, 이동식 간이화장실

6) 건설근로자 퇴직공제 부금비(국토교통부 고시 제2015-610호)

건설산업기본법 제87조 및 동법 시행령 제83조에 의거 공사추정금액 3억원 이상의 건설공사

공사종류별	요 율(%)	비 고
토 목	2.30	• 설비, 전기공사는 건축공사 준용
건 축	2.30	

- 퇴직공제부금비 = 직접노무비 × 퇴직공제부금요율(%)

7) 기타 경비

① 기타 경비의 기준

a. 지방자치단체 원가계산 및 예정가격 작성요령의 경비 항목에 대하여 직접 소요되는 비용을 품셈 및 법령에 의거 산출 가능한 비목은 직접 산출

b. 그 이외의 비목(수도광열비, 복리후생비, 소모품비, 사무용품비, 여비 · 교통 · 통신비, 세금과공과, 도서인쇄비 · 지급수수료)에 대해서는 별도로 정한 율이 없으나, 다수기업의 평균치를 나타내는 공신력 있는 기관의 통계자료(한국은행발간 기업경영분석, 대한건설협회발간 완성공사 원가분석)를 상호 보완적으로 활용하여 계상

② 기타경비의 계산방법

a. 기타경비 비목(수도광열비, 복리후생비, 소모품비, 사무용품비, 여비 · 교통 · 통신비, 세금과공과, 도서인쇄비, 지급수수료)

• 기타경비＝(직접노무비＋간접노무비＋재료비)×기타경비요율(%)

* 기타경비요율은 조달청 제비율 적용기준이며, 다음과 같다.

공사규모	공사기간		기타 경비 (재료비＋노무비)×기타 경비율		
			토목	조경	산업설비(토목)
50억원 미만	6개월 이하	(183일)	7.9	7.0	7.9
	7~12개월	(365일)	8.2	7.3	8.2
	13개월 이상	(1095일)	9.0	8.1	9.0
	37개월 이상	(1096일)	9.1	8.2	9.1
50억원 이상~300억원 미만	6개월 이하	(183일)	8.9	8.0	8.9
	7~12개월	(365일)	9.2	8.3	9.2
	13개월 이상	(1095일)	10.0	9.1	10.0
	37개월 이상	(1096일)	10.1	9.2	10.1
300억원 이상~1,000억원 미만	6개월 이하	(183일)	8.1	7.2	8.1
	7~12개월	(365일)	8.4	7.5	8.4
	13개월 이상	(1095일)	9.2	8.3	9.2
	37개월 이상	(1096일)	9.3	8.4	9.3
1,000억원 이상	6개월 이하	(183일)	7.5	6.6	7.5
	7~12개월	(365일)	7.8	6.9	7.8
	13개월 이상	(1095일)	8.6	7.7	8.6
	37개월 이상	(1096일)	8.7	7.8	8.7

③ 직접경비의 계상방법

a. 직접경비

- 직접 소요되는 비용을 품셈 및 법령에 의거 산출
  - 직접경비＝소요량×단위당 가격

b. 세부비목 적용기준

- 운반비(관급자재류 운반), 특허권사용료, 기술료, 연구개발비, 품질관리비, 가설비, 지급임차료, 보관비, 외주가공비, 폐기물처리비, 보상비, 안전점검비, 기타 법정경비
- 단위가격 세부비목 전체를 경비로 계상하는 비목
  - 각종자재의 운반, 하역, 상하차 조작비용
  - 시험비, 시험차량비
  - 가설사무소 등 가설건물, 가설울타리, 낙하물 방지시설, 가설부지임대료 및 정지비 등
  - 안전관리에 필요한 안전펜스, 교통신호시설 등 공사시행중 교통소통, 통행안전을 위한 비용
  - 폐기물처리에 소요되는 폐기물의 중간수집, 상차, 운반, 최종처리비 등
  - 환경보전관련 가설방음벽, 분진방지망, 세륜시설, 오탁방지망 등

8) 국민건강보험료 및 국민연금보험료(국토교통부 고시 제2016-781호)

① 보험료의 기준 및 계산방법

a. 국민건강보험료 및 국민연금보험료 기준

- 국민건강보험료 및 국민연금보험료는 공사금액에 관계없이 1개월(30일) 이상의 1건 계약공사에 적용
- 국민건강보험료 및 국민연금보험료의 적용은 상시근로자로 한정보험법에 규정
- 상시근로자란 1개월 이상 고용된 근로자로서(18세 미만 60세 이상이 아닌 자) 근로시간이 1개월간 80시간 이상 사업장에서 상시근로 목적으로 고용된 근로자

b. 원가계산에 의한 보험료 계상방법

- 당해공사의 직접노무비×해당 보험요율(%)
  - 국민건강보험요율＝1.70% 국민연금보험요율＝2.49%

9) 공사이행보증 수수료

① 적용대상 : 추정가격 300억 이상 공사

② 계상방법 : 토목공사와 건축공사 같음

- 250억원(직접공사비) 미만 : [4백만원+(직접공사비−140억원)×0.0193%]×공기(년)
- 250억원(직접공사비) 이상~500억원(직접공사비) 미만 : [6백만원+(직접공사비−250억원)×0.0159%]×공기(년)
- 500억원(직접공사비) 이상 : [1천만원+(직접공사비−500억원)×0.0126%]×공기(년)

10) 건설하도급 대금지급보증 발급수수료(국토교통부 고시 제2016-921호)

① 적용기준

- 하도급계약시 소요되는 지급인증서 발급에 소요되는 비용을 말하며, 보증서 발급기관이 최고 등급업체에 적용하는 요율을 공사원가계산에 반영한다.

② 계상방법

- [(재료비+직접노무비+산출경비)×해당요율 %]
- 적용요율

공사규모	적용요율(%)	비　고
추정가격 50억 미만	0.081	조사금액(부가세 포함)
추정가격 50억~100억 미만	0.080	조사금액(부가세 포함) 추정가격
추정가격 100억~300억 미만	0.075	추정가격
추정가격 300억 이상 (종합심사낙찰제 포함)	토목 : 0.071 건축 : 0.068	추정가격
턴키(대안)공사	0.084	

7.2 일반관리비의 적산

7.2.1 일반관리비의 계상기준

일반관리비는 기업의 유지를 위한 관리활동 부문에서 발생하는 제 비용으로서 공사원가에 속하지 않는 모든 영업비용 중 판매비 등을 제외한 다음의 비용, 즉 임원급료, 사무실 직원의 급료, 제수당, 퇴직급여충당금, 복리후생비, 여비, 교통·통신비·수도광열비, 세금과공과, 지급임차료, 감가상각비, 운반비, 차량비, 경상시험연구개발비, 보험료 등을 말하며, 기업 손익계산서를 기준하여 산정한다.

일반관리비 비율은 표 7.2에서 정한 값을 초과하여 계상할 수 없으며, 건설공사인 시설공사업의 최대 일반관리비 비율은 6%이다.

표 7.2 제조와 공사의 일반관리비율

업종		일반관리비율(%)
제조업	음식·식료품의 제조·구매	14
	섬유·의복·가죽제품의 제조·구매	8
	나무·나무제품의 제조·구매	9
	종이·종이제품·인쇄출판물의 제조·구매	14
	화학·석유·석탄·고무·플라스틱 제품의 제조·구매	8
	비금속 광물제품의 제조·구매	12
	제1차 금속제품의 제조·구매	6
	조립금속제품, 기계·장비의 제조·구매	7
	기타 물품의 제조·구매	11
시설 공사업		6

7.2.2 일반관리비의 적산

건설공사에 대한 일반관리비 비율은 표 7.3과 같으며, 계산방법은 다음과 같다.

일반관리비 = 공사원가(재료비 + 노무비 + 경비) × 일반관리비율

여기서, 공사원가는 순공사원가를 말하며, 직·간접 재료비 + 직·간접노무비 + 기계경비 및 기타경비를 말한다.

표 7.3 공사의 일반관리비율

일반건설공사(토목, 조경, 산업설비)		전문공사	
공사원가	일반관리비율(%)	공사원가	일반관리비율(%)
50억원 미만	6.0	5억원 미만	6.0
50억원~300억원 미만	5.5	5억원~30억원 미만	5.5
300억원~ 1,000억원 미만	5.0	30억원~100억원 미만	5.0
1,000억원 이상	4.5	100억원 이상	4.5

7.3 이윤의 적산

7.3.1 이윤의 계상기준

이윤은 영업이익을 말하며, 공사원가 중 노무비, 경비와 일반관리비의 합계액(이 경우 기술료 및 외주가공비는 제외)에 이윤율 15% 초과하여 계상할 수 없다.

7.3.2 이윤의 적산

이윤율은 표 7.4와 같으며, 계산방법은 다음과 같다.

이윤={노무비+(경비−기술료−외주가공비)+일반관리비}×이윤율(%)

표 7.4 이윤율

공 사 원 가	이 윤 율(%)
50억원 미만	15.0
50~300억원 미만	12.0
300억원~1,000억원 미만	10.0
1,000억원 이상	9.0

7.4 공사손해보험료의 적산

손해보험은 사고로 인한 피보험자의 재산상의 손해를 보험자가 보상할 것을 목적으로 하는 보험을 말한다.

공사손해보험 대상공사는 지방계약법 시행령 제94조 및 제95조에 규정된 공사(PQ적용 대상공사, 턴키 · 대안입찰대상공사)와 발주기관의 장이 공사손해보험을 가입하고자 하는 공사가 대상이 된다.

공사손해보험료의 계상방법은 다음과 같다.

보험료 계상을 위한 보험요율은 보험개발원, 손해보험회사 등으로부터 제공받아 이를 기초로 하여 산정한다.

공사손해보험료＝(총공사원가＋관급자재비)×보험요율(%)

총공사원가＝재료비＋노무비＋경비＋일반관리비＋이윤

7.5 부가가치세의 적산

부가가치세란 사업에서 생기는 부가가치를 과세표준으로 하여 그 사업을 경영하는 개인이나 법인에게 매기는 세금을 말한다.

국내공사중 부가가치세 면제대상은 지하철공사와 국민주택규모 이하의 건설용역이며, 차관공사 등의 외자공사도 면제대상이다.

부가가치세의 계상방법은 다음과 같다.

부가가치세＝(총공사원가＋공사손해보험료)×10%

7.6 건설폐기물 처리비의 적산

건설폐기물처리는 건설폐기물의 재활용촉진에 관한 법률시행령 제11조 및 부칙에 의거 폐기물 발생량이 100톤 이상의 경우 건설공사와 분리발주하도록 규정하고 있다.

폐기물처리비의 적산기준은 다음과 같다.

1) 건설공사현장에서 발생하는 폐기물의 처리 및 재활용에 소요되는 비용은 폐기

물의 예상발생량을 실측하여 산출하거나 표준품셈에 따라 산출할 수 있으며, 폐기물을 처리하는 경우에는 다음 비용 중 필요한 비용을 반영하여야 한다.

① 수집 · 운반비 : 폐기물의 분리수거, 중간처리 또는 최종처리를 위하여 수집 운반하는데 소요되는 비용으로서 표준품셈에 따라 산출한다.

② 중간처리비 : 폐기물을 재활용하기 위하여 분리, 선별, 파쇄, 압출, 중화, 탈수, 고형화 등의 처리를 하는데 소요되는 비용으로서 원가계산 또는 표준품셈에 따라 산출한다.

③ 최종처리비 : 폐기물은 직접 매립지에 매립하거나 중간처리후 잔여폐기물을 매립, 소각 등 최종 처리하는데 소요되는 비용(운반비는 제외한다)으로서 매립의 경우에는 지역별 매립지 반입단가를 적용하여 산출한다.

2) 위의 방법으로 폐기물처리 및 재활용비를 산출하는 것이 곤란한 경우에는 운반거리, 폐기물의 성상, 지역여건 및 정부가 공인한 물가조사기관에서 조사 공표한 가격 등을 고려하여 발주기관이 고시한 기준에 따라 그 비용을 산출한다.

건설폐기물처리과정에서 발생하는 골재는 순환골재로 도로공사용, 뒷채움 용도, 복토용 등으로 재활용하고 있다.

정부는 건설폐기물 재활용을 적극 독려하기 위하여 건설폐기물의 재활용 촉진에 따른 순환골재의 의무사용 용도 및 사용량(환경부 고시 제2017-175호)을 고시하였다.

7.7 건설공사 원가계산 제비율 적용기준

건설공사 원가계산 제비율 적용기준은 표 7.5와 같다.

표 7.5 2018년 토목 · 조경 · 산업환경설비공사 원가계산 제비율 적용기준

<table>
<tr><th rowspan="3">공사
규모</th><th rowspan="3">공 사 기 간</th><th colspan="3">간접노무비</th><th rowspan="2">산재,고용
보험료</th><th rowspan="2">건강 · 연금
보험료</th><th rowspan="2">건설기계 대여대금
지급보증서 발급금액</th><th>산업안전보건관리비</th><th rowspan="2">환경보전비</th><th colspan="3">기타경비</th><th colspan="2">일반관리비</th><th>이 윤</th></tr>
<tr><th colspan="3">(직노)×율</th><th rowspan="2">O 도급자관급 미포함 : (재+직노)×율
O 도급자관급 포함 : a,b중 작은 금액적용
a. (재+직노+도급자관급)×율
b. (재+직노)×율×1.2</th><th colspan="3">(재+노)×율</th><th colspan="2">(재+노+경)×율</th><th rowspan="2">(노+경+일)×율</th></tr>
<tr><th>토목</th><th>조경</th><th>산업설비
(토목)</th><th>(노)×율</th><th>(직노)×율</th><th>(재+직노+산경)×율</th><th>(재+직노+산경)×율</th><th>토목</th><th>조경</th><th>산업설비
(토목)</th><th>토목, 조경
산업설비</th><th>전문공사</th></tr>
<tr><td rowspan="4">50억 미만</td><td>6개월 이하 (183일)</td><td>12.6</td><td>11.3</td><td>12.6</td><td rowspan="16">[산재보험료]
: 4.05

[고용보험료]
o1등급 : 1.39
o2등급 : 1.17
o3등급 : 0.97
o4등급 : 0.92
o5등급 : 0.89
o6등급 : 0.88
o7등급이하 : 0.87
※조달청등급별 유자격 자명부 등록및운용기준(2017.12.26.공고)</td><td rowspan="4">[건강보험료] : 1.70
[연금보험료] : 2.49</td><td rowspan="4">[종합건설업]
• 토목(토건) : 0.41
• 조경, 산업환경 : 0.13</td><td>5억 미만</td><td rowspan="16">O 0.9 : 도로 (교량, 터널, 활주로)
O 0.4 : 플랜트(발전소, 쓰레기소각로)
O 0.5 : 지하철 O 1.5 : 철도
O 0.5 : 상하수도(폐수, 하수처리장, 정수장)
O 1.8 : 항만(간척, 준설)
- 오탁 · 준설토방지막 설치하는 경우
O 0.8 : 항만(간척, 준설)
- 오탁 · 준설토방지막 설치하지 않은 경우
O 1.1 : 댐
O 0.6 : 택지개발
O 0.7 : 주택(재개발, 재건축 경우)
O 0.3 : 주택(신축 경우)
O 0.5 : 주택 외 건축
O 0.3 : 조경
O 0.8 : 기타토목(하천 등)

※ 적용 제외 : 전기, 정보통신, 소방시설 문화재수리공사</td><td>7.9</td><td>7.0</td><td>7.9</td><td rowspan="4">50억 미만 : 6.0</td><td rowspan="4">5억 미만 : 6.0</td><td rowspan="4">50억 미만 : 15.0</td></tr>
<tr><td>7~12개월 (365일)</td><td>12.8</td><td>11.5</td><td>12.8</td><td rowspan="3">O 일반건설 - 갑 : 2.93 을 : 3.09
O 특수 및 기타 : 1.85
O 철도 또는 궤도 : 2.45
O 중건설 : 3.43</td><td>8.2</td><td>7.3</td><td>8.2</td></tr>
<tr><td>13~36개월 (1095일)</td><td>12.8</td><td>11.4</td><td>12.8</td><td>9.0</td><td>8.1</td><td>9.0</td></tr>
<tr><td>37개월 이상 (1096일)</td><td>12.7</td><td>11.4</td><td>12.7</td><td>9.1</td><td>8.2</td><td>9.1</td></tr>
<tr><td rowspan="4">50억 – 300억미만</td><td>6개월 이하 (183일)</td><td>12.6</td><td>11.2</td><td>12.6</td><td>노인장기요양보험료</td><td rowspan="2">[전문건설업]</td><td>5억 – 50억 미만</td><td>8.9</td><td>8.0</td><td>8.9</td><td rowspan="4">50~300억 미만 : 5.5</td><td rowspan="4">5~30억 미만 : 5.5</td><td rowspan="4">50~300억 미만 : 12.0</td></tr>
<tr><td>7~12개월 (365일)</td><td>12.8</td><td>11.4</td><td>12.8</td><td rowspan="2">(건강보험료×율)</td><td rowspan="3">O 일반건설
- 갑 : 1.86+5,349천원
- 을 : 1.99+5,499천원
O 특수 및 기타 : 1.20+3,250천원
O 철도 또는 궤도 : 1.57+4,411천원
O 중건설 : 2.35+5,400천원</td><td>9.2</td><td>8.3</td><td>9.2</td></tr>
<tr><td>13~36개월 (1095일)</td><td>12.7</td><td>11.4</td><td>12.7</td><td rowspan="10">• 0.56 : 준설,토공사
• 0.49 : 시설물유지관리, 도장공사, 포장공사, 상하수도설비
• 0.39 : 비계 · 구조물해체, 보링 · 그라우팅, 수중공사
• 0.28 : 석공사, 철근 · 콘크리트
• 0.11 : 그외</td><td>10.0</td><td>9.1</td><td>10.0</td></tr>
<tr><td>37개월 이상 (1096일)</td><td>12.7</td><td>11.4</td><td>12.7</td><td rowspan="2">7.38</td><td>10.1</td><td>9.2</td><td>10.1</td></tr>
<tr><td rowspan="4">300억 – 1000억미만</td><td>6개월 이하 (183일)</td><td>12.4</td><td>11.1</td><td>12.4</td><td>50억 이상</td><td>8.1</td><td>7.2</td><td>8.1</td><td rowspan="4">300~1000억 미만 : 5.0</td><td rowspan="4">30~100억 미만 : 5.0</td><td rowspan="4">300~1000억 미만 : 10.0</td></tr>
<tr><td>7~12개월 (365일)</td><td>12.6</td><td>11.3</td><td>12.6</td><td rowspan="2">퇴직공제
부 금 비</td><td rowspan="3">O 일반건설 – 갑 : 1.97 을 : 2.10
O 특수 및 기타 : 1.27
O 철도 또는 궤도 : 1.66
O 중건설 : 2.44</td><td>8.4</td><td>7.5</td><td>8.4</td></tr>
<tr><td>13~36개월 (1095일)</td><td>12.6</td><td>11.3</td><td>12.6</td><td>9.2</td><td>8.3</td><td>9.2</td></tr>
<tr><td>37개월 이상 (1096일)</td><td>12.5</td><td>11.2</td><td>12.5</td><td rowspan="2">(직노)×율</td><td>9.3</td><td>8.4</td><td>9.3</td></tr>
<tr><td rowspan="4">1000억 이상</td><td>6개월 이하 (183일)</td><td>11.7</td><td>10.4</td><td>11.7</td><td>추정금액 800억원 이상(단, 주공종이 토목공사업은 1,000억원 이상)</td><td>7.5</td><td>6.6</td><td>7.5</td><td rowspan="4">1000억 이상 : 4.5</td><td rowspan="4">100억 이상 : 4.5</td><td rowspan="4">1000억 이상 : 9.0</td></tr>
<tr><td>7~12개월 (365일)</td><td>11.9</td><td>10.6</td><td>11.9</td><td rowspan="3">2.3</td><td rowspan="3">O 일반건설 - 갑 : 2.15 을 : 2.29
O 특수 및 기타 : 1.38
O 철도 또는 궤도 : 1.81
O 중건설 : 2.66</td><td>7.8</td><td>6.9</td><td>7.8</td></tr>
<tr><td>13~36개월 (1095일)</td><td>11.9</td><td>10.6</td><td>11.9</td><td>8.6</td><td>7.7</td><td>8.6</td></tr>
<tr><td>37개월 이상 (1096일)</td><td>11.9</td><td>10.5</td><td>11.9</td><td>8.7</td><td>7.8</td><td>8.7</td></tr>
</table>

□ 공사이행보증수수료 250억원(직접공사비) 미만 : [4백만원+(직접공사비-140억원)×0.0193%]×공기(년) 250억원(직접공사비) 이상~500억원(직접공사비) 미만 : [6백만원+(직접공사비-250억원)×0.0159%]×공기(년) 500억원(직접공사비) 이상 : [10백만원+(직접공사비-500억원)×0.0126%]×공기(년)

□ 건설하도급대금지급보증서발급수수료 : 50억(추정가격)미만 : 0.081%, 50억~100억(추정가격)미만 : 0.080%, 100억~300억(추정가격)미만 : 0.075%
(재+직노+산출경비)×율 300억(추정가격)이상 (종합심사낙찰제(종합평가낙찰) 포함) 토목 및 산업설비 : 0.071%, 건축 : 0.068%, 턴키대안공사 : 0.084%
※ 하도급대금지급보증서발급금액적용기준고시(국토부고시 제2016-921호, 2016.12.19.)

□ 건설근로자퇴직공제부금비 : 국토부 고시 제2015-610호(2015.8.20.) 고시 요율 적용
□ 건설기계대여대금 지급보증서 발급금액 : 국토부 고시 제2016-363호(2016.6.22.) 적용
□ 산업안전보건관리비 적용 시 건설업의 분류 : 노동부 고시 제2017-8호(2017.2.7.) 참조
O 일반건설(갑) : 건축건설, 도로신설, 기타건설, 철도·궤도의 보수복구공사, 가설로면에 레일만 부설하는 공사, 지하10m 이내 복개식으로 시공하는 지하도, 지하철도, 지하상가, 통신선로등 인입통신구 신설공사
O 일반건설(을) : 기계장치공사, 삭도건설공사 O 철도 또는 궤도신설 : 철도,궤도신설(가설노반 또는 구조물에 한함) 및 그에 따른 역사과선교,송전선로
O 중건설 : 높이20m이상의 고제방(댐), 방파제, 안벽, 수력발전시설 신설공사
터널, 지하 10m 이상 복개식 지하철도, 지하도, 인입통신구(지하상가 및 통신선로 등) 신설공사
O 특수 및 기타건설 : 준설, 조경(전문포함), 택지조성(경지정리포함), 포장의 단독발주공사에 한함[타공사와 병행하는 경우 : 일반건설(갑) 적용]
□ 비목별 공사규모 및 적용대상
O 간접노무비 및 기타경비 : 〈재료비+직접노무비+산출경비〉의 합계액
O 산업안전보건관리비 : 〈재료비(관급포함) + 직접노무비〉의 합계액, 800억이상은 추정금액, 공사금액(도급금액+관급금액) 4천만원이상 건설공사
O 일반관리비, 이윤 : 추정가격 기준
- 산재,고용보험료 : 모든 건설공사에 적용(주택건설사업자,건설업자,전기공사업자,정보통신공사업자,소방시설업자,문화재수리업자)
다만, 총금사금액[(도급금액+관급재료)에서 부가세 제외] 2천만원 미만의 건설공사를 건설업자가 아닌 자가 시공 시 적용 제외
(노동부 고시 제2017-75호, 국토부 고시 제2016-781호)
- 건강,연금보험료 : 공사기간 1개월(30일) 이상 모든 공사에 반영(사회보험의 보험료적용기준 국토부고시 제2016-781호) 정산조건은 '06.12.29.입찰공고부터
- 노인장기요양보험료 : 공사기간 1개월(30일) 이상 모든 공사에 반영(사회보험의 보험료적용기준 국토부고시 제2016-781호) '09.02.12.입찰공고부터 적용
- 퇴직공제부금비 : 추정금액 3억원이상 건설공사(국토부 고시 제2015-610호)
- 공사이행보증수수료 : 추정가격 300억원 이상 공사(국가계약법시행령 제52조제1항), 시행령 제6장 및 제8장에 따른 공사계약인 경우
- 환경보전비 : 건설공사현장에 설치하는 환경오염방지시설의 설치 및 운영에 소요되는 비용(환경보전비)은 건설기술진흥법 시행규칙 [별표8] 환경관리비 세부 산출기준 제1호 가목에 해당하는 요율 이상을 적용하여 계상하되, 표준품셈 등 원가계산에 따라 산출한 환경보전비를 포함한다.

□ 토목공사 유자격자 등급별 금액(추정금액기준)
1등급 : 1700억이상, 2등급 : 1700억~950억이상 3등급 : 950억~550억이상,
4등급 : 550억~400억이상 5등급 : 400억~220억이상, 6등급 : 220억~140억이상
7등급 : 140억~80억이상(고시금액이상)
※ 추정금액=추정가격+관급액+부가세
□ 기타경비 항목 : 수도광열비, 복리후생비, 소모품비 및 사무용품비, 여비,교통통신비, 세금과공과, 도서인쇄비,
□ 산업설비(토목) 해당공종 : 수처리시설(오폐수, 하수처리, 분뇨처리, 정수장) 등
□ 2000.7.31이후 수의계약시 1차 낙찰율 ( )7.31이전
· 추정가격10억미만으로 87.75%(85%)미만인 경우 : 87.75%(85%)
· 추정가격10억~50억미만으로 86.75%(83%)미만인 경우 : 86.75%(83%)
· 추정가격50억~100억미만으로 85.5%(80%)미만인 경우 : 85.5%(80%)
□ 고용보험료 적용기준(국토부고시 제2016-781호)
· 일반(등급)공사 : 해당등급 요율적용
· PQ,실적대상 : 공사금액에 따라 해당등급(토목,건축구분)
· 수의계약대상 : 해당업체 시평액의 등급 요율적용
· 기타공사 : 공사금액에 따라 해당등급 요율적용
□ 전기통신소방전문 및 기타공사의 경우 일반관리비요율을 제외한 각종 요율은 토목, 건축 등 관련 공사업종을 따라 적용
(※ 단, 공사규모 및 기간은 해당 공종〈전기 · 통신 · 소방 · 전문 및 기타공사〉을 기준으로 함)

제 7 장 연습문제

1 아래에 있는 내용을 설명하시오.

1) 간접노무비율

2) 산업재해 보상보험요율

3) 건설공사 고용보험요율

4) 환경보전비

5) 건설근로자 퇴직공제 부금비

6) 기타 경비요율

7) 국민건강보험료 및 국민연금보험료

8) 일반관리비율

9) 이윤율

10) 건설폐기물처리비

8 내역서의 작성

8.1 설계도서 작성

설계도서에는 설계도, 시방서, 구조계산서, 수량산출서, 단가산출서, 내역서 등이 모두 포함된다.(건설기술진흥법 제48조)

설계서란 공사시방서, 설계도면, 현장설명서 및 공종별 목적물 물량내역을 말한다.(부록 2 공사계약 일반조건 제2조 4항)

설계도면이란 시공될 공사의 성격과 범위를 표시하고 설계자의 의사를 일정한 약속에 근거하여 그림으로 표현한 도시로서 공사목적물의 내용을 구체적인 그림으로 표시해 놓은 도서를 말한다(부록 2, 공사계약 일반조건 제2조 6항).

본 내용은 건설공사의 설계도서 작성기준(국토교통부, 2015.9.21 개정)을 참조하여 발췌하였다.

8.1.1 설계도서 작성기준

① 설계도면은 누락된 부분이 없고, 현장기술자가 쉽게 이해해서 정확한 시공이 가능하도록 상세하게 작성해야 한다.

② 설계도서에 내진설계내용을 기재해야 한다.

③ 건설공사의 계약도서에 포함된 시공기준인 공사시방서는 표준시방서, 전문시방서를 기본으로 작성, 공사의 특수성, 지역여건, 공사방법 등을 고려하여

기본설계 및 실시설계 도면에 구체적으로 표시할 수 없는 내용과 공사수행을 위한 시공방법, 자재의 성능, 규격 및 공법, 품질시험 및 검사 등 품질관리, 안전관리계획에 관한 사항을 기술해야 한다.

④ 교량 등 구조물의 설계는 설계방법을 명시해야 한다.

⑤ 설계보고서의 내용

a. 신기술의 적용 가능 여부를 명시해야 한다.

b. 각종 구조물의 유지와 관리를 위한 부대시설, 유지관리계획서, 소요예산 등을 명시해야 한다.

8.1.2 설계도서의 구성

1) 설계도

개량공사를 시행할 때는 기존 시설의 현황도를 작성하고, 도면을 상세히 작성해야 한다. 설계도 작성시 이 과정이 생략되고, 설계자와 감독자가 다르면 설계자의 의도와는 다르게 시공되는 경우가 많고, 도면이 분명하지 않으면 시공자의 이의제기 등 부작용이 있을 수 있으므로 상세하게 작성해야 한다.

① 위치도는 공사의 규모에 따라 적당한 축척으로 작성한다.

② 종평면도는 지적도의 일반지역 축척인 1 : 1,200, 1 : 600 등으로 작성하고, 경우에 따라서는 1 : 500~1 : 1,000 등의 축척을 사용한다.

③ 기타 구조물도에서 소규모 공사는 도면 작성을 생략하고, 내역과 종평면도에 위치만 표시하는 경우가 많지만 작은 공사라 하더라도 구조물도를 반드시 설계도서에 첨부하고, 시공상세도면도 작성해야 한다.

④ 시방내용의 기재에 대해서는 현장기술자와 기능공이 도면만 휴대하는 경우가 많으므로 다른 현장에 없는 특별사항, 주문사항 등 현장에서 특별히 인지하고 있어야 할 사항에 대해서는 도면에 반드시 명시해야 한다.

2) 시방서의 작성(건설기술진흥법시행령 제65조)

시방서는 표준시방서, 전문시방서, 공사시방서로 구분 · 작성한다. 시방서는 그 내용을 구체적으로 기술하고, 인용 시방서도 구체적인 조항을 명시해야 한다.

(1) 표준시방서

① 정부가 시설물의 안전 및 공사시행의 적정성과 품질확보 등을 위하여 시설물별로 정한 표준적인 시공기준

② 발주자 또는 설계 등 용역업자가 공사시방서를 작성하는 경우에 활용하기 위한 시공기준

(2) 전문시방서

① 발주자가 시설물별 표준시방서를 기본으로 모든 공종을 대상으로 하여 특정한 공사의 시공 또는 공사시방서의 작성에 활용하기 위한 종합적인 시공기준

② 국토교통부, 서울특별시 등 발주처에서 제정한 각종 전문시방서에서 필요한 사항을 발췌하여 명기

(3) 공사시방서

① 표준시방서와 전문시방서를 기본으로 하여 작성한 것으로 단위공사별 공사의 특수성 · 지역여건 · 공사방법 등을 고려하여 기본설계 및 실시설계도면에 구체적으로 표시할 수 없는 내용과 공사수행을 위한 시공방법, 자재의 성능 · 규격 및 공법 · 품질시험 및 검사 등 품질관리, 안전관리계획 등에 관한 사항을 기술한 시공기준

② 공사에 수반되는 각종 신고 및 허가의 이행사항을 기재한다.

③ 현장운영 절차기록

- 공사비 내역서
- 기성금 지급 내용 및 절차
- 설계변경 절차
- 하자에 대한 조치
- 내역 계약의 검측 및 기성 계산기준

④ 조정 및 회의

⑤ 공사 예정공정

- Bar chart
- Network chart
- CPM (Critical path method)
- PERT (Program evolution and review technique)
- EVMS (Earned value management system : 기성관리체계)

⑥ 시공상세도면의 작성

- 일반시방서에 시공상세도면의 작성방법과 내용, 제출, 검토과정을 상세히 기술
- 시공상세도면의 작성규격

A_0 size : 1,189×841mm, A_1 size : 841×594mm

A_2 size : 594×420mm, A_3 size : 420×297mm

⑦ 자재의 검사 및 승인

- 공사에 필요한 자재를 반입 전 사용승인 절차를 명시
- 자재반입 후 검사 및 불합격품에 대한 반출절차를 명시

⑧ 안전관리

- 산업재해보상보험, 공사손해보험 등의 가입에 관한 사항을 명시
- 안전관리자의 배치 및 근무사항
- 각종 법규에 의한 안전점검사항
- 안전관리교육 실시사항을 명시
- 공사장의 안전 표지판, 경고 등의 사고 예방시설의 설치사항 등

⑨ 설계도서의 검토

- 건설기술진흥법의 규정, 현장에서 시공과정에서 필요한 검토사항을 명시

3) 구조계산서(수리계산서 포함)

설계의 하중 부과 등 가정 사항을 기재

① 설계방법, 지진하중 반영 여부 표시

② 구조형식에 대한 설명

③ 사용자재의 허용하중 등

4) 내역서의 작성

① 수량산출

② 단가산출

③ 내역서 작성

8.2 내역서 작성기준

내역서를 작성함에 있어서 내역서는 다음과 같이 구성된다.

① 전문

② 총괄집계표

③ 산출(물량)내역서

④ 단가산출서 또는 일위대가표

8.2.1 전 문

전문은 입찰자 또는 계약상대자가 산출내역서를 작성함에 있어서 고려해야 할 내용으로 구성되며, 발주자는 다음의 내용을 반드시 전문에 포함시켜 제시해야 한다.

① 이 기준에서 규정된 내용대로 기술되지 않은 사항이나 수정, 삭제, 추가한 사항

② 시공자가 대안 또는 시공법을 결정해야 하는 사항

③ 토질 및 암 판정 기준 등 지반·지질에 관한 사항

④ 지표수, 지하수위, 평균해수면 등에 관한 사항

⑤ 토취장, 석산 등의 골재원, 사토장 또는 투기장 등의 위치

⑥ 지장물에 관한 사항

⑦ 공사용 동력 및 용수에 관한 사항

⑧ 부지 및 용지 관련사항

⑨ 국가를 당사자로 하는 계약에 관한 법률 시행규칙 제83조 및 공사계약 일반조건 제13조의 규정에 의한 관급자재에 관한 사항

⑩ 폐기물처리에 관한 사항

⑪ 단가산출서 또는 일위대가표의 규정과 관련된 사항

⑫ 공통공사의 수량산출 방법과 단가정의 및 제 잡비의 수량산출 방법 또는 단가정의와 관련하여 특별히 기재해야 할 사항

⑬ 기타 입찰자 또는 낙찰자가 산출내역서의 단가 및 금액을 산정함에 있어서 필요한 사항

전문의 작성양식은 당해 공사의 특성을 고려하여 발주기관의 장이 정한다.

8.2.2 총괄집계표

① 총괄집계표는 공통공사비와 각 단위시설별 공사비로 구성되는 공종별 공사비와 제잡비 및 부가가치세에 대한 산출(물량)내역서의 내용을 요약한 것을 말한다.

② 발주자는 금액이 기재되지 않은 물량내역서를 제시해야 하고, 입찰자 또는 계약 상대자는 동(同)서식에 금액을 기재하여 제출해야 한다.

8.2.3 산출(물량)내역서(3.3.2 공사종류별 설계서의 정의 참조)

① 물량내역서는 공종별 목적물을 구성하는 품목 또는 비목과 그 품목 또는 비목의 규격 · 수량 · 단위 등이 표시되고, 입찰공고 후 또는 낙찰자 결정 후 입찰에 참가하고자 하는 자 또는 낙찰자에게 교부된 내역서를 말한다.

② 산출내역서는 발주기관이 교부한 물량내역서에 입찰자 또는 계약상대자가 단가를 기재하여 제출한 내역서 또는 대안입찰, 실시설계 · 시공 입찰자가 제출하는 내역서, 수의계약으로 체결된 공사의 경우 착공신고서 제출시까지 제출한 내역서를 말한다.

8.2.4 단가산출서 또는 일위대가표

단가는 건설자재나 노임의 개개의 값을 말하며, 일위대가는 단위당 소요되는 물량과 노무량에 대한 가격을 말한다.

① 발주자는 공사계약 일반조건 제17조에 의거하여 필요하다고 인정할 경우 계약상대자에게 산출내역서의 기초가 되는 단가산출서 또는 일위대가표의 제출을 요구할 수 있으며, 이 경우 계약상대자는 이에 응해야 한다.

② 단가산출서 또는 일위대가표의 제출이 요구되는 공종 및 이를 위해 필요한 사항에 대해서는 전문에 명확히 기술해야 한다.

③ 발주자가 필요하다고 인정할 경우, 발주자가 가격이 기재되지 않은 단가산출서와 일위대가표의 서식을 제시할 수 있고, 이 경우 입찰자 또는 계약상대자는 동(同)서식에 가격을 기재하여 산출내역서에 첨부해야 한다.

④ 산출내역서상 일괄금액(1식)으로 계상하고 있는 내역항목에 대해서는 별도의 언급이 없는 한 계약상대자가 단가산출서 또는 일위대가표를 제출해야 한다.

⑤ 단가산출서 또는 일위대가표의 양식은 발주기관의 장이 정하여 사용한다.

8.3 내역서 작성방법

8.3.1 단가기준

① 노임단가는 설계 당시의 대한건설협회에서 조사하여 발표하는 시중노임을 기준노임단가로 한다.

② 자재단가는 설계 당시의 정부 구매물자 가격 조사지인 조달청 가격 정보지와 전문 가격 조사기관이 조사해서 발표하는 물가정보, 거래가격, 물가자료 등을 비교하여 2개 이상의 가격지 중 가장 낮은 가격을 적용단가로 한다.(4.2.2 참조)

③ 유류단가는 설계 당시 그 지역에 대해 한국석유공사 석유정보망에서 직접 조사한 가격을 적용한다.

(단위 : 원/l)

조사기준일	구분	무연휘발유	경유	비 고
2015.1.2	서울	1,399.00	1,223.00	부가가치세 별도
2016.1.2	서울	1,205.00	997.00	부가가치세 별도
2017.1.2	서울	1,247.00	1,050.00	부가가치세 별도
2018.1.2	서울	1,318.00	1,104.00	부가가치세 별도

④ 환율은 연도초 최초로 발표하는 외국환거래법에 의한 금융결재원의 기준환율(매매기준율)을 적용한다.

고시기준일	1 US $	비 고
2015.1.2	1,099.00원	기준환율(매매기준율)
2016.1.2	1,172.00원	기준환율(매매기준율)
2017.1.2	1,208.00원	기준환율(매매기준율)
2018.1.2	1,071.00원	기준환율(매매기준율)

8.3.2 단가표의 작성

건설공사에 소요되는 시멘트, 철근, 레미콘, 도로경계석, 보차도경계석, 보도블록, 골재 등에 대해 단가표를 작성하며, 사급자재 단가조사표 작성 예는 표 8.1과 같다.

표 8.1 사급자재 단가조사표 작성 예 2018년도 적용단가(단위 : 원)

품 명	규 격	단위	조 사 자 료			적용단가
			가격정보	물가정보	물가자료	
시멘트	포틀랜드 40kg/포	대	3,490	3,550	3,590	3,490
철근(SD300)	D13mm	톤	738,740	740,000	740,000	738,740
	D16~D32mm	톤	733,470	735,000	735,000	733,470
레미콘	25-18-80	m³	58,170	60,000	60,000	58,170
	25-21-120	m³	60,690	61,000	61,000	60,690
	25-24-150	m³	62,350	62,500	62,500	62,350
모 래	강모래(상차도)	m³	22,000	23,000	24,000	22,000
잡 석		m³	20,000	21,000	22,000	20,000
아스콘	표층(WC-2)	톤	54,680	55,000	55,000	54,680
	중간층(BC-1)	톤	51,870	52,000	52,000	51,870
	기층(#467)	톤	47,650	48,000	48,000	47,650
순환골재		톤	9,000	9,500	9,500	9,000
도로경계석(화강암)	직선 120×120×1,000mm	개	8,800	9,000	9,000	8,800
	곡선 120×120×1,000mm	개	17,210	17,500	17,500	17,210
주철맨홀뚜껑	상수도(D=648mm)	조	228,000	235,000	235,000	228,000
	밀폐형(D=648mm)	조	261,400	262,500	262,500	261,400

8.3.3 단가산출 근거

단가산출 근거는 수량산출에서 계산한 각 공종의 단가를 산출하는 과정을 말하며, 기계경비를 산출하기 위해 건설기계의 시간당 작업량을 산출한다.

1) 건설기계의 시공능력 산정

공사에 투입되는 장비가 시간당 할 수 있는 작업량(m^2/hr, m^3/hr, ton/hr 등)을 산출한다.

2) 기계경비(시간당 장비사용료) 산정

공사에 투입되는 장비의 시간당 소요되는 비용(원/hr)을 산출한다.

3) 단가산출

단가=시간당 장비사용료÷시간당 작업량으로 구하며, 재료비, 노무비, 경비로 구분하여 산출한다.

8.3.4 일위대가표

일위대가표는 장비를 사용하지 않고, 주로 인력으로 하는 공종의 단가를 산출하는 과정을 말한다.

일위대가란 공사 또는 제조에 있어 m^2, m^3, ton 등의 단위당 소요되는 자재, 즉 물량과 노무량의 가격을 말하며, 이를 단위당 단가라고도 한다.

일위대가표 작성에는 표 8.2와 같으며, 참고로 레미콘타설(무근), 철근가공조립, 토류판 설치 및 철거, 콘크리트포장에 대해 일위대가표를 작성하였다.

이중 철근가공 및 조립의 분류는 다음과 같다.

① 간단 : 측구, 중력식 옹벽, 맨홀, 빗물받이 등

② 보통 : 반중력식 옹벽 및 교대, 교량의 접속슬래브 등

③ 복잡 : 교량의 슬래브, 암거, 우물통, 부벽식 옹벽 등

④ 매우 복잡 : 기둥식(구주식)교대, 교각, 지하철, 터널 등

8.3.5 총괄표 및 내역서 작성

단가기준, 단가표의 작성, 단가산출 근거, 일위대가표에서 산출한 공종별 단가를 이용하여 내역서를 작성한다.

설계서 표지는 표 8.2, 원가계산서는 표 8.3, 설계총괄내역서는 표 8.4, 설계내역서는 표 8.5, 설계상세내역서는 표 8.6, 일위대가표는 표 8.7, 관급자재총괄표는 표 8.8, 관급자재상세표는 표 8.9, 자재수량총괄표는 표 8.10, 예정공정표는 표 8.11과 같다.

가설사무실 및 가설창고 설계기준은 표 8.12, 가설물 기준면적은 표 8.13과 같다.

표 8.2 설계서 표지

과장	팀장	심사자	설계자	작성년월
				2018년 05월

2018년도

◉ 공사명 : 경복대학교 글로벌캠퍼스단지 조성공사

◉ 위　치 : 경기도 남양주시 진접읍 경복대로 일원

◉ 공사개요

1) 면적 : A=235,000m^2

2) 주요 공사량

■ 토공

- 흙깎기 : 223,850m^3　• 터파기 : 4,414m^3　• 흙쌓기 : 271,956m^3　• 되메우기 : 3,809m^3　• 여성토 : 26,337m^3

■ 배수공

- 우수관로(D250~1,200mm) : 4,868m　• 우수암거(1@1.2×1.0~1@3.5×1.0) : 991m　• 오수관로(D150~300mm) : 3,822m

■ 상수공

- 상수관로(D25~200mm) : 3,800m

■ 포장공

- 아스콘표층 : 37,567m^2　• 보도포장 : 12,055m^2　• 자전거도로 포장 : 4,440m^2　• 장애인용 포장 : 488m^2

■ 저류지공 : 1식　■ 조경공 : 1식　■ 부대공 : 1식

◉ 일　금 : 일 백 사 십 이 억 사 백 육 십 팔 만 원 정　(₩14,204,680,000)

도급예정액 : 일백오억구천팔백팔십구만원정　(₩10,598,890,000)
공급가액　: 구십육억삼천오백삼십오만오천원정　(₩ 9,635,355,000)
부가가치세 : 구억육천삼백오십삼만오천원정　(₩ 963,535,000)
지급자재비 : 삼십육억오백칠십구만원정　(₩ 3,605,790,000)

표 8.3 **원가계산서**

공사명 : 경북대학교 글로벌캠퍼스단지 조성공사 실시설계용역

순번	공종명	공사비	재 료 비	노 무 비	경 비	비 고
1	직접공사비	7,115,783,643	3,217,041,497	2,434,953,919	1,463,788,227	
2	간접노무비	309,239,147	직접노무비×12.7%			
3	산재보험료	111,139,819	노무비×4.05%			
4	고용보험료	24,148,898	노무비×0.88%, 6등급 추정 금액 50억~300억 이상			
5	국민건강보험료	41,394,216	직접노무비×1.70%			
6	노인장기요양보험료	3,054,893	국민건강보험료×7.38%			
7	국민연금보험료	60,630,352	직접노무비×2.49%			
8	퇴직공제부금비	56,003,940	직접노무비×2.3%			
9	안전관리비	86,136,410	기초금액 작은값 적용			
	ⓐ 기초금액	113,410,826	(재료비+직접노무비+관급자재)×1.27%			
	ⓑ 기초금액	86,136,410	(재료비+직접노무비)×1.27%×1.2배			
10	환경보전비	42,694,701	(재료비+직접노무비+산출경비)×0.6%			
11	기타 경비	596,123,456	(재료비+노무비)×10.0%			
12	하도급 대금 지급보증서 발급수수료	5,692,626	(재료비+직접노무비+산출경비)×0.080%			
13	건설기계대여대금지급보증서 발급금액	29,174,712	(재료비+직접노무비+산출경비)×0.41%			
14	순공사원가	8,481,216,813				
15	일반관리비	466,466,924	(재료비+노무비+경비)×5.5%			
16	이윤	687,670,809	(노무비+경비+일반관리비)×12.0%			
17	공급가액	9,635,354,546				
18	부가가치세	963,535,454	공급가액×10%			
19	도급예정액	10,598,890,000				
20	관급자재대	3,605,790,000				
21	총공사비	14,204,680,000				

표 8.4 설계총괄내역서

공 종 명	규 격	수량	단위	합계		재료비		노무비		경비		비 고
				단가	금액	단가	금액	단가	금액	단가	금액	
▣. 경복대역 역세권		1	식		14,204,680,000		6,803,460,994		2,744,193,066		4,657,025,940	
1. 경복대역 역세권		1	식	7,115,783,643	7,115,783,643	3,217,041,497	3,217,041,497	2,434,953,919	2,434,953,919	1,463,788,227	1,463,788,227	
▤ 직접공사비					7,115,783,643		3,217,041,497		2,434,953,919		1,463,788,227	
2. 간접노무비	직노×12.7%	1	식		309,239,147				309,239,147			
3. 산재보험료	노무비×4.05%	1	식		111,139,819						111,139,819	
4. 고용보험료	노무비×0.88%	1	식		24,148,898						24,148,898	
5. 건강보험료	직노×1.7%	1	식		41,394,216						41,394,216	
6. 노인장기요양보험료	건강보험료×7.38%	1	식		3,054,893						3,054,893	
7. 연금보험료	직노×2.49%	1	식		60,630,352						60,630,352	
8. 퇴직공제부금비	직노×2.3%	1	식		56,003,940						56,003,940	
9. 안전관리비	기초금액 작은값	1	식		86,136,410						86,136,410	
① 기초금액	(재+직노+관재)×1.27%				113,410,826						113,410,826	
② 기초금액	((재+직노)×1.27%)×1.2배				86,136,410						86,136,410	
10. 환경보전비	(재+직노+산경)×0.6%	1	식		42,694,701						42,694,701	
11. 기타 경비	(재료비+노무비)×10.0%	1	식		596,123,456						596,123,456	
12. 건설하도급대금지급 보증서발급수수료	(재+직노+산경)×0.080%	1	식		5,692,626						5,692,626	
13. 건설기계대여금지급 보증서발급금	(재+직노+산경)×0.41%	1	식		29,174,712						29,174,712	
▤ 순공사원가					8,481,216,813		3,217,041,497		2,744,193,066		2,519,982,250	
14. 일반관리비	(재+노+경)×5.5%	1	식		466,466,924						466,466,924	
15. 이윤	(노+경+일반)×12%	1	식		687,670,924						687,670,809	
▤ 공급가액					9,635,354,546		3,217,041,497		2,744,193,066		3,674,119,983	
16. 부가가치세	공급가액×10%	1	식		963,535,454						963,535,454	
▤ 도급예정액	공급가액+부가가치세				10,598,890,000		3,217,041,497		2,744,193,066		4,637,655,437	
17. 관급자재대		1	식	3,605,790,000	3,605,790,000	3,586,419,497	3,586,419,497			19,370,503	19,370,503	
▤ 총사업비					14,204,680,000		6,803,460,994		2,744,193,066		4,657,025,940	

표 8.5 설계내역서

공 종 명	규 격	수량	단위	합계		재료비		노무비		경비		비 고
				단가	금액	단가	금액	단가	금액	단가	금액	
I. 직접공사비		1	식		7,115,783,643		3,217,041,497		2,434,953,919		1,463,788,227	
A. 토공		1	식	2,017,660,486	2,017,660,486	792,237,559	792,237,559	656,482,319	656,482,319	568,940,608	568,940,608	
B. 우수공		1	식	1,697,735,446	1,697,735,446	852,757,052	852,757,052	745,218,802	745,218,802	99,759,592	99,759,592	
C. 상수공		1	식	134,687,469	134,687,469	47,079,848	47,079,848	83,439,895	83,439,895	4,167,726	4,167,726	
D. 오수공		1	식	190,416,856	190,416,856	59,358,879	59,358,879	103,905,074	103,905,074	27,152,903	27,152,903	
E. 도로 및 포장공		1	식	715,725,307	715,725,307	247,248,144	247,248,144	355,828,655	355,828,655	112,648,508	112,648,508	
F. 저류지공		1	식	43,593,544	43,593,544	24,565,655	24,565,655	16,503,724	16,503,724	2,524,165	2,524,165	
G. 조경공		1	식	1,677,958,740	1,677,958,740	1,193,794,360	1,193,794,360	473,575,450	473,575,450	10,588,930	10,588,930	
H. 부대공		1	식	638,005,795	638,005,795					638,005,795	638,005,795	

표 8.6 설계상세내역서

공 종 명	규 격	수량	단위	합계		재료비		노무비		경비		비 고
				단가	금액	단가	금액	단가	금액	단가	금액	
A. 토공		1	식		2,017,660,486		792,237,559		656,482,319		568,940,608	
1-1. 지구내공사					2,017,660,486		792,237,559		656,482,319		568,940,608	
1. 지반개량공사					247,273,401		54,512,053		61,005,517		131,755,831	
가. 기타					247,273,401		54,512,053		61,005,517		131,755,831	
1) 수평배수층					98,901,137		21,306,114		59,076,268		18,518,755	
(가) 쇄석 MAT포설(자재비별산)		38,183	m^3	1,877	71,669,491	558	21,306,114	834	31,844,622	485	18,518,755	
(나) P.P MAT 부설(자재비별산)	3 TON	161,134	m^2	169	27,231,646			169	27,231,646			No.1 호표
2) 수평배수공					2,301,785		2,201,531		100,254			
(가) 수평배수공	D75mm	682	m	3,087	2,105,334	2,940	2,005,080	147	100,254			
(나) 연결소켓	(−)형	151	개	1,301	196,451	1,301	196,451					
(다) 연결소켓	(+)형		개	7,320		7,320						
3) 집수정					32,879,479		31,004,408		1,828,995		37,076	
(가) 수중모터펌프 설치	50mm×1.5KW	12	대	2,641,845	31,702,140	2,500,000	30,000,000	139,064	1,668,768	2,781	33,372	No.2 호표
(나) 잡석부설	인력	1	m^3	65,891	65,891			65,891	65,891			No.3 호표
(다) 잡석		1	m^3	20,000	20,000	20,000	20,000					
(라) 모래채움		8	m^3	10,981	87,848			10,981	87,848			
(마) 터파기/육상토사	0-2m 기계	8	m^3	1,136	9,088	366	2,928	307	2,456	463	3,704	No.4 호표
(바) 유공파형강관	D600mm	2	m	79,900	159,800	79,900	159,800					
(사) 파형강관	D600mm	12	m	61,400	736,800	61,400	736,800					
(아) PE비닐관	D50mm	254	m	182	46,228	170	43,180	12	3,048			
(자) 부직포섬유 설치		6	m^2	1,814	10,884	1,650	9,900	164	984			No.5 호표
(차) 커플링밴드	D600mm	2	개	15,900	31,800	15,900	31,800					

표 8.7 일위대가표

공 종 명	규 격	수량	단위	합계		재료비		노무비		경비		비 고
				단가	금액	단가	금액	단가	금액	단가	금액	
No.1호표 매트부설(육상)	연약지반용	1	m^2									
매트부설(육상)	연약지반용	1	m^2	169.00	169.0			169.00	169.0			
계					169.0				169.0			
No.2호표 수중펌프 설치	50×0.75KW	1	대									
수중펌프(호수 포함)	50×0.2m³/min×0.75KW	1	대	2,500,000.00	2,500,000.0	2,500,000.00	2,500,000.0					
PUMP설치(자재 제외) (토목,조경)	0.75KW(=1HP) 이하	1	대	141,845.00	141,845.0			139,064.00	139,064.0	2,781.00	2,781.0	
계					2,641,845.0		2,500,000.0		139,064.0		2,781.0	
No.3호표 잡석부설	인력	1	m^3									
보통인부		0.6	인	109,819.00	65,891.4			109,819.00	65,891.4			
계					65,891.0				65,891.0			
No.4호표 터파기/육상토사	0-2m 기계	1	m^3									
터파기/육상토사	0-2m 기계	1	m^3	1,136.00	1,136.0	366.00	366.0					
계					1,136.0		366.0	307.00	307.0	463.00	463.0	
									307.0		463.0	
No.5호표 부직포 설치		1	m^2									
부직포	300g/m	1.1	m^2	1,500.00	1,650.0	1,500.00	1,650.0					
보통인부		0.0015	인	109,819.00	164.7			109,819.00	164.7			
계					1,814.0		1,650.0		164.0			

표 8.8 **관급자재 총괄표**

공 종 명	규 격	수량	단위	합계		재료비		노무비		경비		비 고
				단가	금액	단가	금액	단가	금액	단가	금액	
II. 관급자재대		1	식		3,605,790,000		3,586,419,497				19,370,503	
A. 관급자재대(토공)		1	식	150,659,950	150,659,950	150,659,950	150,659,950					
B. 관급자재대(우수공)		1	식	969,086,663	969,086,663	969,086,663	969,086,663					
C. 관급자재대(상수공)		1	식	94,310,176	94,310,176	94,310,176	94,310,176					
D. 관급자재대(오수공)		1	식	130,564,034	130,564,034	130,564,034	130,564,034					
E. 관급자재대(도로 및 포장공)		1	식	1,719,047,375	1,719,047,375	1,719,047,375	1,719,047,375					
F. 관급자재대(저류지공)		1	식	78,412,400	78,412,400	78,412,400	78,412,400					
G. 관급자재대(조경공)		1	식	145,894,490	145,894,490	145,894,490	145,894,490					
h. 관급자재대(부대공)		1	식	298,444,409	298,444,409	298,444,409	298,444,409					
I. 조달수수료	0.54%	1	식		19,366,665						19,366,665	
I. 금액조정		1	식	3,838	3,838					3,838	3,838	

표 8.9 관급자재 상세표

공 종 명	규 격	수량	단위	합계		재료비		노무비		경비		비 고
				단가	금액	단가	금액	단가	금액	단가	금액	
B. 관급자재대(우수공)		1	식		969,086,663		969,086,663					
1. 관급자재					969,086,663		969,086,663					
가. 레미콘					190,148,810		190,148,810					
1) 레미콘	25-18-80	1,987	m^3	58,170	115,583,790	58,170	115,583,790					
2) 레미콘	25-21-80	148	m^3	60,590	8,967,320	60,590	8,967,320					
3) 레미콘	25-21-120	50	m^3	60,690	3,034,500	60,690	3,034,500					
4) 레미콘	25-24-120	980	m^3	63,840	62,563,200	63,840	62,563,200					
나. 철근					60,626,361		60,626,361					
1) 철근콘크리트용봉강	D10mm, SD300	0.486	ton	749,270	364,145	749,270	364,145					
2) 철근콘크리트용봉강	D13mm, SD300	77.153	ton	738,740	56,996,007	738,740	56,996,007					
3) 철근콘크리트용봉강	D18mm, SD300	2.583	ton	733,470	1,894,553	733,470	1,894,553					
4) 철근콘크리트용봉강	D19mm, SD300	0.175	ton	733,470	128,357	733,470	128,357					
5) 철근콘크리트용봉강	HD13mm, SD400	1.683	ton	738,740	1,243,299	738,740	1,243,299					
다. 원심력철근콘크리트관					139,198,892		139,198,892					
1) 원심력철근콘크리트관(B형)	D250mm, 고무링 포함	1,592	m	15,400	24,516,800	15,400	24,516,800					
2) 원심력철근콘크리트관(B형)	D450mm, 고무링 포함	2,474	m	22,680	56,110,320	22,680	56,110,320					
3) 원심력철근콘크리트관(B형)	D600mm, 고무링 포함	649	m	38,048	24,693,152	38,048	24,693,152					
4) 원심력철근콘크리트관(B형)	D800mm, 고무링 포함	75	m	63,180	4,738,500	63,180	4,738,500					
5) 원심력철근콘크리트관(B형)	D900mm, 고무링 포함	59	m	87,956	5,189,404	87,956	5,189,404					
6) 원심력철근콘크리트관(B형)	D1000mm, 고무링 포함	219	m	109,364	23,950,716	109,364	23,950,716					
라. PC암거					407,427,500		407,427,500					
1) 조립식 PC암거(일반)	1@1.2×1.0, 토피1~3m	6	m	319,400	1,916,400	319,400	1,916,400					
2) 조립식 PC암거(일반)	1@1.5×1.0, 토피1~3m	509	m	361,700	184,105,300	361,700	184,105,300					
3) 조립식 PC암거(일반)	1@2.0×1.0, 토피1m 미만	249	m	629,200	156,670,800	629,200	156,670,800					

표 8.10 자재 수량 총괄표

품 명	규 격	단위	수량	비고
시멘트	40kg/포	포	132	
모래		m^3	2,474	
레미콘	25-24-150	m^3	61	
	25-24-120	m^3	812	
	25-21-150	m^3	50	
	25-18-120	m^3	159	
	25-21-80	m^3	1,258	
	25-21-150	m^3	74	
	25-18-80	m^3	2,579	
이형철근	D10 mm	ton	0.486	
	D13 mm	ton	81.182	
	D16 mm	ton	5.148	
	D19 mm	ton	0.175	
고장력철근	H13 mm	ton	0.572	
	H16 mm	ton	1.111	
아스콘	#78(표층용)	ton	5,042	
	칼라	ton	31	
	#67(중간층용)	ton	428	
	#467(기층용)	ton	4,334	
아스콘(재생)	#467(기층용)	ton	6,748	

품 명	규 격	단위	수량	비고
인터로킹블록	유색 t=6cm	m^2	11,218	
인조화강석투수블록	t=6cm	m^2	3,039	
장애인유도블록	유도블록(300×300×60)	개	508	
보차도경계석 (화강석)	200×250×1000, 직선	개	1,072	
	200×250×1000, 곡선	개	125	
	200×250~100×1000, 직선, 경사	개	25	
	200×250~100×1000, 곡선, 경사	개	37	
	200×100×1000, 직선, 낮춤석	개	97	
	200×100×1000, 곡선, 낮춤석	개	134	
	180×200×1000, 직선	개	5,822	
	180×200×1000, 곡선	개	313	
	180×200~100×1000, 직선, 경사	개	35	
	180×200~100×1000, 곡선, 경사	개	204	
	180×100×1000, 직선, 낮춤석	개	117	
	180×100×1000, 곡선, 낮춤석	개	476	

표 8.11 **예정 공정표**

(단위 : %)

공 종	보할	착수일로부터										비고
		3개월	6개월	9개월	12개월	15개월	18개월	21개월	24개월	27개월	30개월	
단지조성공사	100	3.0	5.5	11.5	20.2	35.5	51.5	69.2	85.7	97.0	100.0	
토공	15			4.00	3.00	3.00	2.00	2.00	1.00			
				4.00	7.00	10.00	12.00	14.00	15.00			
포장공	35					5.00	6.00	8.00	8.00	7.00	1.00	
						5.00	11.00	19.00	27.00	34.00	35.00	
우수공	20				4.00	6.00	6.00	3.00	1.00			
					4.00	10.00	16.00	19.00	20.00			
상수공	3						1.00	1.00	1.00			
							1.00	2.00	3.00			
오수공	2				0.50	0.80	0.50	0.20				
					0.50	1.30	1.80	2.00				
저류지공	1			0.50	0.50							
				0.50	1.00							
조경공	14							3.00	5.00	4.00	2.00	
								3.00	8.00	13.00	15.00	
부대공	10	3.00	2.50	1.50	0.70	0.50	0.50	0.50	0.50	0.30		
		3.00	5.50	7.00	7.70	8.20	8.70	9.20	9.70	10.00		
계	금 회											
	누 계											

※ 저류지 공사는 착공일정에 따른 공정계획 수립시 우기를 피하여 계획하여야 함.

표 8.12 가설사무실 및 가설창고 설계기준
(2019년 건설공사 표준품셈 제2장 가설공사, 국토교통부, 한국건설기술연구원)

직접 노무비	현장사무소(㎡)		기자재창고 (㎡)	숙소 (㎡)
	감독 · 감리자	수급자		
1.5억 미만	40	50	40	60
1.5~3억	60	75	50	70
3~9억	80	100	60	80
9~30억	100	130	80	100
30~90억	150	200	100	180
90~150억	200	300	120	260
150억 이상	250	430	120	350

주) 직접노무비는 가설물의 조립해체(부지조성비 포함)에 소요되는 노무비를 제외한 모든 직접노무비의 총금액으로 함.

표 8.13 가설물 기준면적
(2019년 건설공사 표준품셈 제2장 가설공사, 국토교통부, 한국건설기술연구원)

종 별	용 도	기준면적	비 고
식당	30인 이상일 때	$1m^2$	1인당
근로자숙소		$4.2m^2$	1인당
휴게실	기거자 3명당 $3m^2$	$1.0m^2$	1인당
화장실	대변기 : 남자 20명당 1기 여자 15명당 1기 소변기 : 남자 30명당 1기	$2.2m^2$	1변기당(대 · 소변)
탈의실 · 샤워장		$2.0m^2$	1인당
창고	시멘트용	1식	수급계획에 의한 순환 저장용량 비교
목공작업장	거푸집용	$20m^2$	거푸집 사용량 $1,000m^2$당
철근공작업장	가공, 보관	$30\sim60m^2$	사용량 100ton당
철골공작업장	공작도 작성 현장가공 및 재료 보관	$30m^2$ $200m^2$	사용량 100ton당(필요시) 사용량 100ton
석공작업장	가공 및 공작도 작성	$70\sim100m^2$	매월 가공량 $10m^2$당(필요시)
콘크리트	주위벽 막을 때	$0.7m^2$	골재 $1m^2$당
골재적치장	주위벽 안 할 때	$1.0m^2$	골재 $1m^2$당

제 8 장 연습문제

1 아래의 내용을 설명하시오.

1) 단가기준(노임단가, 자재단가, 유류단가, 환율)

2) 사급자재 단가조사표

3) 원가계산서

4) 설계총괄내역서 및 설계내역서

5) 일위대가표

6) 관급자재총괄표 및 관급자재상세표

7) 자재수량 총괄표

8) 예정공정표

9) 가설사무실 및 가설창고 설계기준

10) 가설물 기준면적

3 용역 원가계산

9 엔지니어링 사업대가

기술을 바탕으로 한 무형의 제품을 판매하고 있는 엔지니어링 사업은 그 품질이 사전에 판명되지 않으므로 기술능력을 기준으로 사업 수행자를 선정하고, 가격에 대한 보호장치로서 대가를 산출할 수 있는 기준을 사전에 확보하기 위해 한국엔지니어링진흥협회가 산업통산자원부장관의 인가를 받아 정한다.

엔지니어링 산업진흥법 제31조 제2항 엔지니어링 사업대가의 기준에서 산업통산자원부장관은 엔지니어링 사업대가의 기준을 인가하는 경우 기획재정부장관 및 국토교통부장관과 미리 협의해야 한다.

엔지니어링 사업대가는 산업통산자원부 고시 제2017-67호(2017년 5월 15일 일부개정)를 참조하여 발췌하였다.

9.1 엔지니어링 업무범위

엔지니어링 업무범위에서 공사비요율에 의한 방식을 적용하는 기본설계 · 실시설계 및 공사감리의 업무범위는 다음과 같다.

공사비요율에 의한 방식이란 공사비에 일정요율을 곱하여 산출한 금액에 추가업무비용과 부가가치세를 합산하여 대가를 산출하는 방식을 말한다.

1) 기본설계

① 설계개요 및 법령 등 각종 기준 검토

② 예비타당성 조사, 타당성 조사 및 기본계획 결과의 검토
③ 설계요강 결정 및 설계지침 작성
④ 기본적인 구조물 형식의 비교 · 검토
⑤ 구조물 형식별 적용공법의 비교 · 검토
⑥ 기술적 대안 비교 · 검토
⑦ 대안별 시설물의 규모, 경제성 및 현장 적용 타당성 검토
⑧ 시설물의 기능별 배치 검토
⑨ 개략공사비 및 기본공정표 작성
⑩ 주요 자재 · 장비 사용성 검토
⑪ 설계도서 및 개략 공사시방서 작성
⑫ 설계설명서 및 계략계산서 작성
⑬ 기본설계와 관련된 보고서, 복사비 및 인쇄비

2) 실시설계

① 설계 개요 및 법령 등 각종 기준 검토
② 기본설계 결과의 검토
③ 설계요강 결정 및 설계지침 작성
④ 구조물 형식 결정 및 설계
⑤ 구조물별 적용 공법 결정 및 설계
⑥ 시설물의 기능별 배치 결정
⑦ 공사비 및 공사기간 산정
⑧ 상세공정표 작성
⑨ 시방서, 물량내역서, 단가규정 및 구조 및 수리계산서 작성
⑩ 실시설계와 관련된 보고서, 복사비 및 인쇄비

3) 공사감리

① 시공계획 및 공정표 검토
② 시공도 검토
③ 시공자가 제시하는 시험성과표 검토
④ 공정 및 기성고 사정

⑤ 시공자가 제시하는 내역서, 구조 및 수리계산서 검토

⑥ 기성도 및 준공도 검토

9.2 엔지니어링 사업대가 산출원칙

엔지니어링 사업대가 산출은 실비정액가산방식(직접인건비, 직접경비, 제경비, 기술료와 부가가치세를 합산하여 대가를 산출하는 방식)을 원칙으로 하고 있지만 다음의 경우에는 공사비요율에 의한 방식을 적용한다.

① 건설 부문 엔지니어링 사업

② 통신 부문의 엔지니어링 사업

③ 산업플랜트 부문의 엔지니어링 사업

건설기술진흥법 제39조의 규정(건설공사의 건설사업관리 시행)에 의하여 건설사업관리 전문회사가 국내에서 수주하는 건설사업관리의 경우에는 엔지니어링 사업대가가 아닌 제10장에서 설명하는 건설공사 건설사업관리용역 대가기준을 적용해야 한다.

9.3 공사비요율에 의한 방식

공사비요율에 의한 방식은 공사비에 일정요율을 곱하여 산출한 금액에 엔지니어링산업진흥법 제31조(엔지니어링 사업대가의 기준) 규정에 의한 추가업무 비용과 부가가치세를 합산하여 대가를 산출하는 방식을 말한다.

1) 사업대가의 산출

(1) 대가의 구성

사업대가는 공사비요율을 적용하는 경우 다음의 식을 이용하여 산출한다.

사업대가=(공사비×요율)+추가 업무비용

(2) 공사비

공사비=총공사비 예정금액(자재비 포함)−(용지비+보상비+법률수속비+부가가치세)

(3) 요 율

건설부문의 엔지니어링 사업대가의 요율은 표 9.1과 같다.

(4) 요율적용의 특례

여러 부문의 기술이 복합된 엔지니어링 사업은 실비정액가산방식에 의하여 산출한다.

(5) 공사비가 중간에 있을 때의 요율–직선보간법

공사비가 요율표의 각 단위 중간에 있을 때의 요율은 직선보간법에 의하여 다음과 같이 산정한다.

$$Y = Y_1 - \frac{(X - X_2)(Y_1 - Y_2)}{X_1 - X_2}$$

여기서, X=당해 금액, X_1=큰 금액, X_2=작은 금액

Y=당해 공사비 요율, Y_1=작은 금액의 요율, Y_2=큰 금액의 요율

표 9.1 건설부문의 엔지니어링 사업대가 요율(산업통상자원부 고시 제2017–67호, 2017.5.15)

요율 / 공사비	업무별 요율(%)			
	기본설계	실시설계	공사감리	계
5천만원 이하	3.24	6.49	3.02	12.75
1억원 이하	3.04	6.07	2.85	11.96
2억원 이하	2.42	4.85	2.26	9.53
3억원 이하	2.22	4.43	2.06	8.71
5억원 이하	2.01	4.03	1.89	7.93
10억원 이하	1.77	3.55	1.66	6.98
20억원 이하	1.63	3.27	1.53	6.43
30억원 이하	1.57	3.15	1.48	6.20
50억원 이하	1.54	3.09	1.45	6.08
100억원 이하	1.51	3.01	1.41	5.93
200억원 이하	1.46	2.91	1.37	5.74
300억원 이하	1.45	2.90	1.35	5.70
500억원 이하	1.41	2.84	1.33	5.58

표 9.1 (표 계속)

공사비 \ 요율	업무별 요율(%)			
	기본설계	실시설계	공사감리	계
1,000억원 이하	1.40	2.79	1.30	5.49
2,000억원 이하	1.38	2.76	1.28	5.42
3,000억원 이하	1.37	2.72	1.25	5.34
5,000억원 이하	1.34	2.70	1.23	5.27
5,000억원 초과	• 기본설계요율 $= 2.75 \times (\text{공사비})^{-0.0265} - 0.006822$ • 실시설계요율 $= 5.0 \times (\text{공사비})^{-0.0229}$ • 공사감리요율 $= 3.4816 \times (\text{공사비})^{-0.0386} - 0.00084$			

주) ① 건설부문이라 함은 엔지니어링산업진흥법시행령 별표1의 건설 부문(농어업토목 분야 및 상하수도 중 정수 및 하수, 폐수처리시설 등 환경플랜트를 제외한다)과 설비 부문을 말한다.
② 공사감리란 비상주감리를 말한다.
③ 5,000억원 초과의 경우 공식에 의해 산출된 요율은 소수점 셋째자리에서 반올림한다.
④ 기본설계, 실시설계, 공사감리의 업무 범위는 엔지니어링 사업대가 기준 제14조와 같다.

2) 추가업무비용

(1) 기본설계 · 실시설계 및 공사감리의 업무범위에 포함되지 않는 업무로서 다음 각 호의 어느 하나에 해당하는 경우를 추가업무로 본다. 이 경우 해당 추가업무에 대하여는 별도로 그 대가를 지급하여야 한다.

① 발주청의 요구에 의한 추가업무
② 엔지니어링사업자의 책임에 귀속되지 아니하는 사유로 인한 추가업무
③ 그밖에 발주청의 승인을 얻어 수행한 추가업무

(2) 제1항에 따른 추가업무의 종류는 다음 각 호와 같다.

① 각종 측량
② 각종 조사, 시험 및 검사
③ 공사감리를 위하여 현장에 근무하는 기술자의 제비용
④ 주민의견 수렴 및 각종 인 · 허가에 필요한 서류 작성
⑤ 입목축적조사서 등 각종 조사서 작성
⑥ 사전재해영향검토, 자연경관영향검토, 생태환경조사 등 사전환경성 검토
⑦ 문화재 지표조사
⑧ 전파환경 분석 및 보고서 작성
⑨ 운영계획 등 각종 계획서 작성

⑩ 통신장비의 운용 및 인터페이스 등 통신소프트웨어 분석
⑪ 수리모형실험 및 수치모델실험 및 시뮬레이션
⑫ LEED(Leadership in Energy and Environmental Design)
IBS(Intelligent Building System)
TAB(Testing Adjusting Balancing)
EMP(Electro Magnetic Pulse)
⑬ BIM(Building Information Modeling)
⑭ 모형제작, 투시도 또는 조감도 작성
⑮ 제14조 업무범위에 해당하지 않는 보고서 작성, 복사비 및 인쇄비
⑯ 용지도 작성비 및 보상물 작성비(용지비 및 보상물 감정업무 제외)
⑰ 항공사진 촬영(원격조정무인헬기 포함)
⑱ 특수자료비(특허, 노하우 등의 사용료)
⑲ 홍보영상 제작
⑳ 관련 법령에 따라 계약상대자의 과실로 인하여 발생한 손해에 대한 손해배상보험료 또는 손해배상공제료
㉑ 그밖에 위 각호에 준하는 추가업무

(3) 제2항제2호부터 13호까지의 비용은 실비정액가산방식에 따라 비용을 산출하며, 같은 항 제14호부터 제20호까지의 비용은 실제 소요된 비용만을 지급한다. 제21호의 비용은 업무의 성격에 따라 각호의 비용산출에 준하여 정한다.

3) 대가의 조정

(1) 설계변경에 의한 조정

① 계약체결 후 90일 이상 경과하고, 물가의 변동으로 당초의 대가에 비해 100분의 3 이상이 증감되었다고 인정될 경우
② 발주자의 요구에 의한 업무변경이 있는 경우
③ 엔지니어링사업 계약에 있어 사업기간, 사업규모 변경 등 계약의 내용이 변경된 경우
④ 계약당사자 간에 합의하여 특별히 정한 경우

(2) 요율의 조정

요율은 다음 사항을 참고하여 10%의 범위에 대한 증액 및 감액을 할 수 있다.

① 기획 및 설계의 난이도
② 비교설계의 유무
③ 도면, 기타 자료작성의 복잡성
④ 제출 자료의 수량 등

(3) 대가조정의 제한

발주자는 엔지니어링의 활동주체가 엔지니어링 사업을 수행함에 있어 새로운 기술개발 또는 도입된 기술의 소화 개량으로 공사비를 절감한 경우 이러한 이유로 대가를 감액 조정할 수 없다.

9.4 실비정액가산방식

실비정액가산방식은 직접인건비, 직접경비, 제경비, 기술료와 부가가치세를 합산하여 대가를 산출하는 방식을 말한다.

1) 엔지니어링 사업대가의 구성

직접인건비, 직접경비, 제경비와 기술료의 합계액으로 대가를 산출하는 방식을 말한다.

2) 직접 인건비

(1) 임 금

당해 업무에 직접 종사하는 기술자의 기본급, 제수당, 상여금, 퇴직급여충당금, 회사가 부담하는 산업재해보상보험료, 국민연금, 건강보험료, 고용보험료, 퇴직연금급여 등을 포함한다.

직접인건비=투입 인원수×엔지니어링 기술자의 기술등급별 노임단가

기술자의 등급별 엔지니어링사업 노임단가는 한국엔지니어링협회가 통계법에 의하여 조사·공표한 가격인 표 9.3을 적용한다. 다만, 건설 상주건설사업관리의 경우에는 계약당사자가 협의하여 한국건설사업관리협회의 통계법에 의하여 조사·공표한 가격인 표 10.3을 적용할 수 있다.

(2) 엔지니어링기술자의 노임단가 적용기준

① 엔지니어링기술자의 노임단가는 1일 8시간, 1개월의 일수는 통계법에 의하여

한국엔지니어링협회가 조사 · 공표하는 임금실태보고서에 따른다. 다만, 토요휴무제를 시행하는 경우와 1일 8시간을 초과하는 경우에는 근로기준법을 적용한다.

② 출장일수는 근무일수에 가산하며, 이 경우 수탁자의 사업소를 출발한 날로부터 귀사한 날까지를 계산한다.

③ 엔지니어링 사업수행 기간 중 민방위기본법 또는 향토예비군설치법에 의한 훈련기간과 국가기술자격법 등에 의한 교육기간은 당해 엔지니어링 사업을 수행한 일수에 산입한다. 기술자의 등급 및 자격기준은 표 9.2와 같고, 엔지니어링 기술 부문별 기술자의 노임단가는 표 9.3과 같다.

표 9.2 기술자의 등급 및 자격기준(엔지니어링산업진흥법 시행령 제4조 관련, 2017.12.29 일부개정)

등급 \ 구분	국가기술자격자	학력자
기술사	해당 전문 분야의 관련 기술사자격을 가진 사람	
특급기술자	1) 해당 전문 분야의 관련 기사자격을 가진 사람으로서 해당 전문 분야의 관련 업무를 10년 이상 수행한 사람 2) 해당 전문 분야의 관련 산업기사자격을 가진 사람으로서 해당 전문 분야의 관련 업무를 13년 이상 수행한 사람	
고급기술자	1) 해당 전문 분야의 관련 기사자격을 가진 사람으로서 해당 전문 분야의 관련 업무를 7년 이상 수행한 사람 2) 해당 전문 분야의 관련 산업기사자격을 가진 사람으로서 해당 전문 분야의 관련 업무를 10년 이상 수행한 사람	
중급기술자	1) 해당 전문 분야의 관련 기사자격을 가진 사람으로서 해당 전문 분야의 관련 업무를 4년 이상 수행한 사람 2) 해당 전문 분야의 관련 산업기사자격을 가진 사람으로서 해당 전문 분야의 관련 업무를 7년 이상 수행한 사람	
초급기술자	1) 해당 전문 분야의 관련 기사자격을 가진 사람 2) 해당 전문 분야의 관련 산업기사자격을 가진 사람으로서 2년 이상 해당 전문 분야의 관련 업무를 수행한 사람	1) 해당 전문 분야의 관련 석사학위를 가진 사람 2) 해당 전문 분야의 관련 학사학위를 가진 사람 3) 해당 전문 분야의 관련 전문대학을 졸업한 사람으로서 3년 이상 해당 전문 분야의 관련 업무를 수행한 사람

표 9.3 엔지니어링 기술 부문별 기술자 노임단가(한국엔지니어링협회)
(2018년도 적용) (단위 : 원)

구 분	건설	원자력	환경
기 술 사	363,289	461,737	352,065
특급 기술자	276,720	448,259	266,641
고급 기술자	224,307	309,433	234,230
중급 기술자	198,567	260,755	196,148
초급 기술자	156,448	227,870	161,365
고급숙련 기술자	196,898	265,599	166,433
중급숙련 기술자	162,349	253,960	158,090
초급숙련 기술자	147,296	147,578	140,341
평균근무일수	22일	22일	22일

* 한국엔지니어링협회 공표(2018년 1월 1일)

3) 직접경비

당해 업무수행에 필요한 여비(발주청 관계자 여비는 제외함), 특수자료비(특허, 노하우 등의 사용료), 제출도서의 인쇄 및 청사진비, 측량비, 토질 및 재료 등의 시험비 또는 조사비, 모형제작비, 타 전문기술자에 대한 자문비 또는 위탁비와 현장 운영경비(직접인건비에 포함되지 아니한 보조원의 급여와 현장사무실의 운영비를 말한다) 등을 포함하여 그 실제 소요비용을 말한다. 단, 건설사업관리의 경우 주재비는 상주 직접인건비의 30%로 하고, 국내출장 여비는 비상주 직접인건비의 10%로 한다.

4) 제경비

직접비(직접인건비와 직접경비)에 포함되지 아니하는 비용으로서 엔지니어링 사업자의 행정운영을 위해 기획, 경영, 총무 분야 등에서 발생하는 간접경비를 말하며, 임원 · 서무 · 경리직원 등의 급여, 사무실비 · 사무용 소모품비, 비품비, 기계기구의 수선 및 상각비, 통신운반비, 회의비, 공과금, 운영활동 비용 등을 포함하여 직접인건비의 110~120%로 계산한다. 다만, 관계법령에 따라 계약상대자의 과실로 인하여 발생한 손해에 대한 손해배상보험료 또는 손해배상공제료는 별도로 계산한다.

5) 기술료

엔지니어링사업자가 개발 · 보유한 기술의 사용 및 기술축적을 위한 대가로서, 조사연구비, 기술개발비, 기술훈련비 및 이윤 등을 포함한 것으로서 직접인건비에 제경비(단, 손해배상보험료 또는 손해배상공제료는 제외함)를 합한 금액의 20~40%로 한다.

6) 시공상세도 작성비의 요율은 표 9.4, 시공상세도 1장당 단가 산출근거는 표 9.5, 공종별 시공상세도면의 작성난이도는 표 9.6과 같다.

표 9.4 시공상세도작성비의 요율 (산업통상자원부고시 제 2017-67호, 2017.5.15)

요율 / 공사비	시설물 난이도별 요율(%)		
	단순	보통	복잡
1억원 이하	1.31	1.46	1.61
2억원 이하	1.15	1.28	1.41
3억원 이하	1.06	1.18	1.30
5억원 이하	0.96	1.07	1.18
10억원 이하	0.85	0.94	1.03
20억원 이하	0.74	0.82	0.90
30억원 이하	0.68	0.76	0.84
50억원 이하	0.62	0.69	0.76
100억원 이하	0.54	0.60	0.66
200억원 이하	0.48	0.53	0.58
300억원 이하	0.44	0.49	0.54
500억원 이하	0.40	0.44	0.48
1,000억원 이하	0.35	0.39	0.43
2,000억원 이하	0.31	0.34	0.37
3,000억원 이하	0.28	0.31	0.34
5,000억원 이하	0.25	0.28	0.31
5,000억원 초과	단순공종요율 $= 45.5535 \times (\text{공사비})^{-0.1924}$ 보통공종요율 $= 50.6135 \times (\text{공사비})^{-0.1924}$ 복잡공종요율 $= 55.6734 \times (\text{공사비})^{-0.1924}$		

※ 비고. 5,000억원 초과의 경우 공식에 의해 산출된 요율은 소수점 셋째자리에서 반올림한다.

표 9.5 시공상세도 1장당 단가 산출근거 (산업통상자원부 고시 제 2017-67호, 2017.5.15)

작성 난이도	1장당 단가 산출근거
단 순	{(0.24×초급기술자 노임단가)+(0.49×중급숙련기술자 노임단가)}
보 통	{(0.34×중급기술자 노임단가)+(0.70×중급숙련기술자 노임단가)}
복 잡	{(0.20×고급기술자 노임단가)+(0.44×중급기술자 노임단가)+(0.91×중급숙련기술자 노임단가)}

표 9.6 공종별 시공상세도면의 작성 난이도 (산업통상자원부 고시 제 2017-67호, 2017.5.15)

공 종	세 부 사 항	난이도
철근공	가. 부재별 철근 배근 전개도 나. 겹이음 위치 및 길이, 기계적 연결 또는 용접이음의 위치 ① 배근상세도 검토 후 길이별 반입철근 계획수립(8, 10, 12m) ② 구조상 안전위치 선정, 겹이음 위치와 길이 등을 고려한 자투리 철근 최소화(구조물, 암거표준도, 옹벽표준도의 이음부 확인 후 결정) ③ 정 · 부철근의 유효간격 및 철근피복두께 유지용 스페이서 및 고임대의 위치, 설치방법 및 가공을 위한 상세도면 ④ 특수 구조물의 수직철근 조립방법 및 작업 중 전도방지 계획도 ⑤ 철근 구부리기 상세, 철근재료표(철근개수, 형상과 규격, 길이, 중량 포함), 철근의 위치	복 잡
토공	가. 흙깎기 (절토) ① 소단폭원, 절취고 및 구배(절토부 개소당 대표단면) ② 소단, 산마루, 측구, 도수로 위치	단 순
	나. 흙쌓기 (성토) ① 흙쌓기 최종 마무리면별 길어깨 ② 본선 및 중분대 표준횡단계획도(성토부 개소당 대표단면) ③ 토사 측구 설치 계획도	단 순
	다. 다 짐 ① 노체 노상의 토사 다짐 흙쌓기 두께 및 종류 ② 토사 다짐순서도	단 순
불량토 치환공	가. 지층조사 ① 확인심도, 확인계획도(종단, 횡단방향) - 심도별, 이정별 연결도	복 잡
지반 개량공	가. 지층조사 ① 확인심도 확인계획도(종단, 횡단방향) : 심도별, 이정별 연결도	복 잡
	나. PE, PET 매트 ① 성토 폭원을 고려한 위치별 매트의 공장제작 계획도 ② 현장 및 공장 봉합방법	복 잡
	다. 연약지반상 배수구조물 기초 치환 ① 치환폭, 깊이	복 잡
	라. 모래말뚝 및 Pack drain ① 배수계획도	복 잡
	마. 계측 기기 ① 설치위치 평면도 ② 설치방법 ③ 설치위치 변경 및 깊이(길이) ④ 계측 기기 보호시설	복 잡
	바. 지반보강 계획도 ① 사용재료, 주입범위, 깊이	복 잡

표 9.6 (계속)

공 종	세 부 사 항	난이도
구조물공 (공통사항)	가. 일반 구조물 ① 단면변화부 ② 시공순서도(콘크리트 타설순서도 포함) ③ H-파일 매몰부 보강 ④ 구조물 개구부 보강(후속공정을 고려한 개구부 위치) ⑤ 콘크리트 타설이음 (시공이음) ⑥ 콘크리트 타설계획서 ⑦ 각종 콘크리트 배합설계서 ⑧ 강연선 인장장비 배치, 순서, 방법 ⑨ 콘크리트 투입구 위치, 개소수, 규격 ⑩ 지수판 상세도	복 잡
	나. 거푸집 ① 모따기 위치 ② 문양거푸집 등의 사용시 설치계획도 및 철근 피복두께 표시도 ③ 시공 이음부 처리도 ④ 동바리 설치도	보 통
배수공	가. 공통사항 ① 타 시설물과의 연결부 및 연장 끝부분 처리도 나. L형 측구 ① 형식변경부 접속처리와 문양거푸집 사용시 설치계획도 다. U형 측구(용수로 포함) ① 배수종단도 라. V형 측구 ① 배수종단도 ② 선형 ③ L형 측구 또는 U형 측구와 접속연결부 처리 마. 산마루 측구 ① 선형 ② L형 측구 또는 U형 측구와 접속연결부 처리	단 순
	바. 암거 및 배수관(문) ① 확장공사시 가시설 설치도 ② 지형여건을 고려한 연장, 규격, 스큐(Skew), 피토고, 구배 ③ 설계 E.L이 암거 중심 기준이므로 암거길이 방향으로 최대 피토고 위치에서의 단면검토와 시공시 암거상면이 포장층 내에 위치할 경우 보강슬래브 또는 접속슬래브 설치도 ④ 통로암거 특수거푸집 설치계획도(피복두께 확보방안 포함) ⑤ 인접한 암거, 배수관, 측구용 배수로간 날개벽 연결부 처리도 ⑥ 분할 시공시 시공이음부 처리도 ⑦ 날개벽과 도수로 연결상세도	복 잡
	사. 옹벽 ① 배수구멍 위치도 및 잡석채움 시공도 ② 문양거푸집 설치도 ③ 조립 철근 설치상세도 ④ 시공이음 위치 및 상세도(Water Stop etc..) 아. 밸브 박스 ① 배관구 설치상세도 ② 출입구 뚜껑 및 그라이팅(Grating) 설치상세도	복 잡

표 9.6 (계속)

공 종	세 부 사 항	난이도
배수공	자. 기 타 ① 맹암거 설치계획도 ② 절 · 성토 경사면 녹화계획도 ③ IC 및 정션 구간 내 녹지대 배수계획도 ④ 절 · 성토 경사면 보호를 위한 소단 및 사면배수(도수)계획도	단 순
포장공	가. 시멘트 콘크리트 및 아스팔트 콘크리트 포장 ① 센서라인 설치계획도(위치, 간격) ② 교량 접속슬래브의 종단구배, 편구배를 고려한 세부계획도	보 통
교량공	가. 기 초 ① 가시설이 필요한 터파기에서의 가시설도	복 잡
	나. 교대, 교각 ① 시공이음부 처리도 ② 교좌면 : 받침(shoe)별 교좌면 시공계획도(E.L표기) ③ 대기온도, 건조수축 크리프 등을 고려한 받침(Shoe)의 유간 설치 계산서 ④ 확장공사 시 가시설 설치도 ⑤ 교량받침 교체 위한 잭(Jack) 설치도 ⑥ 슬래브 배수처리 위한 교대 주변 배수 처리도 ⑦ 교대배면 뒷채움 처리도	보 통
	다. 교량받침 ① 교량받침 설치계획도 ② 최소 연단거리 고려 앵커 설치도(코핑 철근에 고정 또는 후시공 시 블록아웃 규격, 재료, 깊이 등을 명기) ③ 솔플레이트와 윗받침 연결도(용접, 볼트이음, 쐐기형 처리 등)	단 순
	라. 신축이음장치 ① 신축이음장치 설치도(슬래브 철근 조립 전 제출) - 선정제품의 폭, 두께와 상부형식에 따른 신축이음장치 설치부의 교량슬래브 단부조정 등을 명기 - 신축이음장치 설치규격에 상응한 블록아웃(Block out) 폭, 두께 - 앵커철근 용접 시 대기온도에 따른 신축이음장치 설치폭 계산서 ② 슬래브 양측난간 누수방지를 위한 물막이 처리도	보 통
	마. 강 교 ① 강교 제작계획서(각 부재의 절단 가공, 용접 검사 현도) ② 가설계획도 (가벤트 설치도, 부재 체결순서도, 투입장비 배치도, 볼트체결 순서도) ③ 데크 플레이트 설치도(재질, 규격, 형상, 부착방법) ④ 강교부재 운반계획서(중량, 폭, 길이, 높이 검토) ⑤ 공장 및 현장 도장 계획서	복 잡

표 9.6 **(계속)**

공 종	세 부 사 항	난이도
교량공	바. P.S.C BEAM교 ① P.S.C BEAM 구조도 (표준도 사용) ② 강제 거푸집 상세도 (표준도 사용) ③ 스큐(Skew) 종단, 편구배구간 설치계획도 ④ 전도방지 시설도 ⑤ 제작장 평면계획(Beam 배치) 및 바닥 조성(다짐, 배수)계획	보 통
	사. 바닥판 ① 배수구 설치계획도 (특히 거더교의 경우 보 및 가로보 위치에 배수구멍 설치가 곤란하므로 적정한 간격 및 위치 조정이 필요하며 교량 하부 조건에 따른 배수관 길이 및 접수구 설치 위치) ② 배수구멍 주변 철근보강 ③ 물끊기 위치 및 재료, 규격 ④ 슬래브 콘크리트 타설 데크피니셔 설치도 ⑤ 가로등 설치구간 및 광통신 라인 설치구간 세부계획도 ⑥ 난간 방호벽 광통신 파이프 배치 및 철근배근도	보 통
터널공	가. 굴 착 ① 굴착순서 및 단면도 ② 발파계획도(천공깊이, 방향 및 위치) ③ 터널 입 · 출구부 절취 계획도 ④ 시 · 종점부의 중심좌표 및 E.L 확인 ⑤ 천공패턴 ⑥ 천공배열도 및 기폭배열도 ⑦ 발파용 매트나 덮개 표준도	보 통
	나. 계 측 ① 계측기기 설치 위치도 ② 계측기기 보호시설도	단 순
	다. 배수구 및 공동구 ① 시공 중 배수처리 계획도 ② 공동구와 집수정과의 배수관 연결 ③ 포장 E.L과 비교 공동구 상단 E.L	보 통
	라. 라이닝 ① 거푸집 도면(콘크리트 투입구 및 검사구, 단부마감) ② 수축 및 팽창줄눈 설치도 ③ 라이닝과 개구부 철근연결 및 시공이음부 처리도 ④ 철제 동바리	복 잡
	마. 타 일 ① 배치도, 수축 및 팽창줄눈 설치도	보 통

표 9.6 (계속)

공 종	세 부 사 항	난이도
부대공	가. 방 음 벽 ① 신축이음장치 설치부 처리도(지주간격, 방음판, 길이) ② 방음벽용 옹벽과 교량부 방호난간, 가드레일 또는 L형 측구, V형 측구 등과의 접속부 처리도 ③ 종단구배가 급한 곳의 방음벽 옹벽 처리도 ④ 방음벽 출입시설 설치 위치도 및 상세도	보 통
	나. 중앙분리대 ① 토공부와 교량부의 접속부 처리도 (교량 신축이음부) ② 기초 및 구체 기계 시공시 센서라인 설치계획도	보 통
	다. 울타리 ① 기둥과의 접속부 처리도 ② Y형 앵글 설치계획도 ③ 울타리 설치계획도	단 순
	라. 기 타 ① 영업소 시설 상세도 ② 노면 표지 상세도 ③ 안전시설 상세도	보 통
가시설공	가. 흙막이 가시설공 ① H-파일, Sheet-파일 : 위치별 규격 및 근입길이, 간격, 이음부 연결상세(필요시), 횡토압 지지방법 (H-파일 또는 어스앵커 사용 등) ② 흙막이 공법 표기 ③ 토류판 : 재질, 폭, 두께, 길이 ④ 지장물로 인한 가시설 변경시 ⑤ 어스앵커 : 근입길이, 종 · 횡방향 간격, 정착 헤드 크기 및 방법, 그라우팅 제원 및 상세 ⑥ 형태별 단면도 ⑦ 가시설 상세도, 시공순서도, 수직 피스 제작, 코너 피스 제작	복 잡
	- 주형보 받침 및 연결 - 보강재(Stiffener) 설치 - 띠장 우각부 연결 - 띠장 연결 - 파일 연결 - 버팀보 보강용 브레이싱 - 중간파일 보강용 브레이싱 및 ㄷ형강 설치 - 주형보 브레이싱 - 피스 브래킷 제작 - 토류용 앵글 설치 - 버팀보 제작 - 띠장 설치 - 잭(Jack) 설치 - 수직 피스제작 - 제작 복공 설치도 - 장비통로 및 작업구 버팀보 보강 - 작업구 안전 울타리 - 주형보 X-브레이싱 - 보조파일 - 사보강재 - 화타쐐기 - 중간말뚝 방수처리 - H-파일 개구부 마감 - 보걸이 - 진입부 상세 - U볼트 - 작업계단 및 점검통로 - 버팀보 연결	

표 9.6 (계속)

공 종	세 부 사 항	난이도
가시설공	나. 가 교 ① 연장, 폭원, 통과높이, H-파일의 근입 깊이, 강재 규격, 난간설치 방법, 포장단면, 연결가도 테이퍼 및 연장, 기타 사항 ② 이음부 용접 및 볼트 체결도	보 통
	다. 가 시 설 ① 안전시설, 안전도색 ② 가설건물 배치 현황	단 순
	라. 가도 및 가물막이 ① 연장, 폭원 ② 접속처리도(본선, 가교 접속부, 테이퍼 등) ③ 배수시설도	보 통
	마. 기 타 ① 구조물(암거, 교량, 배수관) 시공 전 가배수 시설 ② 가도, 가교 및 가시설 설치에 따른 길어깨 안전 시설 ③ 상판가설장비(MSS, FSM, FCM) 설치계획도, 가설장비 재료, 규격, 형상, 가설장비 운영(작동)	보 통
상하수 도공	가. 공통사항 ① 타시설물과의 연결부 접속처리도, 계획평면도	단 순
	나. 관접합부설 ① 밸브실 및 유량계실 설치위치도 및 배관상세도 ② 수평, 수직곡관 위치도 ③ 지형여건을 고려한 관로 연장, 규격, 토피, 경사	보 통
	다. 기타 ① 곡관보호공 상세도	단 순
옹벽 및 기타	가. 옹 벽 ① 구간별 전개도(시공이음, 개구부 위치) ② 날개벽과의 연결부 처리도(교량 및 암거, 배수관) ③ 배수구멍 위치도 ④ 옹벽 위 표지판 등 설치구간 단면 보강도 ⑤ 집수정과의 연결도 ⑥ 다이크와 연결부 처리도 ⑦ 조립 철근 상세도	복 잡
	나. 기 타 ① 양생, 보온 세부사항 ② I.L.M, P.S.M, F.C.M, 사장교 등 특수교량의 경우 시방 및 특수성에 기인한 부위별 시공상세도 ③ 각 교량별 유지관리 점검시설의 필요한 부분 상세도	보 통

표 9.6 (계속)

공 종	세 부 사 항	난이도
교통안전 시설	가. 표지판 ① 표지판 설치계획도(종 · 횡단상 위치, 매설 깊이) ② 지주 또는 트러스와 결속부 처리도 ③ 앵커볼트 시공계획	단 순
	나. 교통처리계획 ① 단계별 교통처리계획 ② 차선변경에 따른 단계별 복공계획	보 통
기타	① 기타 규격, 치수, 연장 등이 불명확하여 시공에 어려움이 예상되는 부위의 각종 상세도면 ② 공사용 진입로 및 유지관리도로 위치, 연장, 폭원	보 통

비고 1. 다만, 공장에서 제작하고 별도의 전문감리를 시행중인 강교 시공상세도는 작성 대상에서 제외한다.

2. 상기에 표시되지 않은 특수공종 및 기타 시공상세도면에 대한 작성 난이도는 발주청과 상의하여 정한다.

제 9 장 연습문제

1 아래에 있는 내용을 설명하시오.

1) 엔지니어링에서 건설분야의 기본설계 업무 범위
2) 엔지니어링에서 건설분야의 실시설계 업무 범위
3) 공사비 요율에 의한 방식
4) 직선보간법
5) 실비정액가산방식
6) 추가업무 내용
7) 대가와 요율의 조정
8) 기술자의 등급 및 자격기준
9) 엔지니어링 기술자의 노임단가
10) 시공상세도 1장당 단가 산출근거

2 아래에 있는 내용을 계산하시오.

1) 공사비가 1억5천만원인 경우 기본설계비
2) 공사비가 150억원인 경우 실시설계비
3) 공사비가 2,800억원인 경우 실시설계비
4) 공사비가 5,500억원인 경우 기본설계비
5) 공사비가 10억원 이하인 경우 난이도 보통일 때 시공상세도 작성비용
6) 공사비가 100억원 이하인 경우 난이도 보통일 때 시공상세도 작성비용
7) 공사비가 1,000억원 이하인 경우 난이도 보통일 때 시공상세도 작성비용
8) 작성 난이도가 단순일 때 시공상세도 1장당 단가를 산출
9) 작성 난이도가 보통일 때 시공상세도 1장당 단가를 산출
10) 작성 난이도가 복잡일 때 시공상세도 1장당 단가를 산출

10 건설공사 건설사업관리용역 대가

이 기준은 건설기술진흥법 제37조 제1항에 따라 발주청이 건설기술용역업자에게 실비정액가산방식으로 지급하는 건설기술용역 대가의 산정기준 및 건설기술진흥법 시행령 제52조 제8항에 따라 낙찰자로 결정되지 아니한 용역업자에 대해서 사업수행능력평가에 소요된 비용의 일부를 보상하기 위한 기준을 정한 것으로 이 기준은 건설사업관리 전문회사가 국내에서 수주하는 건설사업관리용역에 대한 건설사업관리용역 대가의 기준을 정한 것으로 건설사업관리 전문회사가 국내에서 수주하는 건설사업관리용역에 대한 대가는 본 기준에 따라 산출한다.

그리고 건설사업관리용역을 외국전문감리회사에 수탁하고자 하는 경우에는 국제기준에 따라 대가를 산출할 수 있다. 건설공사 건설사업관리 대가기준은 국토교통부 고시 제414호(2017년 6월 20일) 건설기술용역 대가 등에 관한 기준을 참조하여 발췌하였다.

10.1 건설사업관리 기술자의 업무범위

공공시설물은 발주처와 시행청의 감독에 의해 시행되어 왔으나 감독인원의 부족 및 전문성의 결여와 기술능력의 취약으로 인한 감독부실과 부실공사 방지를 목적으로 1994년 1월부터 민간감리회사의 감리원에게 종전 발주처에서 시행하던 공무원의 감독권한을 대행하도록 하는 책임감리제도를 시행하고 있다.

건설사업관리비 시행은 건설기술진흥법 제39조와 건설기술진흥법시행령 제55조에 따라 감독권한대행 등 건설사업관리를 시행하며, 건설사업관리 기술자의 배치기준은 표 10.1, 건설기술자의 등급은 표 10.2와 같고, 건설사업관리기술자의 노임가격은 표 10.3과 같다.

건설공사 건설사업관리방식은 다음과 같이 구분한다.

1) 책임건설사업관리 : 시공건설사업관리 외에 발주청의 감독권한을 대행하는 것
2) 시공건설사업관리 : 검측건설사업관리 외에 품질관리, 안전관리, 시공관리에 대한 기술지도를 하는 것
3) 검측건설사업관리 : 품질관리 및 검측업무 등 시공 적합성을 확인하는 것

건설공사 건설사업관리 대상공사의 세부내용은 다음과 같다.

1) 감독권한대행 등 건설사업관리 대상건설공사(건설기술진흥법시행령 제55조 제1항 제1호)

총공사비가 200억원 이상으로서 22개 공종에 해당하는 건설공사에 적용하며, 22개 공종은 다음과 같다.

교량(길이 100m 이상)이 포함된 공사, 공항, 댐축조, 에너지저장시설, 고속도로, 간척, 항만, 철도, 지하철, 터널공사가 포함된 공사, 발전소, 폐기물처리시설, 공공폐수처리시설, 공공하수도 처리시설, 상수도(급수설비 제외), 하수관로, 관람집회시설, 전시시설, 연면적 5,000m^2 이상인 공용청사, 송전공사, 변전공사, 300세대 이상 공동주택

2) 감독권한대행 등 건설사업관리 적용 제외 건설공사(건설기술진흥법 시행규칙 제32조)

포장도 덧씌우기 공사, 준설공사, 사방공사, 굴토 및 정지 등 단순 토공사, 구조물 등을 축조하지 아니하는 단순 하천공사, 창고 및 축사 등의 건축 등 단순공사, 구조물을 포함하지 아니하는 공사

3) 검측 건설사업관리 및 시공 건설사업관리 제도

건설기술진흥법 제27조의2에 의거 감독권한대행 등 건설사업관리 대상이 아닌 중소규모 공사의 품질 확보 및 향상을 위하여 2001년 7월에 검측감리와 시공감리 제도를 도입하여 시행하고 있으며, 발주청에서 중소규모 공사의 특성을 감안하여 시공감리 또는 검측감리를 선택하여 수행할 수 있도록 하고 있다.

건설공사 건설사업관리 전문회사의 종류는 다음과 같다.

① 종합건설사업관리 : 일반공사, 전문공사에 대한 건설사업관리 등을 수행

② 토목건설사업관리 : 주된 공종이 토목공사인 건설공사 및 해당 전문공사에 대한 건설사업관리 등을 수행

③ 건축건설사업관리 : 주된 공종이 건축공사인 건설공사 및 해당 전문공사에 대한 건설사업관리 등을 수행

④ 설비건설사업관리 : 건설공사의 전문공사 중 설비공사로 단독발주된 건설공사 또는 전문공사 중 설비 부문에 대하여 타업종의 감리전문회사와 공동으로 건설사업관리 등을 수행

건설공사 건설사업관리 기술자의 배치기준은 표 10.1과 같다.

표 10.1 건설사업관리 기술자의 배치기준(건설기술진흥법시행 제35조)

구 분	등 급	경 력
총공사비 500억원 이상인 건설공사	특급기술자	총공사비 300억원 이상 건설공사에 대한 시공단계 건설사업관리 경력 1년 이상인 특급기술자
총공사비 300~500억원 미만인 건설공사		총공사비 200억원 이상 건설공사에 대한 시공단계 건설사업관리 경력 1년 이상인 특급기술자
총공사비 100~300억원 미만인 건설공사	고급기술자	총공사비 100억원 이상 건설공사에 대한 시공단계 건설사업관리 경력 1년 이상인 고급기술자

표 10.2 건설기술자의 등급(표 1.6 참조)

[건설기술자 등급 인정 및 교육 · 훈련 등에 관한 기준, 국토교통부 고시 제2015-468호(2015.6.30)]

기술등급 \ 구분	설계 · 시공 등의 업무	품질관리업무	건설사업관리업무
특급	75점 이상	75점 이상	80점 이상
고급	65점 이상	65점 이상	70점 이상
중급	55점 이상	53점 이상	60점 이상
초급	35점 이상	35점 이상	40점 이상

표 10.3 건설공사 건설사업관리기술자 노임가격 (2018년도 적용)

현 행 등 급		
구 분	일임금액(원)	환산비(s_i)
특급 건설사업관리 기술자	322,738	1.188
고급 건설사업관리 기술자	271,764	1.000
중급 건설사업관리 기술자	225,619	0.830
초급 건설사업관리 기술자	178,021	0.655

주) 1개월 감리일수는 22일을 기준으로 한다.
* 한국건설기술관리협회 공표(2017년 12월 26일)
* 2001년도 이전에는 5단계 등급(특급, 고급, 중급, 초급, 검측감리원), 2013년도 이전에는 3단계 등급(수석감리사, 감리사, 감리사보), 2014년도 이후에는 4단계 등급(특급, 고급, 중급, 초급 건설사업관리 기술자)으로 변경되었음.
* 환산비는 고급 건설사업관리기술자 노임가격 기준(1.000)에 따른 등급별(특급, 중급, 초급) 노임가격 비율

건설기술진흥법시행령 제59조에 의한 건설사업관리의 업무범위 및 업무내용은 다음과 같다.

① 법 제39조제1항에 따른 건설사업관리의 업무범위는 다음 각호에 따른 단계별로 구분한다.

1. 설계 전 단계 2. 기본설계 단계 3. 실시설계 단계
4. 구매조달 단계 5. 시공 단계 6. 시공 후 단계

② 제1항에 따른 단계별 업무내용은 다음 각호로 한다.

1. 건설공사의 계획, 운영 및 조정 등 사업관리 일반
2. 건설공사의 계약관리 3. 삭제 〈2017.12.29.〉
4. 건설공사의 사업비 관리 5. 건설공사의 공정관리
6. 건설공사의 품질관리 7. 건설공사의 안전관리
8. 건설공사의 환경관리 9. 건설공사의 사업정보 관리
10. 건설공사의 사업비, 공정, 품질, 안전 등에 관련된 위험요소 관리
11. 그 밖에 건설공사의 원활한 관리를 위하여 필요한 사항

③ 감독권한대행 등 건설사업관리에는 다음 각호의 업무가 포함되어야 한다.

1. 시공계획의 검토 2. 공정표의 검토
3. 시공이 설계도면 및 시방서의 내용에 적합하게 이루어지고 있는지에 대한 확인

4. 건설업자나 주택건설등록업자가 수립한 품질관리계획 또는 품질시험계획의 검토 · 확인 · 지도 및 이행상태의 확인, 품질시험 및 검사 성과에 관한 검토 · 확인
5. 재해예방대책의 확인, 안전관리계획에 대한 검토 · 확인, 그 밖에 안전관리 및 환경관리의 지도
6. 공사 진척 부분에 대한 조사 및 검사
7. 하도급에 대한 타당성 검토
8. 설계내용의 현장조건 부합성 및 실제 시공 가능성 등의 사전검토
9. 설계 변경에 관한 사항의 검토 및 확인　　　10. 준공검사
11. 건설업자나 주택건설등록업자가 작성한 시공상세도면의 검토 및 확인
12. 구조물 규격 및 사용자재의 적합성에 대한 검토 및 확인
13. 그 밖에 공사의 질적 향상을 위하여 필요한 사항으로서 국토교통부령으로 정하는 사항

④ 법 제39조제3항에 따라 시행하는 설계용역에 대한 건설사업관리에는 다음 각 호의 업무가 포함되어야 한다.
1. 건설공사 관련 법령, 법 제44조제1항제1호 및 제2호에 따른 건설공사 설계기준 및 건설공사 시공 기준에의 적합성 검토
2. 구조물의 설치 형태 및 건설공법 선정의 적정성 검토
3. 사용재료 선정의 적정성 검토
4. 설계내용의 시공 가능성에 대한 사전 검토
5. 구조계산의 적정성 검토
6. 제74조에 따른 측량 및 지반조사의 적정성 검토
7. 설계공정의 관리　　　8. 공사기간 및 공사비의 적정성 검토
9. 제75조에 따른 설계의 경제성 등 검토
10. 설계안의 적정성 검토
11. 설계도면 및 공사시방서 작성의 적정성 검토

⑤ 제1항부터 제4항까지에서 규정한 건설사업관리의 업무내용에 관하여 필요한 사항은 국토교통부장관이 정하여 고시한다.

10.2 건설사업관리용역 대가의 구성

건설사업관리용역 대가는 「건설기술용역 대가 등에 관한 기준」(국토교통부 고시 제414호 2017. 06.20.개정)의 내용을 발췌하여 정리하였다.

이 기준은 「건설기술진흥법」 제37조제1항에 따라 발주청이 건설기술용역업자에게 실비정액가산방식으로 지급하는 건설기술용역 대가의 산정기준 및 「건설기술진흥법 시행령」 제52조 제8항에 따라 낙찰자로 결정되지 아니한 용역업자에 대해서 사업수행능력평가에 소요된 비용의 일부를 보상하기 위한 기준을 정하는 것을 목적으로 한다.

1) 건설사업관리 대가산출의 원칙

(1) 대가는 다음 각호에 의하여 산출하는 것을 원칙으로 한다.

① 대가의 산출은 발주청이 사업의 특성과 수행하는 업무범위를 고려하여 실비정액가산방식으로 산출하는 것을 원칙으로 한다. 실비정액가산방식이란 직접인건비, 직접경비, 제경비, 기술료, 추가업무비용, 부가가치세 및 손해배상보험(공제)료 등을 합산하여 대가를 산출하는 방식을 말한다.

② 보험료 또는 공제료는 건설기술진흥법시행령 제50조제4항의 규정에 따라 국토교통부장관이 정하여 고시한 설계 · 건설사업관리 용역손해배상보험 또는 공제 업무요령에 따라 계상한다.

③ 부가가치세는 부가가치세법에서 정하는 바에 따라 계상한다.

(2) 건설사업관리용역을 외국회사에 위탁한 경우에는 국제기준을 따르거나 외국의 예를 참조하여 산출할 수 있다.

2) 직접인건비

(1) 직접인건비는 해당 건설사업관리 업무에 종사하는 기술자의 급료에 제수당, 상여금, 퇴직적립금, 산재보험금 등을 포함한 것으로 표 10.7과 같이 총 건설사업관리기술자수에 건설사업관리기술자의 노임가격(일임금액)을 곱하여 산출한다. 다만, 1개월 건설사업관리일수가 22일을 초과하는 경우에는 「근로기준법」에 따른다.

(2) 건설사업관리기술자의 노임가격은 건설기술진흥법 제69조에 따른 건설기술용역업자 단체가 통계법에 의하여 조사 · 공표한 노임가격을 적용한다. 다만, 특수한 자격 또는 기술을 가진 사람을 배치하는 경우에는 해당 자격자 또는 기술자에 대하여 다른 법령 등에서 정한 노임가격을 적용할 수 있다.

3) 직접경비

직접경비는 건설사업관리업무에 필요한 현장주재비, 숙박비, 출장여비, 특수자료비, 제출도서의 인쇄 및 복사비, 시험비 또는 조사비, 현지 차량운행비, 현장 운영경비(직접인건비에 포함되지 아니한 보조요원의 급여와 현장사무실의 운영비를 말한다) 등으로서 그 실제 소요비용으로 한다.

4) 제경비

제경비는 직접비(직접인건비 및 직접경비를 말한다)에 포함되지 아니하는 비용으로 임원, 서무, 경리직원의 급여, 사무실비(현장사무실 제외), 광열수도비, 사무용소모품비, 비품비, 기계기구의 수선 및 상각비, 통신운반비, 회의비, 공과금, 영업활동비용 등을 포함한 것으로써 직접인건비의 110~120%로 한다.

5) 기술료

기술료는 법인인 건설기술용역업자가 개발 · 보유한 기술의 사용 및 기술축적을 위한 대가로 조사연구비, 기술개발비, 기술훈련비 및 이윤 등을 포함한 것으로써 직접인건비에 제경비를 합한 금액의 20~40%로 한다.

6) 추가업무비용

추가업무비용은 발주청이 특별히 요구하는 경우에 소요되는 비용으로써 다음 각 호의 비용에 대하여 실비로 별도 계상하여야 한다. 다만, 제4호의 비용은 일급방식(추가업무에 대하여 직접인건비에 직접경비를 포함하여 일당으로 지급하는 것을 말한다)으로 지급할 수 있다.

① 특허, 노하우 등의 사용료

② 모형제작비, 현장계측비

③ 해외 및 원격지 출장여비 및 경비

④ 설계자, 전문기술자에 의한 자문비 또는 위탁비용
⑤ 사업정보관리시스템 개발비
⑥ 그밖에 계약특수조건, 과업지시서 등에서 정한 추가업무비용

10.3 건설사업관리용역 대가의 산출

1) 건설사업관리기술자의 배치기준

(1) 건설사업관리 업무에 배치하여야 하는 총 건설사업관리기술자수는 표 10.7에 의하여 산정하며 시공단계의 기술자수는 기술지원기술자수를 포함한다.

(2) 발주청은 해당 공사가 다음 각호의 어느 하나에 해당되는 경우에는 건설기술진흥법시행규칙 제35조에 따른 건설사업관리기술자 배치계획의 기술자수를 조정·배치하여야 한다.

① 해당 공사내용 및 공사진척상황, 연도별 공사비 집행규모 등 현장실정에 따라 기술자 배치계획의 조정이 필요하다고 인정되는 경우와 동절기, 공사휴지기간 등 공사가 정상적으로 진행되지 못한다고 인정되는 경우, 이 경우 상주기술자는 최소 1명 이상을 배치하여야 한다.

② 발주청은 공사예정가격의 70% 미만으로 낙찰된 공사의 경우, 부실공사 방지를 위해 다음 각목에 따라 시공단계의 건설사업관리기술자수를 추가 배치하여야 하며, 추가 배치되는 기술자 중 1인은 발주청이 정하는 특정 분야의 자격 및 경력을 갖춘 자로 배치하여야 한다.

가. 낙찰률이 65% 이상 70% 미만 : 20% 추가
나. 낙찰률이 60% 초과 65% 미만 : 30% 추가
다. 낙찰률이 55% 초과 60% 미만 : 40% 추가
라. 낙찰률이 55% 이하 : 50% 추가

(3) 발주청은 건설기술진흥법시행령 제55조제3항에 따라 통합 건설사업관리(발주청이 발주하는 2 이상의 건설공사가 공종(工種)이 유사하고 공사현장이 인접(직선거리로 20km 이내)하여 있는 경우에는 인접한 건설공사를 통합하여 감독권한대행 등 건설사업관리 용역을 시행하는 것을 말한다. 이하 같다)를 시

행하는 건설공사 중 1개 공사의 총공사비가 300억원 이상인 경우에는 해당 건설 사업관리에 대하여 책임건설사업관리기술자 외의 기술자 중 1명을 특급 기술자로 배치하여야 한다.

(4) 발주청은 다음 각호에 해당하는 공사로써 필요하다고 인정되는 경우에는 총 건설사업관리기술자수 내에서 특수한 자격 또는 기술을 가진 사람(건설기술자가 아닌 사람으로서 발주청이 사전에 승인한 사람을 포함한다)을 배치할 수 있다.

① 신기술 · 특수공법이 포함된 공사

② 터널 · 강교 등 주요시설물 및 특수 분야에 대하여 특수한 자격 또는 기술을 가진 사람을 건설사업관리 업무에 참여하게 할 필요가 있는 공사

2) 건설사업관리기술자수 산정방법

(1) 전체 건설사업관리기술자수의 산정은 다음에 의하여 산출하는 것을 원칙으로 한다.

① 전체 투입인원수는 공통, 설계전 단계, 기본설계단계, 실시설계단계, 구매조달 단계, 시공단계, 시공 후 단계 중 해당 건설사업관리용역의 업무범위에 해당하는 단계의 업무별 투입인원수를 산정하여 합산한다.

② 각 업무별 투입인원수는 제2호에 제시된 분야별 투입인원수 산정기준을 활용하여 산정하며, 투입인원수는 고급기술자를 기준으로 한다.

③ 산정방법은 각 업무별로 기준인원수에 적용수량과 보정계수, 공사난이도를 곱하여 산정하며, 각 업무별 투입인원수는 소수점 둘째자리에서 반올림한다.

④ 적용수량 단위 중 1개월의 기간은 22일을 기준으로 한다.

⑤ 보정계수 및 공사난이도는 제2호에 제시된 기준에 따라 각 업무별로 해당되는 항목을 적용하며, 공사의 특성에 따라 필요한 경우 적용 여부를 조정하되 보정계수는 최대 3개까지 적용할 수 있다.

⑥ 단계별 업무는 제2호에 제시된 업무를 기본으로 하되 공사의 특성 및 발주청의 여건에 따라 업무를 추가하거나 제외하고 산정할 수 있다.

(2) 발주청은 2 이상의 공종이 복합된 공사로서 공종별로 건설사업관리기술자를 구분하여 배치할 필요가 있다고 인정되는 경우에는 기술자수를 공종별로 구

분 · 산정할 수 있다.

(3) 제2호의 기준에 따라 산정된 시공단계의 투입인원수는 감독권한대행 등 건설사업관리를 시행하는 경우를 기준으로 한 것이며, 감독권한대행 등 건설사업관리가 아닌 경우에는 시공단계의 투입인원수에서 20%를 감하여 산정한다.

(4) 공사난이도 산정시 건설사업관리기간 보정을 위한 시공단계의 평균 건설사업관리기간은 공사비에 따라 표 10.4와 같이 적용한다.

표 10.4 시공단계의 평균 건설사업관리기간

공사비(억원)	50 이하	70	100	150	200	300	400	500	700	1,000 이상
평균건설 사업관리기간(개월)	17	24	28	30	37	38	38	39	45	54

(5) 발주청은 통합 건설사업관리를 시행하고자 하는 경우에는 제1호의 규정에 의하여 각 공사별로 산정한 기술자수를 합한 총 건설사업관리기술자수와 단일공사로 보고 산정한 총 건설사업관리기술자수 사이에서 해당 건설공사의 특성, 공사현장 간의 거리 등을 감안하여 산정한다.

(6) 기술지원기술자(시공단계에 한정한다)수는 산출된 시공단계 건설사업관리기술자수에 일정 비율(단순한 공종 10%, 보통의 공종 15%, 복잡한 공종 20%)을 곱하여 산정한 것을 원칙으로 한다.

3) 단순한 공종, 보통의 공종 및 복잡한 공종의 구분

토목 및 건축공사에서 단순한 공종, 보통의 공종 및 복잡한 공종은 표 10.5와 10.6과 같이 구분한다.

표 10.5 토목공사의 공종 구분

구분	단순한 공종	보통의 공종	복잡한 공종
해당공종	- 구조물이 없는 일반 부지 조성 - 하천제방, 호안, 하도 - 도로(국도, 지방도, 고속도로를 제외) - 상·하수관거 - 우수구거 - 포장보수 - 준설 및 매립 - 보통 조경	- 장대교량(200m 이상)이나 터널이 없는 도로(도시가로, 국도, 지방도 또는 고속도로), 철도, 지하철 - 600mm 이상 하수관거 - 400mm 이상 상수관거 - 단순구조의 방파제, 접안시설 - 하수도 및 수로터널 - 공동구, 교량 등 구조물이 있는 부지조성 - 공항활주로 - 하천수문 및 통문 - 대형 조경구조물 - 기타 단순한 공종, 복잡한 공종에 해당하지 아니한 시설	- 비대칭으로 구조가 복잡한 교량 - 장대교량이나 터널이 있는 도로, 철도, 지하철 - 대구경 터널공사, 입체교차로 - 하구언, 갑문, 댐 - 정수장, 하수 및 오·폐수 처리장 - 배수 및 양수펌프장 - 복잡한 구조의 방파제, 접안시설 - 대형구조물 기초공사 - 대형구조물 개축 - 수중 구조물

표 10.6 건축공사의 공종 구분 (건축법 시행령 별표 1의 용도분류에 의함)

구분	단순한 공종	보통의 공종	복잡한 공종
해당공종·용도	- 공장 - 창고시설 - 자동차 관련시설 - 동물 및 식물 관련시설	- 공동주택 - 제1,2종 근린생활시설 - 교육연구시설 - 노유자시설 - 수련시설 - 업무시설 - 숙박시설 - 교정 및 군사시설 - 판매시설 - 관광휴게시설 - 방송통신시설 - 발전시설 - 묘지관련시설 - 기타 단순한 공종, 복잡한 공종에 해당하지 아니한 시설	- 운동시설 - 의료시설 - 문화 및 집회시설 - 자원순환 관련시설 - 관광휴게시설(관망탑에 한함) - 운수시설

4) 건설사업관리기술자수 산정기준

건설사업관리기술자수 산정기준에서 토목선형(도로, 철도, 하천) 분야, 토목비선형(항만, 댐, 공항, 단지 등 기타) 분야, 건축 분야, 플랜트 I (상하수도, 폐기물) 분야, 플랜트 II (발전시설, 에너지저장시설, 송전시설) 분야, 설계의 경제성(VE) 등 검토 용역 별도 발주 시 투입인원수 산정기준 등이 있으나 지면관계상 토목선형(도로,

철도, 하천) 분야만 표 10.7~10.9에 제시하였다.

(1) 토목선형(도로, 철도, 하천) 분야

표 10.7 투입인원수 산정기준

업무분류체계		적용 수량 단위	기준인원수 (인·일)	보정계수			난이도
단계	기본업무		고급	a	b	c	
공통 업무	과업착수준비	식	7.0				
	건설사업관리 업무수행계획서 작성	식	20.5				
	건설사업관리 절차서 작성 · 운영	식	27.3				
	작업분류체계 및 사업번호체계 관리/사업정보축적 · 관리	식	22.3				
	사업정보관리시스템의 운영	운영일수	0.3	○			○
	클레임 사전분석	식	31.0				
	최종 건설사업 관리 보고 1) 시공 전 단계	식	27.3				
	최종 건설사업 관리 보고 2) 시공 이후 단계		54.6				
설계 전 단계	건설기술용역업체 선정	식	43.7				
	사업타당성조사보고서의 적정성 검토	식	21.6			○	○
	기본계획보고서의 적정성 검토	식	21.3			○	○
	발주방식(사업수행방식) 결정 지원	식	31.0				
	관리기준 공정계획수립	식	18.0				○
	총사업비 집행계획수립지원	식	11.4				
기본 설계 단계	기본설계 설계자 선정업무 지원	식	17.1				
	기본설계 조정 및 연계성 검토	용역개월	3.2	○	○	○	○
	기본설계단계의 예산검증 및 조정업무	식	22.5	○	○	○	○
	기본설계의 경제성(VE) 검토	식	90.6				○
	기본설계용역성과 검토	용역개월	5.7	○	○	○	○
	기본설계 용역 기성 및 준공검사관리	회	3.7				
	각종 인허가 및 관계기관협의 지원	식	6.8		○	○	
	설계자문회의 운영 및 관리	회	2.5				
실시 설계 단계	실시설계 설계자 선정업무 지원	식	13.9				
	실시설계 조정 및 연계성 검토	용역개월	5.9	○	○	○	○
	실시설계단계의 예산검증 및 조정업무	식	23.3	○	○	○	○
	실시설계의 경제성(VE) 검토	식	123.3				○
	실시설계용역성과 검토	용역개월	10.5	○	○	○	○
	실시설계 용역 기성 및 준공검사관리	회	8.1				
	지급자재 조달 및 관리계획 수립	식	10.2				
	각종 인허가 및 관계기관협의 지원	식	8.3		○	○	
	설계자문회의 운영 및 관리	회	6.4				
	시공자 선정계획수립	식	16.9				

표 10.7 **(표 계속)**

업무분류체계			적용 수량 단위	기준인원수 (인 · 일)	보정계수			난이도
단계	기본업무			고급	a	b	c	
구매조달단계	입찰업무지원		식	37.7				
	계약업무지원		식	27.5				
	지급자재조달지원		공사개월	0.6				
시공단계	공사착수		식	107.7				
	시공성과 확인 및 적정성 검토		공사일수	2.2	○	○		○
	사용자재의 적정성 검토		공사개월	1.8				○
	품질시험 및 성과 검토		공사개월	11.0		○		○
	시공계획검토		공사개월	6.4	○	○		○
	기술검토 및 교육		공사개월	5.0		○		○
	공정관리		공사개월	8.2				○
	안전관리		공사개월	10.5		○	○	○
	환경관리		공사개월	2.6				○
	설계변경 관리		공사개월	13.4				○
	기성검사		회	5.2				
	준공검사		식	6.0				
	계약자간 시공인터페이스 조정		공사개월	1.5				
	하도급타당성 검토		공사년수	6.9				○
	시공단계의 예산검증 및 지원		회	4.6				
	일반행정업무		용역일수	0.8				○
시공 후 단계	종합시운전계획의 검토 및 시운선 확인	1) 도로, 하천	식	23.3				
		2) 철도		46.6	○	○		
	시설물 유지관리지침서 검토		식	25.9				
	시설물유지관리업체 선정		식	20.8				
	시설물 인수 · 인계 계획 검토 및 관련업무 지원		식	27.4				

보정계수란 적용수량과 함께 투입인원수를 산정하는데 있어서 건설공사의 특성에 따른 업무량의 변화를 반영하는 계수이다.

표 10.8 **보정계수**

분야	항목	보정계수 값
도로	a. 도로등급	① 일반국도 : 1.0 ② 고속국도 : 1.1 ③ 지방도 이하 : 0.8 (설계속도에 따라 타등급의 계수 준용 가능)
	b. 공사성격	① 신설 : 1.0 ② 확장 : 1.1
	c. 지역특성	① 일반부 : 1.0 ② 도시부 : 1.1
철도노반	a. 철도유형	① 고속철도, 도시철도(지하), 경전철(지하) : 1.3 ② 일반철도(복선), 도시철도(지상), 경전철(지상) : 1.0 ③ 일반철도(단선) : 0.8
	b. 공사성격	① 신설 : 1.0 ② 개량 : 1.2
	c. 지역특성	① 일반부 : 1.0 ② 도시부 : 1.3
철도궤도	a. 철도유형	① 고속철도, 도시철도(지하), 경전철(지하) : 1.3 ② 일반철도(복선), 도시철도(지상), 경전철(지상) : 1.0 ③ 일반철도(단선) : 0.8
	b. 공사성격	① 신설 : 1.0 ② 개량 : 1.2 ③ 개량(운행선차단) : 1.3
	c. 지역특성	① 일반부 : 1.0 ② 도시부 : 1.3
하천	a. 하천등급	① 국가하천 : 1.0 ② 지방하천(소하천 포함) : 1.1
	b. 사업유형	① 하천개수사업 : 1.0 ② 생태하천사업 : 1.1
	c. 지역특성	① 일반부 : 1.0 ② 도시부 : 1.2

※ 여러 유형, 성격, 특성 등이 혼재된 경우 해당구간의 연장을 기준으로 가중평균한 값 적용

공사난이도란 총공사비의 변화, 평균건설사업관리기간 대비 증감에 따른 업무량의 변화, 시설물별로 건설사업관리 업무량의 증감에 밀접한 영향을 미치는 요인(구조물 비중 등) 등을 반영하여 적정한 업무량을 산정하기 위한 계수를 말한다.

표 10.9 공사난이도

구분		산식
시공 단계 (총공사비 2,000억원 이하)	도로	• 공사난이도=0.011×총공사비×(1−0.0025×총공사비)+건설사업관리기간보정계수+(0.1×구조물비중)+0.2 (※ 구조물비중=구조물공사비/총공사비)
	철도 (노반)	• 공사난이도=0.011×총공사비×(1−0.0025×총공사비)+건설사업관리기간보정계수+(0.2×구조물비중}+0.2 (※ 구조물비중=구조물공사비/총공사비)
	철도 (궤도)	• 공사난이도=0.011×총공사비×(1−0.0025×총공사비)+건설사업관리기간보정계수+(0.4×콘크리트궤도비중)+0.2 (※ 콘크리트궤도비중=콘크리트궤도연장/총궤도연장)
	하천	• 공사난이도=0.011×총공사비×(1−0.0025×총공사비)+건설사업관리기간보정계수+(0.1×구조물비중)+0.2 (※ 구조물비중=구조물공사비/총공사비)
시공전 단계 (총공사비 2,000억원 이하)		• 공사난이도=0.015×총공사비×(1−0.0011×총공사비)
총공사비 2,000억원 초과		• 공사난이도=총공사비 2,000억원 시 공사난이도+{(총공사비−200)/250}
비고		• 공사비는 10억원 단위로 하며, 전기 · 통신 · 소방공사비는 제외 • 건설사업관리기간 보정계수={(평균건설사업관리기간−해당공사 건설사업관리기간)/평균건설사업관리기간}×0.1 ※ 건설사업관리기간 보정계수의 평균건설사업관리기간은 별표 2 제1호 라목에서 직선보간법으로 도출

10.4 건설사업관리 대가의 조정

1) 건설사업관리 대가의 조정

(1) 발주청은 다음 각호의 어느 하나에 해당하는 경우에는 대가를 조정할 수 있다.

① 계약체결 후 90일 이상 경과하고 노임 및 물가변동으로 인하여 계약금액의 합계액이 3% 이상 증감된 경우이다. 단, 천재 · 지변 또는 원자재의 가격급등으로 인하여 당해 조정제한기간 내에 계약금액을 조정하지 아니하고는 계약이행이 곤란하다고 인정되는 경우에는 계약을 체결한 날 또는 직전 조정기준일부터 90일 이내에 계약금액을 조정할 수 있다.

② 해당 공사의 세부설계 확정 또는 설계변경으로 추정공사금액 또는 공사계약금액

(자재대 포함)이 당초 금액보다 10% 이상 증감된 경우이다. 다만, 공사계약금액 변동분 중에서 물가변동으로 인한 부분은 제외하며, 공사계약금액이 증감된 경우 공사비는 당초 총예정금액을 기준으로 환산한 금액을 적용하여 조정한다.

② 해당 용역기간의 변경으로 제9조제1항에 따라 산정한 총 건설사업관리기술자수가 증감된 경우

④ 기술자수 조정으로 표 10.7에 비해 총 건설사업관리기술자수가 증감된 경우

⑤ 월별 건설사업관리일수가 추가된 경우 (건설사업관리 업무에 배치하여야 하는 총 건설사업관리기술자수는 표 10.7에 의하여 산정하며, 시공단계의 기술자수는 기술지원기술자수를 포함한다.)

⑥ 발주청의 필요에 의하여 업무범위 및 내용의 변경, 추가업무가 있는 경우

⑦ 계약에 의하여 특별히 정한 경우

(2) 발주청은 건설사업관리용역 계약시 총예정금액이 확정되지 않아 추정공사금액을 적용하여 대가를 산출한 경우에는 시공 이후 단계의 대가에 대하여 추후 예정가격 결정의 근거가 되는 금액을 기준으로 계약내용을 변경하여야 함을 계약서류 등에 명기하여야 한다.

2) 건설사업관리 대가의 조정 제한

(1) 발주청은 건설기술용역업자가 건설사업관리업무를 수행하면서 다음 각호에 해당하는 경우에는 대가 중 직접인건비, 제경비, 기술료를 감액 조정할 수 없다.

① 새로운 기술개발, 도입된 기술의 소화개량 또는 자체 노하우의 적용으로 공사비를 절감한 경우

② 공사내용의 변동없이 신기술을 도입하여 공사비를 절감한 경우

③ 공사기간을 단축하여 공사비를 절감한 경우

④ 설계의 경제성 등 검토 결과의 제안을 채택하여 공사비를 절감한 경우

(2) 발주청은 건설사업관리기술자가 건설사업관리업무 수행기간 중 법에 따른 교육, 민방위기본법 또는 향토예비군 설치법에 따른 교육을 받는 기간과 관공서의 공휴일에 관한 규정에 따른 공휴일(일요일 제외)에 대한 대가를 감액 조정할 수 없다.

제 10 장 연습문제

1 아래에 있는 내용을 설명하시오.

1) 건설사업관리기술자의 배치기준
2) 건설기술자의 등급
3) 건설사업관리의 업무 범위
4) 건설사업관리의 단계별 업무내용
5) 감독권한대행 등 건설사업관리의 업무

2 아래에 있는 내용을 설명하시오.

1) 건설사업관리 대가산출의 원칙
2) 건설사업관리의 직접경비
3) 건설사업관리의 제경비
4) 공사예정가격의 70% 미만으로 낙찰된 공사의 경우 부실공사 방지를 위해 건설사업관리기술자수를 추가 배치하는 기준
5) 시공단계의 평균 건설사업관리기간
6) 토목공사에서 공종(단순, 보통, 복잡)의 구분
7) 보정계수
8) 공사난이도
9) 건설사업관리 대가의 조정
10) 건설사업관리 대가의 조정 제한

11

학술연구용역 원가

학술연구용역이라 함은 학문 분야의 기초과학과 응용과학에 관한 연구용역 및 이에 준하는 용역을 말하며, 다음과 같이 구분한다.

① 위탁형 용역 : 용역계약을 체결한 계약상대자가 자기 책임하에 연구를 수행하여 연구결과물을 용역결과보고서 형태로 제출하는 방식

② 공동연구형 용역 : 용역계약을 체결한 계약상대자와 발주기관이 공동으로 연구를 수행하는 방식

③ 자문형 용역 : 용역계약을 체결한 계약상대자가 발주기관의 특정 현안에 대한 의견을 서면으로 제시하는 방식을 말한다.

학술연구용역계약시 예정가격 작성기준은 기획재정부 계약예규 제354호 (2017년 12월 28일)을 참조하여 발췌하였다.

11.1 용어의 정의

① 학술연구용역이라 함은 학문 분야의 기초과학과 응용과학에 관한 연구용역 및 이에 준하는 용역을 말한다.

② 책임연구원이라 함은 당해 용역수행을 지휘·감독하며 결론을 도출하는 역할을 수행하는 자를 말하며, 대학 부교수 수준의 기능을 보유하고 있어야 한다. 이 경우 책임연구원은 1인을 원칙으로 하되, 당해 용역의 성격상 다수의 책임

자가 필요한 경우에는 그러하지 아니하다.

③ 연구원이라 함은 책임연구원을 보조하는 자로서 대학 조교수 수준의 기능을 보유하고 있어야 한다.

④ 연구보조원이라 함은 통계처리 · 번역 등의 역할을 수행하는 자로서 당해 연구분야에 대해 조교 정도의 전문지식을 가진 자를 말한다.

⑤ 보조원이라 함은 타자, 계산, 원고정리 등 단순한 업무처리를 수행하는 자를 말한다.

11.2 학술연구용역의 원가계산서

학술연구용역에 대한 원가계산을 하고자 할 때에는 표 11.1에서 정한 학술연구용역 원가계산서를 작성하고, 비목별 산출근거를 명시한 기초계산서를 첨부해야 한다. 다만, 공동연구형 용역 및 자문형 용역의 경우에는 경비항목 중 최소한의 필요 항목만 계상하고 일반관리비는 계상하지 아니한다.

표 11.1 학술연구용역 원가계산서

비목 \ 구분	금 액	구 성 비	비 고
1. 인 건 비 1) 책임연구원 2) 연구원 3) 연구보조원 4) 보조원			
2. 경 비 1) 여비 2) 유인물비 3) 전산처리비 4) 시약 및 연구용역 재료비 5) 회의비 6) 임차료 7) 교통통신비 8) 감가상각비			
3. 일반관리비 ( )%			
4. 이 윤 ( )%			
5. 총 원 가			

11.3 학술연구용역의 원가산출

원가계산은 노무비(인건비), 경비, 일반관리비 등으로 구분하여 작성한다.

1) 인건비

인건비는 당해 계약목적에 직접 종사하는 연구요원의 임금을 말하며, 표 11.2에서 정한 기준단가에 의하되, 근로기준법에서 규정하고 있는 제수당, 상여금, 퇴직급여 충당금의 합계액으로 한다. 다만, 상여금은 기준단가의 연 400%를 초과하여 계상할 수 없다. 단, 다음 년도부터는 매년 전년도 소비자 물가상승률 만큼 인상한 단가를 기준단가로 한다.

행정안전부(훈령 · 예규 · 고시)에서 발표한 2018년도 학술연구용역 인건비 기준단가는 표 11.2와 같다.

표 11.2 학술연구용역 인건비 기준단가(용역참여율 50% 적용시) (2018년도 적용)

구 분 / 등 급	월 임 금(원)
책 임 연 구 원	3,169,323
연 구 원	2,430,194
연 구 보 조 원	1,624,503
보 조 원	1,218,419

주) 1. 인건비 기준단가는 1개월을 22일로 하여 용역참여율 50%로 산정한 것이며, 용역참여율을 달리하는 경우에는 기준단가를 증감시킬 수 있다.

2) 경 비

경비는 계약목적을 달성하기 위해 필요한 다음 내용의 여비, 유인물비, 전산처리비, 시약 및 연구용 재료비, 회의비, 임차료, 교통통신비 및 감가상각비를 말한다.

① 여비는 다음 각호의 기준에 따라 계상하며, 공무원 국내여비규정은 표 11.3과 같다.

a. 여비는 공무원여비규정에 의한 국내여비와 국외여비로 구분하여 계상하되 이를 인정하지 아니하고는 계약목적을 달성하기 곤란한 경우에 한하며, 관계 공무원의 여비는 계상할 수 없다.

b. 국내여비는 시외여비만을 계상하되 연구상 불가피한 경우 외에는 월 15일을 초과할 수 없으며, 책임연구원은 표 11.3의 여비규정의 제1호 등급, 연구원 및 연구보조원은 제2호 등급을 기준으로 한다.

② 유인물비는 계약목적을 위해 직접 소요되는 프린터, 인쇄, 문헌복사비(용지대 포함)를 말한다.

③ 전산처리비는 당해 연구내용과 관련된 자료처리를 위한 컴퓨터 사용료 및 그 부대비용을 말한다.

④ 시약 및 연구용 재료비는 실험실습에 필요한 당해 비용을 말한다.

⑤ 회의비는 당해 연구내용과 관련하여 자문회, 토론회, 공청회 등을 위해 소요되는 경비를 말하며, 참석자의 수당은 해당년도 예산안 작성 세부지침상 위원회 참석비를 기준으로 한다.

⑥ 임차료는 연구내용에 따라 특수실험 실습기구를 외부로부터 임차하거나 혹은 공청회 등을 위한 회의장 사용을 하지 아니하고는 계약목적을 달성할 수 없는 경우에 한하여 계상할 수 있다.

⑦ 교통통신비는 당해 연구내용과 직접 관련된 시내교통비, 전신전화 사용료, 우편료를 말한다.

⑧ 감가상각비는 당해 연구내용과 직접 관련된 특수실험 실습기구 · 기계장치에 대하여 세법에서 정한 감가상각방식에 따라 계산한다. 단, 임차료에 계상되는 것은 제외한다.

표 11.3 공무원 국내여비규정(공무원 여비규정, 대통령령 제28211호, 2017.7.26) (단위 : 원)

구분	철도운임	선박운임	항공운임	자동차 운임	일비 (1일당)	숙박비 (1야당)	식비 (1일당)
제1호	실비 (특실)	실비 (1등급)	실비	실비	20,000	실비	25,000
제2호	실비 (일반실)	실비 (2등급)	실비	실비	20,000	실비 (상한액 : 서울특별시 7만원, 광역시 6만원, 그밖의 지역은 5만원)	20,000

비고 : 1. 항공운임이 2개 이상의 등급으로 구분되어 있는 경우에는 별표 3 비고에 따라 기획재정부장관이 인사혁신처장과 협의하여 정하는 기준에 따른다.
2. 버스운임은 국토교통부장관 또는 특별시장 · 광역시장 · 도지사 또는 특별자치도지사가 정하는 기준 및 요율의 범위 안에서 정하여진 버스요금을 기준으로 한다.
3. 자가용을 이용하여 공무로 여행하는 경우의 운임은 표의 제1호 및 제2호에 따른 철도 또는 버스운임으로 한다. 다만, 공무의 형편상 부득이한 사유로 자가용을 이용한 경우에는 연료비 및 통행료 등을 지급할 수 있고 구체적인 지급기준은 인사혁신처장이 기획재정부장관과 협의하여 정한다.
4. 운임 및 숙박비의 할인이 가능한 경우에는 할인요금으로 지급한다.

표 11.4 공무원 여비지급 구분표(공무원여비규정, 대통령령 제28211호, 2017.7.26)

구 분	해 당 공 무 원
제1호	가. 대통령, 국무총리, 부총리, 감사원장, 국무위원, 검찰총장, 대학교총장(「공무원보수규정」 별표 12의 특2호봉을 적용받는 총장은 제외한다), 대장, 그 밖에 국무위원 상당 보수를 받는 공무원
	나. 인사혁신처장, 법제처장, 국가보훈처장, 통상교섭본부장, 차관
	다. 14등급부터 12등급까지 직위 외무공무원, 대검찰청검사급 이상의 검사(검찰총장은 제외한다) 및 10호봉 이상의 검사, 1호봉인 헌법연구관, 치안총감 · 치안정감, 소방총감 · 소방정감, 「공무원보수규정」 별표 12의 특2호봉을 적용받는 총장, 대학교의 부총장, 대학원장, 대학교의 학장 · 처장 · 기획연구실장(서울대학교의 경우는 기획실장) · 교양과정부장, 한국교원대학교 교수부장, 한국예술종합학교 원장 · 처장, 그 밖에 「공무원보수규정」 별표 12의 특3호봉 대학교원 봉급액을 받는 공무원, 중장 · 소장 · 준장, 고위(감사)공무원단 가등급 및 나등급 직위에 임용된 공무원, 1급 공무원, 차관 또는 1급 상당 보수를 받는 공무원, 「공무원보수규정」 별표 33 제2호 가목 1호에 해당하는 일반계약직공무원, 「계약직공무원규정」 별표 1의 가에 해당하는 전문계약직공무원(실장급 직위에 임용된 자에 한한다)
	라. 11등급부터 9등급까지(국장급에 한한다) 직위 외무공무원, 9호봉 이하의 검사, 2호봉 이하의 헌법연구관, 헌법연구관보, 치안감 · 경무관, 소방감 · 소방준감, 대학 및 전문대학의 교수 · 부교수, 교육과학기술부 본부 장학관 및 교육연구관, 서울특별시 및 부산광역시 교육청의 국장인 장학관 및 하급교육청의 교육장(「지방교육행정기관의 기구와 정원기준 등에 관한 규정」 별표 4에 따라 국이 설치된 지역교육장을 말한다), 초 · 중 · 고등학교의 교장, 대령 · 중령, 고위(감사)공무원단 다등급부터 마등급까지 직위에 임용된 공무원, 2급 및 3급(국장급에 한한다) 공무원, 2급 및 3급(국장급에 한한다) 상당 보수를 받는 공무원, 「공무원보수규정」 별표 33 제2호 가목 2호 및 3호에 해당하는 일반계약직공무원, 「계약직공무원규정」 별표 1의 가에 해당하는 전문계약직공무원(국장급 직위에 임용된 자에 한한다)
제2호	가. 9등급(위 제1호에 해당하는 자는 제외한다)부터 5등급까지 직위 외무공무원, 총경 · 경정, 소방정 · 소방령, 대학 및 전문대학의 조교수 및 전임강사, 제1호 외의 장학관 또는 교육연구관, 하급교육청의 교육장(「지방교육행정기관의 기구와 정원기준 등에 관한 규정」 별표 4에 의하여 국이 설치된 지역교육장은 제외한다), 초 · 중 · 고등학교의 교감, 14호봉 이상의 장학사 · 교육연구사 및 각급학교 교사, 소령 · 대위 · 중위 · 소위 · 준위, 3급(과장급에 한한다)부터 5급까지 공무원, 3급(과장급에 한한다)부터 5급까지 상당 보수를 받는 공무원, 「공무원보수규정」 별표 33 제2호 가목 4호 및 5호에 해당하는 일반계약직공무원, 「계약직공무원규정」 [별표 1]의 가 및 나에 해당하는 전문계약직공무원(위 제1호에 해당하는 자는 제외한다), 「연구직 및 지도직 공무원의 임용 등에 관한 규정」(이하 이 표에서 "임용규정"이라 한다) 별표 2 제1호다목 및 라목, 제2호나목 및 다목 및 제3호의 연구관, 임용규정 별표 2의 2 제1호나목 및 다목, 제2호나목 및 다목 및 제3호의 지도관
	나. 위 제1호, 제2호가목에 해당하지 아니하는 공무원(「공무원보수규정」의 적용을 받는 자를 포함한다)

3) 일반관리비

일반관리비율을 초과하여 계상할 수 없다.

4) 이윤

이윤은 영업이익을 말하며, 인건비, 경비 및 일반관리비의 합계액에 대하여 규정된 이윤을 초과하여 계상할 수 없다.

5) 계약담당자의 주의의무

① 계약담당공무원은 학술연구용역 의뢰시에는 당해 연구에 대한 전문기관 또는 전문가를 엄선하여 연구목적을 달성할 수 있도록 그 주의 의무를 다해야 한다.

② 각 중앙관서의 장은 학술연구용역을 수의계약으로 체결하고자 할 경우에는 해당 계약상대자의 최근년도 원가계산자료(급여명세서, 손익계산서 등)를 활용하여 상여금, 퇴직 및 일반관리비 산정시 과다 계상되지 않도록 주의하여야 한다.

제 11 장 연습문제

1 아래에 있는 내용을 설명하시오.

1) 학술연구용역의 정의 및 구분

2) 학술연구용역의 원가산출방법

3) 학술연구용역 인건비 기준단가

4) 학술연구용역의 원가산출방법에서 경비

5) 공무원의 국내여비규정

12

안전점검 및 정밀안전진단 대가

건설기술진흥법시행령 제100조에 의해 실시하는 건설공사 안전점검의 실시시기와 방법 등에 관한 필요사항을 정하여 건설공사의 안전을 확보하기 위하여 건설공사 안전관리 업무수행지침(국토교통부 고시 제2016-718호, 2016년 10월 31일)이 고시되었다. 시설물의 안전 및 유지관리에 관한 특별법에 의해 시설물의 안전 및 유지관리 실시 등에 관한 지침(국토교통부 고시 제2018-45호, 2018년 1월 18일)은 안전점검 및 정밀안전진단을 실시함에 있어 이에 대한 대가를 산출하는 기준을 정한 것으로서 시설물의 안전 및 유지관리계획을 수립하여 안전점검 및 안전진단에 필요한 비용을 확보하거나 안전진단전문기관 및 유지관리업체에 안전점검 및 안전진단을 위탁하는 경우에 적용한다.

설계내역서상에 경비로 반영되는 산업안전보건관리비는 작업현장에서 산업재해 및 건강장애 예방을 위해 법령에 의거하여 요구되는 비용으로서 건설업 산업안전보건관리비 계상 및 사용기준(고용노동부 고시 제2017-8호, 2017년 2월 7일)에 따라 반영해야 한다. 그리고 그 규정에 따라 사용 · 정산해야 하는 비용으로 시설물의 안전 및 유지관리에 관한 특별법에 의한 본 장에서 시설물의 안전 및 유지관리 실시 등에 관한 지침(국토교통부 고시 제2018-45호, 2018년 1월 18일)과는 다르다는 것을 이해해야 한다.

12.1 안전점검 및 정밀안전진단의 종류

안전점검 및 정밀안전진단의 목적은 현장조사 및 각종 시험에 의해 시설물의 물리적 · 기능적 결함 및 내재되어 있는 위험요인을 발견하고, 이에 대한 신속하고 적절한 조치 및 보수 · 보강 방법을 제시하여 시설물의 안전을 확보함에 있다.

관련법에 의한 안전점검 상세내용은 12.4를 참조하기 바란다.

여기에서는 시설물의 안전 및 유지관리에 관한 특별법에 의하여 시설물의 안전 및 유지관리 실시 등에 관한 지침(국토교통부 고시 제2018-45호, 2018년 1월 18일)을 참조하여 발췌하였다.

1) 안전점검 및 정밀안전진단의 종류(안전점검 및 정밀안전진단 세부지침, 2017년 1월 31일)

(1) 정기점검

정기점검은 경험과 기술을 갖춘 자에 의한 세심한 육안검사 수준의 점검으로서 시설물의 기능적 상태를 판단하고 시설물이 현재의 사용요건을 계속 만족시키고 있는지 확인하기 위한 관찰로 이루어진다.

점검자는 시설물의 전반적인 외관형태를 관찰하여 중대한 결함의 가능성을 발견할 수 있도록 세심한 주의를 기울여야 한다.

점검자 및 관리 주체는 정기점검결과 중대한 결함이 있는 경우에는 법 제11조 규정에 따라 즉시 관계행정기관의 장에게 통보해야 한다.

관리주체는 정기점검결과 필요할 경우 결함의 정도에 따라 긴급점검 또는 정밀안전진단을 실시해야 하며 필요한 조치를 취해야 한다.

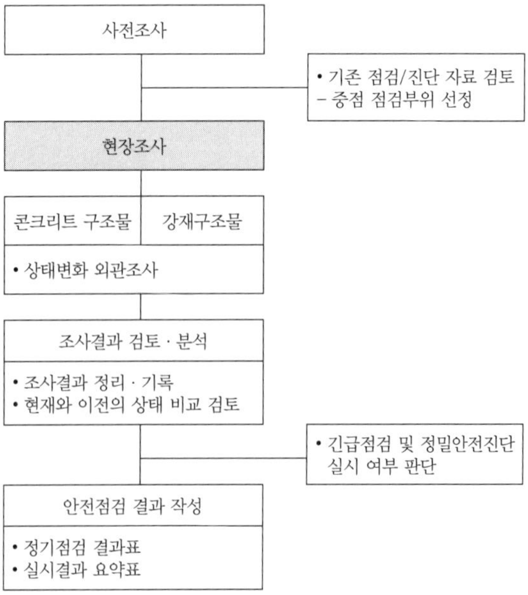

그림 12.1 정기점검 흐름도

(2) 정밀점검

① 초기점검

신설 시설물과 구조형태가 변화된 시설물은 준공 또는 사용승인(임시 사용 포함) 후 정밀점검 수준의 안전점검(이하 "초기점검"이라 한다)을 실시 완료해야 한다.

초기점검은 정밀점검 및 긴급점검을 실시할 수 있는 책임기술자의 자격을 갖춘 자에 의하여 수행되어야 한다.

초기점검의 목적은 첫째로 관리주체가 시설물의 유지관리를 하는데 필요한 초기치와 기초 자료를 얻기 위함이며, 둘째로 시설물의 전 부재에 대한 조사 · 관찰로 현재 발생한 결함 및 장래 발생하기 쉬운 결함을 조사하여 시설물의 상태평가 및 중점 유지관리항목에 대해 파악하는 것이다.

따라서 초기점검 시에는 사전에 설계도서를 상세히 검토하고 붕괴유발 부재 또는 부위를 파악하여 현장조사시 주의를 기울여야 하며, 추후 유지관리시 특별한 주의를 필요로 하는 사항을 제시하여야 하며, 시설물의 예방적 유지관리 체계의 구성이 필요하다. 세부적인 사항은 건설기술진흥법시행령 제88조에서 규정한 건설공사안전점검지침에 따르도록 한다.

② 정밀점검

정밀점검은 시설물의 현 상태를 정확히 판단하고 최초 또는 이전에 기록된 상태로부터의 변화를 확인하며 구조물이 현재의 사용요건을 계속 만족시키고 있는지 확인하기 위해 면밀한 육안검사와 간단한 측성 · 시험장비로 필요한 측정 및 시험을 실시한다.

외관조사 및 측정 · 시험 결과로 이전의 안전점검 및 정밀안전진단시 발견된 결함의 진전 및 신규 발생을 파악하여 시설물의 주요 부재별 상태를 평가하고, 이전의 안전점검 및 정밀안전진단시 상태평가 결과와 비교 · 검토하여 시설물의 전체에 대한 상태평가결과를 결정하며, 결함부위 등 주요 부위에 대한 외관조사망도 작성 등 조사결과를 도면으로 기록해야 한다.

또한, 내진설계 여부를 확인하고, 시설물에 영 제12조의 중대한 결함이 발생하는 등 필요한 경우에는 해당 부위에 대해서 안전성 평가를 실시할 수 있다.

다만, 결함이 광범위한 경우 등 정밀안전진단이 필요하다고 판단될 경우에 점검자는 관리 주체에게 즉시 보고해야 하며, 관리주체는 법 제7조 제1항의 규정에 의하여 정밀안전진단을 실시해야 한다.

(3) 긴급점검

긴급점검은 관리주체가 필요하다고 판단한 때 또는 관계행정기관의 장이 필요하다고 판단하여 관리주체에 요청한 때에 실시하는 정밀점검 수준의 안전점검이며, 실시목적에 따라 손상점검과 특별점검으로 구분한다.

① 손상점검

손상점검은 재해나 사고에 의해 비롯된 구조적 손상을 긴급히 점검하는 것으로 점검의 범위는 손상의 정도, 긴급한 사용제한 또는 사용금지의 필요 여부, 보수 · 보강의 긴급성, 보수 · 보강작업의 규모 및 작업량 등을 파악하여 결정하는 것이며, 이를

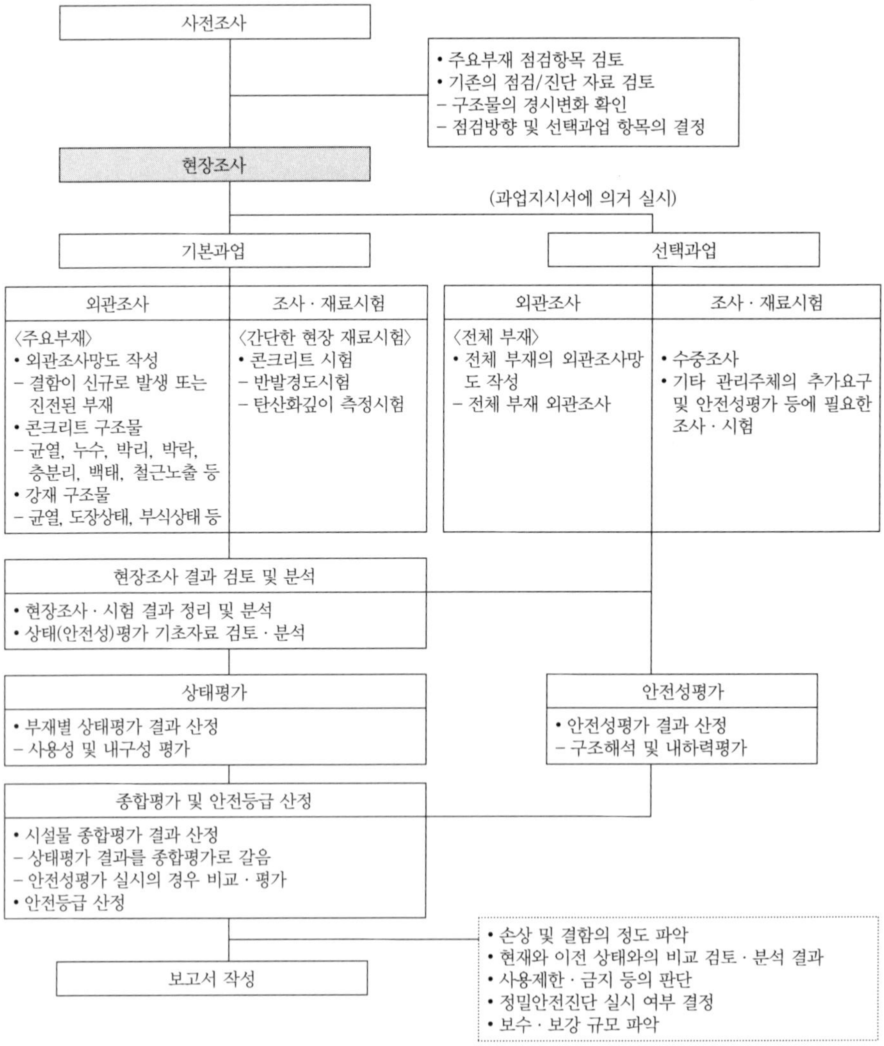

그림 12.2 정밀점검 및 긴급점검 흐름도

위해 측정 · 시험 및 필요한 경우 안전성 평가를 실시해야 한다.

점검자는 사용제한 및 사용금지 여부를 판단하여 필요할 경우에는 즉시 관리주체에 보고해야 하며, 관리주체는 필요한 조치를 취해야 한다.

② 특별점검

특별점검은 관리주체가 판단하여 행하는 정밀점검 수준의 점검이다. 이 점검은 기초침하 또는 세굴과 같은 결함이 의심되는 경우나 사용제한 중인 시설물의 사용 여부 등을 판단하기 위한 점검으로서 점검 시기는 결함의 심각성을 고려하여 결정한다.

(4) 정밀안전진단

정밀안전진단은 법 제7조제1항의 규정에 의하여 관리주체가 안전점검을 실시한 결과 시설물의 재해 및 재난 예방과 안전성 확보 등을 위해 필요하다고 인정하는 경우 실시하며, 동법시행령 제9조제1항에 해당하는 시설물은 동법시행령 제9조제2항의 규정에 따라 정기적으로 실시한다.

정밀안전진단은 안전점검으로 쉽게 발견할 수 없는 결함부위를 발견하기 위해 정밀한 근접 육안검사를 실시하고 또한 시설물의 상태평가 및 안전성 평가에 필요한 데이터를 얻기 위해 각종 측정 · 시험장비에 의한 측정 · 시험을 실시한다.

현장조사시 필요한 경우 교통통제 및 안전조치를 해야 하며, 시설물의 근접조사를 위한 접근 장비와 특수장비가 필요하며, 잠수부 등과 같은 특수기술자도 필요하다.

결함의 유무 및 범위에 대한 확인이 필요한 때에는 비파괴 현장시험과 기타 필요한 재료시험을 병행해야 한다. 전체 구조물의 표면에 대한 육안검사 결과는 도면으로 기록해야 하며, 구조물 전체의 부재별 상태를 평가하고 시설물 전체에 대한 상태평가등급을 결정해야 한다.

정밀안전진단에서는 시설물의 결함 정도에 따라 구조물의 내하력 등 안전성 평가를 실시하며, 이를 위해 필요한 조사 · 측정 · 시험, 구조계산, 수치해석 등을 실시하고 분석 · 검토하여 안전성 평가등급을 결정해야 한다. 또한 필요한 경우에는 구조물의 사용성, 내진성 등도 평가하여야 한다.

정밀안전진단 결과 보수 · 보강이 필요한 경우에는 보수 · 보강방법을 제시해야 한다. 이 경우 보수 · 보강시 예상되는 임시 고정하중(공사용 장비 및 자재 등)이 현저하게 작용하는 상황에 대한 구조 안전성평가를 포함해야 한다.

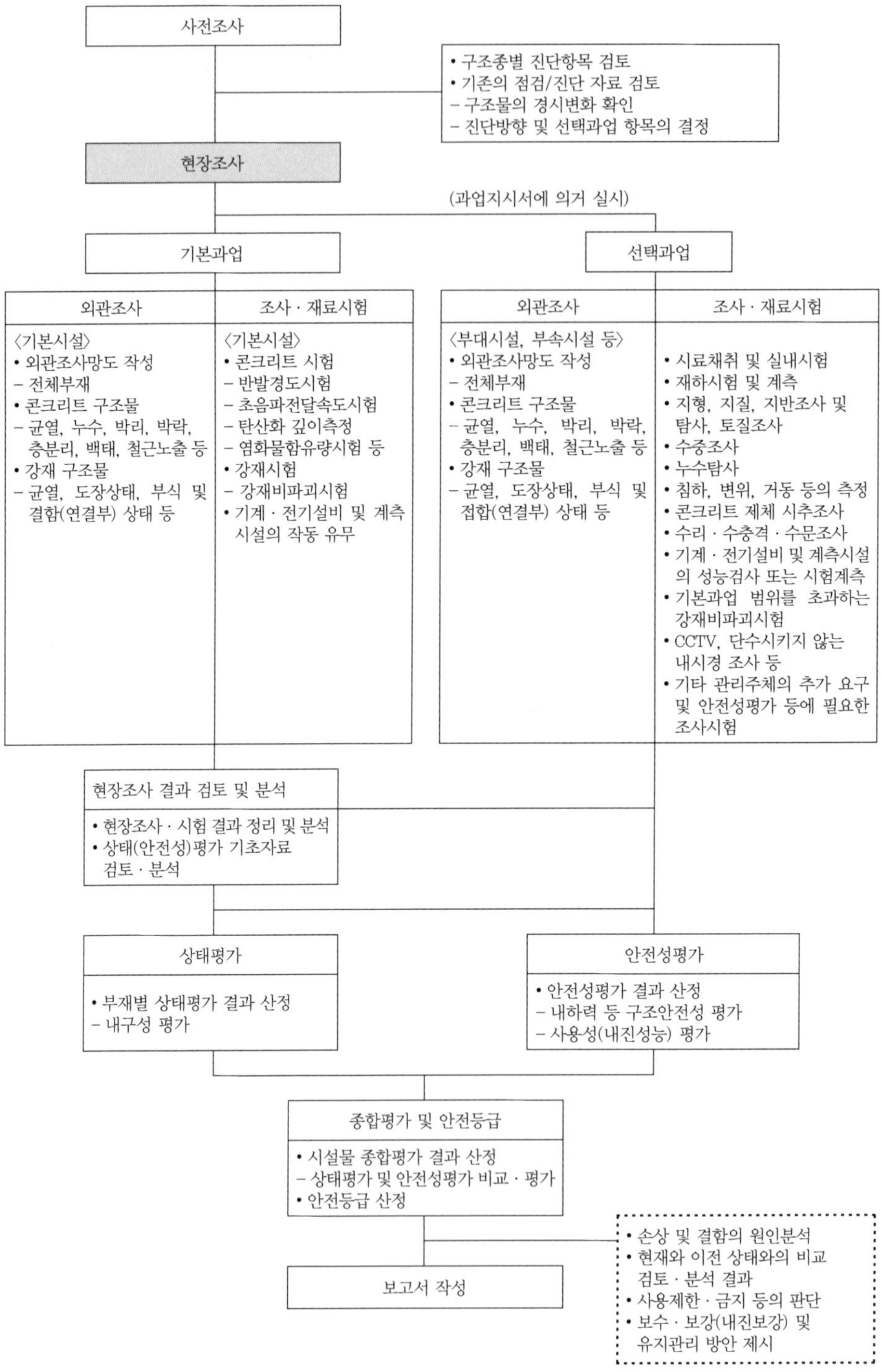

그림 12.3 정밀안전진단 흐름도

2) 안전점검 및 정밀안전진단의 실시 시기(안전점검 및 정밀안전진단 세부지침, 2017년 1월 31일)

관리주체는 소관시설물에 대하여 시행령 제8조 및 제28조 규정에 의하여 정기적으로 안전점검, 정밀안전진단 및 성능평가를 실시해야 한다. 이러한 안전점검 및 정밀안전진단 실시계획은 법 제4조의 규정에 의하여 관리주체가 소관시설물별로 수립 · 시행하는 안전 및 유지관리계획에 포함되어야 한다.

안전점검, 정밀안전진단 및 성능평가의 실시시기는 표 12.1과 같다.

표 12.1 안전점검, 정밀안전진단 및 성능평가의 실시시기

안전등급	정기안전점검	정밀안전점검		정밀안전진단	성능평가
		건축물	그 외 시설물		
A등급	반기에 1회 이상	4년에 1회 이상	3년에 1회 이상	6년에 1회 이상	5년에 1회 이상
B · C등급		3년에 1회 이상	2년에 1회 이상	5년에 1회 이상	
D · E등급	1년에 3회 이상	2년에 1회 이상	1년에 1회 이상	4년에 1회 이상	

(1) 정기점검

정기점검은 시설물의 준공일 또는 사용승인일(임시사용 포함)로부터 반기(6개월)에 1회 이상 실시해야 하며 정밀점검, 긴급점검 및 정밀안전진단의 실시기간과 중복되는 경우에는 생략할 수 있다. 다만, 공동주택의 경우에는 주택법시행령 제65조에 따른 안전점검으로 갈음한다.

(2) 정밀점검

① 초기점검

2001. 7. 30 이전 입찰공고된 시설물과 구조형태가 변화된 시설물은 준공 또는 사용승인(임시사용 포함)후 6개월 이내에 초기점검을 완료하여야 한다.

② 정밀점검

해당 시설물의 안전등급에 따라 실시주기에 의해서 정기적으로 정밀점검을 실시 완료하여야 한다.

최초로 실시하는 정밀점검은 시설물의 준공일 또는 사용승인일(임시 사용승인 포함)을 기준으로 3년 이내(건축물은 4년 이내)에 실시하여야 하며, 정밀점검 또는 정밀안전진단을 받은 경우 그 날(완료일)을 기준으로 정밀점검의 실시주기를 정한다.

또한 정밀안전진단 실시 기간과 중복되는 경우에는 생략할 수 있다.

(3) 정밀안전진단

정밀안전진단은 영 제9조에 따른 1종 시설물(공동주택 및 폐기물매립시설을 제외한다)에 대하여 준공일 또는 사용승인일(임시사용 포함)을 기준으로 산정하여 10년이 지난 때부터 1년 이내에 실시 완료하여야 하며, 차회의 정밀안전진단은 전회의 정밀안전진단 완료일을 기준으로 해당 시설물의 안전등급에 따라 다음 표의 실시주기에 의해서 정기적으로 정밀안전진단을 실시 완료하여 한다.

다만, 시설물의 특성상 정밀안전진단이 1년 이상 소요되는 시설물은 국토교통부장관과 협의하여 실시 완료하여야 한다.

또한, 안전점검을 실시한 결과 시설물의 재해 및 재난 예방과 안전성 확보 등을 위하여 필요한 경우에는 정밀안전진단을 실시하여야 한다.

3) 성능평가의 실시시기

시설물의 기능을 유지하기 위하여 요구되는 시설물의 구조적 안전성, 내구성, 사용성 등의 성능을 종합적으로 평가하는 것으로 5년에 1회 이상 실시하여야 한다.

12.2 건설공사 안전점검 대가산출

건설기술진흥법 시행령 제100조의 규정에 의한 건설공사의 안전점검을 실시함에 있어 이에 대한 대가를 산출하는 기준을 정한 것으로 이 기준은 건설기술진흥법 시행령 제100조 3항의 규정에 의한 건설공사에 대하여 건설업자 및 주택건설등록업자가 건설기술진흥법 제98조의 규정에 의한 안전관리계획을 수립하여 점검에 필요한 비용을 확보하거나 건설안전점검기관에 점검을 의뢰할 경우에 적용한다.

건설공사 안전점검은 공사목적물의 임시시설 및 가설공법, 공사목적물의 품질·시공상태, 공사장 주변의 안전조치를 조사하여 안전에 관한 평가를 실시, 보완함으로써 공사목적물 및 주변의 안전을 확보하고자 하는 행위를 의미한다.

건설공사 안전점검의 종류는 자체안전점검, 정기안전점검, 정밀안전점검, 초기점검, 공사재개 전 안전점검이 있다.

건설공사 안전점검 대가산출은 건설공사 안전점검 대가 산정기준(국토교통부,

2009년 7월 29일)을 참조하여 발췌하였다.

12.2.1 건설공사 안전점검 대가산출 원칙

건설공사 안전점검 대가산출 원칙은 건설기술진흥법 시행령 제46조의 4 제1항 제2호(정기안전점검) 및 제4호(정기점검)의 규정에 의한 안전점검대가의 산출은 공사비 비율에 의한 방식을 적용한다.

추가조사비는 건설공사의 상황을 고려하여 점검목적을 달성할 수 있도록 선정되어야 하며, 이에 소요되는 비용은 실비로 별도 계상한다.

① 건설기술진흥법 시행령 제100조의 규정에 의한 정밀안전점검 대가는 엔지니어링기술진흥법 제10조의 규정에 의한 엔지니어링사업 대가기준을 적용하여 산출한다.

② 건설기술진흥법 시행령 제100조의 규정에 의한 안전점검(초기점검) 대가 산정시에는 향후의 유지관리, 점검 · 진단을 위한 기초 자료가 되는 구조물 전체에 대한 외관조사망도 작성 및 구조 안전성 평가의 기준이 되는 초기치를 구하기 위한 추가 조사비용을 별도 계상해야 한다.

③ 건설기술진흥법 시행령 제101조의 규정에 의한 종합보고서의 작성비용은 별도로 계상할 수 있으며, 엔지니어링기술진흥법 제10조의 규정에 의한 엔지니어링사업대가 기준을 적용한다.

12.2.2 건설공사 안전점검 대가산출

1) 공사비 요율에 의한 방식

점검대상물의 순공사비에 일정비율을 곱하여 산출한 금액에 추가조사에 필요한 금액을 합산하여 대가를 산출하는 방식을 말하며, 건설공사 안전점검 대가요율은 표 12.2와 같다.

표 12.2 건설공사 안전점검 대가요율

건설공사 종류		규 격	전체 요율(%)	정기안전점검 요율(%)	초기점검 요율(%)
교량		100m	0.66	0.44	0.22
		300m	0.29	0.20	0.09
		500m	0.20	0.14	0.06
		1,000m	0.11	0.08	0.03
		2,000m	0.08	0.06	0.02
		4,000m	0.05	0.04	0.01
		8,000m	0.03	0.021	0.009
터널		300m	0.37	0.26	0.11
		500m	0.30	0.21	0.09
		1,000m	0.18	0.10	0.08
		2,000m	0.11	0.07	0.04
		4,000m	0.08	0.05	0.03
댐		–	0.15	0.11	0.04
하천	수 문	–	4.86	2.78	2.08
	제 방	1,000m	0.45	0.28	0.17
		2,000m	0.27	0.15	0.12
		4,000m	0.18	0.10	0.08
	부속시설(통문, 호안 포함)	–	4.86	2.78	2.08
하 구 둑		–	0.17	0.10	0.07
수도	취수시설,	–	0.33	0.22	0.11
	취수가압펌프장	–	0.36	0.23	0.13
	정수장, 배수지	–	0.08	0.05	0.03
	상수도 관로	–	0.08	0.05	0.03
공공하수처리시설		–	0.08	0.05	0.03
항만	계류시설	1만톤급	0.12	0.08	0.04
		5만톤급	0.10	0.06	0.04
		20만톤급	0.06	0.04	0.02
	갑문시설	–	0.17	0.12	0.05
건 축 물		5,000m²	0.52	0.35	0.17
		10,000m²	0.34	0.24	0.10
		30,000m²	0.16	0.11	0.05
		50,000m²	0.13	0.09	0.04
		100,000m²	0.11	0.08	0.03
폐기물매립시설		–	1.19	0.78	0.41
옹 벽		100m	3.63	2.06	1.57
		200m	2.59	1.47	1.12
		500m	1.91	1.08	0.83
절토사면		200m	0.99	0.56	0.43
		400m	0.71	0.40	0.31
		800m	0.45	0.26	0.19

※ 1. 정기안전점검 대가요율은 건설공사 안전점검 지침 별표 1. 건설공사별 정기안전점검 실시시기의 각 차수별 점검비용을 포함한다.
2. 건설기술진흥법 시행령 제101조의 규정에 의한 종합보고서의 작성비용을 포함한다.

2) 추가조사비

다음에 해당되는 업무는 건설공사의 상황을 고려하여 점검목적을 달성할 수 있도록 선정되어야 하며, 이에 소요되는 비용은 실비로 별도 계상한다.

① 구조물 전체에 대한 외관조사망도 작성
② 지질조사(시추, 시굴, 코어채취, 공내시험, 암반강도시험 등)
③ 지반조사 및 탐사(시추 또는 오거보링, 공내시험, 시료채취, 토질시험, GPR 탐사, 지하공동, 지층분석 등)
④ 콘크리트 제체 시추조사(시추, 공내시험, 시편채취, 강도시험, 물성시험 등)
⑤ 수중조사(조사선에 의한 교대 · 교각기초, 댐 · 항만 등의 수중조사 등)
⑥ 콘크리트 재료시험(코어채취, 강도, 성분, 공기량, 염화물함유량 시험 등)
⑦ 강재 비파괴시험(UT, RT)
⑧ 구조물의 조사에 필요한 가설재의 설치 및 해체 등
⑨ 교량 및 터널 점검차(교량의 상부구조 조사 및 터널 내부조사 등을 위한 차량 및 조종원 – 운전수, 조수)
⑩ 비파괴재하시험(정적 또는 동적 재하시험)
⑪ 구조 · 지반 · 수리해석
⑫ 구조안전성 평가 등 전문기술을 요하는 경우의 전문가 자문
⑬ 마감재의 해체 및 복구(구조물의 육안점검과 접근통로를 위한 기둥, 벽의 미장재, 천장의 부분해체 및 복구)
⑭ 전기 및 기계설비에 대한 조사 · 시험(건축물 제외)
⑮ 계측 및 측량(구조물의 상태 및 변위를 파악하기 위하여 계측 · 측량기를 사용하여 실시하는 토압측정, 변위측량 등)
⑯ 기타 점검을 효과적으로 수행하기 위해 필요한 비용

12.3 시설물의 안전점검 및 정밀안전진단 대가산출

시설물의 안전 및 유지관리에 관한 특별법 제37조 규정에 의한 안전점검 및 정밀안전진단을 실시함에 있어 이에 대한 대가를 산출하는 기준을 정한 것으로 시설물의 안전 및 유지관리계획을 수립하여 점검 및 진단에 필요한 비용을 확보하거나 안전진단전문기관 및 유지관리업체에게 점검 및 진단을 위탁할 경우에 적용한다. 여기에서

는 시설물의 안전 및 유지관리에 관한 특별법시행령 제26조의 규정에 의하여 시설물의 안전 및 유지관리 실시 등에 관한 지침 제6장(국토교통부 고시 제2018-45호, 2018년 1월 18일)을 참조하여 발췌하였다.

12.3.1 시설물의 안전점검 및 정밀안전진단 대가산출 원칙

시설물의 안전 및 유지관리에 관한 특별법 시행령 제26조의 규정에 의한 안전점검 및 정밀안전진단을 실시함에 있어 시설물의 안전점검 및 정밀안전진단 대가는 정액적산방식에 의하여 산출함을 원칙으로 한다. 추가조사비는 대상시설물에 대하여 사전조사 후 관리주체와 협의하여 추가조사항목을 실비로 계상한다.

① 하자담보책임기간의 종료를 위한 정밀안전진단의 경우에는 진단 과업범위에 따라 대가를 조정하여 적용한다.

② 초기점검의 경우에 안전점검 및 정밀안전진단지침 규정에 의하여 시설물의 구조적 특성에 따른 초기값을 측정할 수 있는 추가비용을 계상해야 한다.

1) 정액적산방식

정액적산방식은 점검 및 진단의 실시에 소요되는 기준인원수를 기초로 하여 대가를 산출하는 방식으로 기준시설물의 분류는 표 12.3, 시설물별 직접인건비 기준인원수는 표 12.4와 같다.

표 12.3 기준시설물의 분류 (제56조 제1항 관련, 별표 21)

시 설 물	기준규칙	계산구분	조정구분
교 량	도로교, 콘크리트 구조, 4차선	50, 100, 300, 500, 1,000, 2,000, 4,000, 8,000, 16,000m 연장별 계산	• 도로교, 시가도로교, 철도교, 전철교, 복개구조물 • 콘크리트교, 강교, 특수교 • 2차선(단선), 4차선(복선), 8차선
터 널	도로터널, 2차선	300, 500, 1,000, 2,000, 4,000, 8,000 , 16,000, 32,000, 40,000m 연장별 계산	• 도로, 도시(고속)철도, 일반철도, 지하차도 • 2차선(단선), 3차선(복선), 4차선 도로
건 축 물	콘크리트용 구조, 상업용	5,000, 10,000, 30,000 50,000, 100,000m² 동당 연면적별 계산	• 콘크리트, 철골, PC, 철골콘크리트, 특수구조, 목구조, 조적조 • 업무용, 상업용, 주거용, 지하도상가, 경기장, 체육관

표 12.3 **(표 계속)**

시 설 물	기준규칙	계산구분	조정구분
항 만 -계류시설	남해안, 5만 톤급 선좌, 잔교식	개 소	• 남해안, 서해안, 동해안 • 잔교식, 직립벽
항 만 -갑 문	5만 톤급	개 소	• 3만 톤급 미만 3만 ~ 5만 톤급 5만 톤급 초과
댐 -콘크리트	댐체 60×400m	개 소	• 콘크리트, 필댐, 복합댐, 조정지 • 댐 높이 및 길이에 따라 조정
하 구 둑	2,000m	개 소	• 1,000m 미만 1,000m ~ 3,000m 이상 3,000m 초과
하 천 -제 방 -수 문 -빗물 펌프장	 2.0×2.0m×2련 2,000HP	1,000m, 2,000m, 4,000m 연장별 계산 개 소 개 소	• 1련 미만, 2 ~ 4련, 4련 초과 • 1,000HP 미만 1,000HP ~ 3,000HP 3,000HP 초과
수 도 -도 수· 송수관로	1,500mm	1,000m/2,000m/4,000m 연장별 계산	• 1,000m 미만 1,000m ~ 2,000m 이상 2,000m 초과
취수시설	취수탑	1, 2, 3, 4개소	• 취수탑, 취수문
정 수 장	200,000m^3 /일	처리용량별 계산	• 10만m^3 /일 미만 10만 ~ 30만m^3 /일 30만m^3 /일 초과
취 수 가압펌프장	200,000m^3 /일	처리용량별 계산	• 10만m^3 /일 미만 10만 ~ 30만m^3 /일 30만m^3 초과
공공 하수처리장	200,000m^3 /일	1만, 5만, 10만, 20만, 40만 m^3/일	
옹 벽	콘크리트옹벽, 높이 10m, 길이 200m, 부지옹벽	개 소	• 콘크리트, 보강토, 석축, 개비온 • 높이 5~25m • 길이 50~1,000m • 부지 옹벽
절토사면	암사면, 높이 50m, 길이 200m, 국도부속사면(편도2차로 이상)	개 소	• 토사사면, 암사면 • 높이 25~125m • 길이 100~800m • 고속국도, 국도, 지방도, 국지도
공동구	2m×2m×2련× 1,000m	100, 300, 500, 1,000, 2,000, 4,000m 연장별 계산	• 련수 1~4련 • 규격(높이, 폭)

표 12.4 시설물별 직접인건비 기준인원수(제56조 제1항 관련, 별표 22) [단위 : 인·일(고급기술자)]

구분	규격		정밀안전진단		정밀안전점검		정기안전점검	
			전체	외업	전체	외업	전체	외업
교량	도로교, 콘크리트, 4차로	50m	82	15	26	10	5	3
		100m	90	19	28	11	6	4
		300m	124	37	36	16	8	5
		500 m	157	55	45	21	11	7
		1,000m	241	99	67	34	17	10
		2,000m	409	188	110	60	29	17
		4,000m	630	365	168	112	46	31
		8,000m	1,067	720	289	216	80	59
		16,000m	1,828	1,431	506	424	140	115
터널	도로, 2차로	300m	99	25	16	9	6	4
		500m	116	34	19	11	6	4
		1,000m	156	56	25	16	7	5
		2,000m	237	101	39	27	10	7
		4,000m	399	191	66	48	17	12
		8,000m	723	370	120	90	29	20
		16,000m	1,372	729	229	175	54	38
		32,000m	2,669	1,446	446	344	102	72
		40,000m	3,317	1,804	555	429	127	90
건축물	콘크리트조, 상업용	5,000m^2	85	26	17	11	6	4
		10,000m^2	93	31	18	12	6	4
		30,000m^2	148	66	29	21	10	7
		50,000m^2	205	102	39	29	14	9
		100,000m^2	347	193	65	50	24	15
항만	계류시설, 잔교식	5만 톤급	206	103	53	34	21	16
	갑문	5만 톤급	389	183	76	44	22	14
	원유부이식 계류시설 (해저송유관시설),	30만 톤급						
		수상부	84	21	25	15	14	9
		수중부	64	41	22	16	–	–
댐	콘크리트	높이60m, 길이400m	566	227	107	53	29	16
하구둑		2,000 m	425	244	70	37	17	10
하천	제방	1,000m	60	17	11	8	6	4
		2,000m	74	25	14	10	7	5
		4,000m	102	40	20	15	9	6
	수문 2.0m×2.0m×2련, 20m		51	17	14	10	6	4
	배수펌프장	100HP	49	14	14	9	5	3
		500HP	56	18	16	10	6	4
		1,000HP	65	24	17	11	6	4
		2,000HP	82	34	20	13	7	4
		5,000HP	135	66	31	21	9	6

표 12.4 (표 계속)

구분	규격		정밀안전진단		정밀안전점검		정기안전점검	
			전체	외업	전체	외업	전체	외업
수도	정수장	1만m^3/일	66	18	14	8	6	4
		5만m^3/일	79	26	16	10	6	4
		10만m^3/일	93	35	18	11	7	5
		20만m^3/일	122	54	23	15	9	6
		40만m^3/일	181	92	33	23	13	8
	배수지	2,000m^3	46	12	12	8	5	3
		5,000m^3	51	15	12	8	5	3
		10,000m^3	58	19	14	10	6	4
		30,000m^3	85	35	18	13	8	5
		50,000m^3	113	51	24	18	10	6
공공하수처리시설		1만 m^3/일	79	26	16	10	6	4
		5만 m^3/일	88	32	19	12	7	4
		10만m^3/일	99	39	20	13	8	5
		20만m^3/일	121	53	24	16	9	6
		40만m^3/일	166	82	32	23	11	7
옹벽	콘크리트옹벽, 높이 10m, 길이 200m, 부지옹벽		64	18	15	11	6	4
절토사면	편도2차로 이상의 국도, 지방도, 국지도 부속 암사면, 높이 50m, 길이 200m		92	31	23	13	8	5
공동구	2.0m×2.0m×2련	100m	71	13	11	6	5	3
		300m	83	18	13	7	5	3
		500m	94	23	14	8	6	4
		1,000m	124	37	19	11	7	4
		2,000m	183	64	29	18	9	5
		4,000m	301	118	47	30	13	7

※ 기준시설물의 규모보다 작거나 큰 경우에는 보간법(내삽 및 외삽)을 이용하여 산출한다.
※ 항만의 원유부이식계류시설 및 갑문의 직접인건비 기준인원수에는 기계 · 전기설비의 성능검사품이 포함되어 있음

2) 일급방식

선택과업비용에 계상되는 선문가 자문 및 추가업무 등 특별업무에 대하여 직접인건비에 직접경비, 제경비, 기술료를 가산하여 일당으로 지급하는 것을 말한다.

12.3.2 시설물의 안전점검 및 정밀안전진단 대가산출

안전점검 및 정밀안전진단지침에서 규정된 업무를 수행하는데 필요한 직접인건비, 제경비, 기술료, 및 추가조사비의 합계액을 말한다.

1) 직접인건비

점검 및 진단업무에 직접 종사하는 인원 등의 급료, 제수당, 상여금, 퇴직적립금, 산재보험금 등을 포함한 것을 다음 식에 의해 산출한다.

직접인건비=시설물별 기준인원수×조정비×노임단가

* 기준인원수는 고급기술자 수준으로 환산

표 12.3에 명시되지 않은 시설물에 대한 인원수는 기준시설물에 대한 인원수를 보간법(내삽 및 외삽법 포함)에 의하여 산출한다.(제9장 9.3 직선보간법 참조)

인원수 보간시 가장 인접한 두 기준구조물의 인원수(원점 제외)를 이용하며, 소수 둘째자리에서 반올림하여 소수 첫째자리를 포함한 인원수를 산정하여 대가를 계상한다.

(1) 노임단가

고급기술자에 대한 노임단가는 표 9.3과 같이 한국엔지니어링협회가 통계법에 의하여 조사·공표한 건설 및 기타 부분의 노임단가 기준을 따른다.

(2) 임금 할증

관리주체의 사정으로 인하여 야간 및 휴일 등의 작업이 불가피한 경우, 근로기준법에 따라 통상임금의 일정비율을 가산한다.

(3) 표 12.4에 명시되지 않는 시설물에 대한 인원수

기준구조물에 대한 인원수를 보간법에 의하여 산출한다.

2) 제경비

직접비(직접인건비 및 직접경비)에 포함되지 아니하는 간접비를 말하며, 임원·서무·경리직원 등의 급여, 사무실비, 광열수도비, 사무용 소모품비, 비품비, 통신운

반비, 회의비, 공과금, 영업활동비 등을 포함한 것으로서 직접인건비의 110~120%로 계상한다.

제경비＝직접인건비×(110~120%)

3) 기술료

안전진단전문기관 등이 개발, 보유한 기술의 사용 및 기술축적을 위한 비용으로서 조사연구비, 기술개발비, 기술훈련비 및 이윤 등을 포함하며, 직접인건비와 제경비를 합한 금액의 20~40%로 계상한다.

기술료＝(직접인건비＋제경비)×(20~40%)

4) 직접경비 대가기준(지침 제60조 관련, 별표 25)

당해 점검 및 진단업무의 수행에 필요한 점검 및 진단요원 등의 현지여비 및 체재비, 현지운영 등에 필요한 다음 비용을 포함하며, 계상기준은 다음과 같은 대가기준에 따라 실비로 계상한다.

① 여비 및 현장체재비
② 현지 보조인부의 노임
③ 차량운행비
④ 위험수당
⑤ 기계 · 기구 손료
⑥ 보고서 등 인쇄비

(1) 여비 및 현장체제비

① 체제비 : 공무원 여비규정 제2호표 준용
② 여　비
　a. 이동수단 : 철도운임 실비 일반실 기준
　b. 인원수
　　•정밀안전점검 : 용역당 8인 1회 왕복
　　•정밀안전진단 : 용역당 10인 1회 왕복

(2) 현지 차량운행비

① 차량의 종류 : 승용차(배기량 2,000cc 이하)

② 차량대수 : 외업인원수(고급기술자 기준) 4인 이내 1대
(4인 초과시 4인당 1대 추가)

③ 대가방법

a. 차량비는 손료와 재료비로 계상한다.

b. 시간당 손료(상각비, 정비비, 관리비) 계수 : $1,547 \times 10^{-7}$

c. 주연료(휘발유) : 10ℓ/일

d. 잡품 : 주연료비의 10%

(3) 현지보조인부의 노임

① 적용인수 : 외업인원수의 40% 적용
(정밀안전진단 및 정밀안전점검 동일)

② 적용 임금 : 특별인부의 시중 노임단가 적용

(4) 위험수당

① 시설물별 작업 위험도에 따라 적용

② 현지 직접인건비의 10~20%

(5) 기계 · 기구손료

① 정밀안전점검 : 직접인건비(별표 16의 전체기준)의 5%

② 정밀안전진단 : 직접인건비(별표 16의 전체기준)의 10%

(6) 보고서 등 인쇄비

① 정밀안전점검 보고서 : 300쪽, 10부(부록 포함) 및 CD보고서 5부 기준

② 정밀안전진단 보고서 : 400쪽, 20부(부록 포함) 및 CD보고서 5부 기준

③ 기술심의 보고서 : 400쪽, 20부(부록 포함)

단, 보고서 쪽수 및 부수가 기준과 크게 상이할 경우 대가를 협의 조정할 수 있다.

5) 선택과업비용(지침 제60조, 별표 26)

다음의 업무는 관리주체와 협의하여 정하되, 이에 소요되는 직접인건비, 제경비

및 기술료는 위의 방법을 적용한다.

① 설계도서 및 준공도서가 없는 경우 실측도면 작성 비용
② 지질조사(시추, 시굴, 코어채취, 공내시험, 암반강도시험 등)
③ 지반조사 및 탐사(시추 또는 오거보링, 공내시험, 시료채취, 토질시험, G.P.R 탐사, 지하공동, 지층분석 등)
④ 콘크리트 제체 시추조사(시추, 공내시험, 시편채취, 강도시험, 물성시험 등)
⑤ 수중조사(조사선에 의한 교대 · 교각기초, 댐 · 항만 등의 수중조사 등)
⑥ 콘크리트 재료시험(코어채취, 강도, 성분, 공기량, 염분함량시험 등)
⑦ 시설물의 조사에 필요한 가설재의 설치 및 해체
⑧ 교량 및 터널 점검차(교량의 들보 하부조사 및 터널 내부조사 등을 위한 차량 및 조종원-운전수, 조수)
⑨ 비파괴 재하시험(정적 또는 동적 재하시험)
⑩ 구조 · 지반 · 수리해석
⑪ 구조안전성 평가 등 전문기술을 요히는 경우에 전문가의 자문
⑫ 표면청소(육안점검을 위한 구조물면의 심한 녹이나 그을음 등의 제거 청소)
⑬ 마감재의 해체 및 복구(시설물의 육안점검과 접근통로를 위한 기둥, 벽의 미장재, 천장의 부분해체 및 복구)
⑭ 기계 · 전기설비 및 계측시설의 성능검사 또는 시험계측(건축물 제외)
⑮ 내진성 평가 및 내진보강방안 제시를 위한 필요한 비용
⑯ 기타 제18조의 안전점검 등 과업내용 중 선택과업의 수행에 필요한 비용

12.3.3 시설물의 안전점검 및 정밀안전진단 대가의 조정

산출한 대가는 시설물의 구조적인 복잡도 및 시설물의 경과년수에 따라 다음과 같이 조정할 수 있다.

① 시설물의 구조적인 구성이 매우 복잡한 경우(예 : 강교중 연속교 및 강상판형교, PS상형교, 게르버교, 환기덕트가 있는 터널 등)에는 (+)15% 범위에서, 단순한 경우(예 : 콘크리트슬래브교, 콘크리트 T-빔교 등)에는 (-)15% 범위에서 조정할 수 있다.
② 시설물의 경과년수에 따른 보정비는 표 12.5와 같다.
③ 전차보고서 제공 여부에 따른 보정비는 표 12.6과 같다.

표 12.5 시설물의 경과년수에 따른 보정비

경과년수	보 정 비	경과년수	보 정 비
15 이내	1.00	35년 초과 ~ 55년 이내	1.15
15년 초과 ~ 25년 이내	1.05	55년 초과	1.20
25년 초과 ~ 35년 이내	1.10		

표 12.6 전차보고서 제공 여부에 따른 보정비

구 분	보 정 비
전차용역보고서 미제공시	1.00
전차용역보고서 또는 야장, CAD 파일 1개만 제공시	0.97
전차용역보고서 또는 야장, CAD 파일 동시 제공시	0.95

12.3.4 시설물별 조정비(제56조 제1항 관련)

교량, 터널, 건축물, 항만시설물, 댐, 하구둑, 하천시설물, 수도시설물, 하수처리장, 옹벽, 절토사면 등의 조정비는 표 12.7~표 12.17과 같다.

표 12.7 교량의 조정비

(1) 차로별 조정		(2) 용도별 조정		(3) 구조형식별 조정	
차로수	조정비	용 도	조정비	구조형식	조정비
2차로(단선)	0.75	도로교	1.00	콘크리트교	1.00
4차로(복선)	1.00	시가도로교	1.10	강 교	1.10
6차로	1.15	일반철도	1.30	특수교	1.30
8차로	1.30	도시(고속)철도	1.50		
		복개구조물	1.10		

표 12.8 터널의 조정비

(1) 차로별 조정		(2) 용도별 조정	
차 로 수	조정비	용 도	조정비
2차로 도로	1.00	도로터널, 지하차도	1.00
3차로 도로	1.30	도시(고속)철도	1.30
4차로 도로	1.60	일반철도	1.50
단 선 철도	1.00		
복 선 철도	1.30		

※ 5차로 이상 도로터널과 복선 초과하는 철도터널은 면적비를 고려하여 조정비 산정
※ 야간작업 시 표준품셈에 의한 할증 가산

표 12.9 건축물의 조정비

(1) 구조형식별 조정		(2) 용도별 조정	
구 조 형 식	조정비	용 도	조정비
철근콘크리트	1.00	업 무 용	1.00
철골철근콘크리트	1.00	상업용, 지하도상가	1.00
철골조	0.80	주 거 용	1.10
PC조	1.00	특 수 용	1.20
특수구조	1.30	경기장, 체육관	1.20
목구조	1.20		
조적조	0.90		

표 12.10 항만시설물의 조정비

(1) 해역별 조정-계류시설 (원유부이식 제외)		(2) 구조형식별 조정-계류시설 (원유부이식 제외)		(3) 규모별 조정		
해 역	조정비	구조형식	조정비	규 모	조정비	
					계류시설	갑 문
남해안	1.00	잔교식	1.00	3만톤 미만	0.90	0.80
동해안	0.80	직립벽	0.60	3 - 5만톤	1.00	1.00
서해안	1.40			5만톤 초과	1.10	1.20

(4) 부두폭 조정 - 잔교식 (상하면 폭 동시 증가시)		(5) 배면매립부 길이 조정 - 직립벽 (상면 폭만 증가시)		(6) 해저송유관 길이별 조정 - 원유부이식 계류시설 (수중부 조사시 적용)	
부두의 폭 (m)	조정비	배면매립부 길이(m)	조정비	규모	조정비
40 미만	1.00	40 미만	1.00	1,000m 미만	1.00
40 이상~60미만	1.20	40 이상~80 미만	1.15	1,000 - 3,000m	1.50
60 이상~80미만	1.40	80 이상~120 미만	1.30	3,000m 초과	2.00
80 이상	1.60	120 이상	1.45		

표 12.11 댐의 조정비

(1) 구조형식별 조정		(2) 규격별 조정			
구 조 형 식	조정비	댐체 높이	조정비	댐체 길이	조정비
콘크리트댐	1.00	20 m	0.50	200 m	0.50
필댐	1.20	40 m	0.75	300 m	0.75
복합댐	1.30	60 m	1.00	400 m	1.00
조정지	0.70	80 m	1.15	500 m	1.15
		100 m	1.30	600 m	1.30

표 12.12 하구둑의 조정비

연장별 조정	
연 장	조 정 비
1,000m 미만	0.70
1,000~3,000m	1.00
3,000m 초과	1.30

표 12.13 하천시설물의 조정비

수 문							
(1) 암거 련수별 조정		(2) 암거 높이별 조정		(3) 암거 폭별 조정		(4) 암거 길이별 조정	
련 수	조정비	높이(m)	조정비	폭(m)	조정비	길이(m)	조정비
1 련	0.85	1.5 미만	1.20	3.0 이하	1.00	0(암거 없는 경우)	0.75
2 련	1.00	1.5~2.5	1.00	3.0 초과	1.10	0 초과~50 미만	1.00
3 련	1.15	2.5 초과	1.10			50 이상~100 미만	1.10
4 련	1.30					100 이상~200 미만	1.20
5 련	1.45					200 이상~500 미만	1.50
6 련	1.60					500 이상	2.00

표 12.14 수도의 조정비

(1) 도 · 송수관로				(2) 취수시설	
시설종류별 조정	조정비	관경별 조정	조정비	시설종류	조정비
관 로	1.00	1,000mm 미만	0.70	취수탑	1.00
수로터널 및 터널배수지	1.50	1,000~2,000mm	1.00	취수문	1.00
		2,000mm 초과	1.30	취수관	0.70

(3) 배수지	
시설종류	조정비
배수지	1.00
조절지	1.00

표 12.15 공동구의 조정비

(1) 시설종류		(2) 련수별 조정		(3) 높이별 조정		(4) 폭별 조정	
시설종류	조정비	련 수	조정비	높이(m)	조정비	폭(m)	조정비
공동구	1.00	1련	0.8	1.5 미만	1.20	30 미만	1.00
하수암거	1.30	2련	1.00	1.5~2.5	1.00	3.0~5.0	1.10
		3련	1.20	2.5 초과	1.10	5.0 초과	1.20
		4련	1.40				

※ 비고 : 공동구와 유사한 구조형식인 하수암거의 경우 시설 종류에 따른 조정비는 1.30을 적용할 수 있다.

표 12.16 옹벽의 조정비

(1) 구성 재료별 조정		(2) 규모별 조정				(3) 용도별 조정	
구성재료	조정비	높 이	조정비	길 이	조정비	용 도	조정비
보강토, 석축 및 개비온	0.8	5m 10m 15m 20m 25m	0.90 1.00 1.15 1.30 1.55 –	50m 100m 200m 300m 500m 1,000m	0.70 0.80 1.00 1.20 1.60 2.50	부지옹벽	1.0
						도로, 철도 및 기타 옹벽	1.1
콘크리트	1.0					해안 및 수리시설옹벽	1.2

표 12.17 절토사면의 조정비

(1) 구성재료별 조정		(2) 규모별 조정				(3) 용도별 조정	
구성재료	조정비	높 이	조정비	길 이	조정비	용 도	조정비
토사사면	0.8	25m 50m 75m 100m 125m	0.75 1.00 1.25 1.50 1.75	100m 200m 400m 600m 800m	0.80 1.00 1.40 1.80 2.20	고속국도	0.8
						국도, 지방도, 국지도 (편도2차로 이상)	1.0
암사면	1.0					국도, 지방도, 국지도 (편도1차로와 갓길), 기타 사면	1.2
						국도, 지방도, 국지도 (편도1차로), 철도사면	1.3

12.4 관련법에 의한 안전점검 상세내용

산업안전보건법, 시설물 안전 및 유지관리에 관한 특별법, 건설기술진흥법에 의한 안전점검 상세내용 비교는 표 12.18과 같다.

표 12.18 관련법에 의한 안전점검 상세내용 비교표

<table>
<tr><th>구 분
관련법령</th><th>종 류</th><th>점검시기</th><th>점검내용</th><th>점검주체</th><th>점검대상</th></tr>
<tr><td rowspan="4">산업안전
보건법</td><td>안전진단</td><td>① 안전성에 의심이 갈 때
② 새로운 대책이 요구될 때
③ 사업장수준 파악이 요구될 때</td><td>① 종합진단
② 안전기술진단
③ 보건기술진단의 내용</td><td>① 사업주
② 안전진단 기관</td><td rowspan="4">안전진단 대상사업장
① 중대재해발생 사업장
② 안전보건개선 계획 수립시행 명령사업장
③ 철도, 도로, 하천 등을 관통 또는 인접하여 지하 10m 이상 굴착공사
④ 총연장 50m 이상 터널 굴착공사
⑤ 총연장 200m 이상 교량건설 해체공사
⑥ 기타 안전진단 필요사업장</td></tr>
<tr><td>일상점검</td><td>매일(작업 전, 중, 후) 수시점검</td><td>① 설비, 기계, 공구 등 점검
② 해당작업에 대한 전체사항 점검</td><td rowspan="3">사업주</td></tr>
<tr><td>특별점검</td><td>① 기계, 기구, 설비의 신설 및 변경
② 천재지변 발생 후</td><td>① 신설 및 변경된 기계,기구,설비
② 고장, 수리 등</td></tr>
<tr><td>정기점검</td><td>매주 또는 매월 1회</td><td>① 기계, 기구, 설비의 안전상 중요 부분
② 피로, 마모, 손상, 부식 등</td></tr>
<tr><td rowspan="5">시설물
안전 및
유지관리
에 관한
특별법</td><td>정기안전
점검</td><td>① A, B, C등급 : 반기에 1회 이상
② D, E등급 : 1년에 3회 이상</td><td>① 시설물의 기능적 상태 판단
② 현재의 사용요건 만족도 확인</td><td rowspan="3">① 관리주체
② 안전진단 전문기관
③ 유지관리 업자</td><td rowspan="3">① 1종 시설물
② 2종 시설물</td></tr>
<tr><td>정밀안전
점검</td><td>안전등급(A~E)에 따라 건축물과 그 외 시설물로 점검시기 구분됨</td><td>① 시설물의 상태 평가
② 필요시 안전성 평가 포함</td></tr>
<tr><td>긴급안전
점검</td><td>① 관리주체가 필요시
② 관계행정기관의장 필요시</td><td>재해, 사고에 의한 구조적 손상 평가</td></tr>
<tr><td>정밀
안전진단</td><td>① A등급 : 6년에 1회 이상
② B, C등급 : 5년에 1회 이상
③ D, E등급 : 4년에 1회 이상</td><td>정기점검 과정에서 발견하지 못한 결함 부위 발견</td><td>① 안전진단 전문기관
② 한국시설 안전공단</td><td>① 관리주체가 필요시
② 완공 후 10년 경과된 1종 시설물</td></tr>
<tr><td>성능평가</td><td>5년에 1회 이상</td><td colspan="3">시설물의 기능을 유지하기 위하여 요구되는 시설물의 구조적 안전성, 내구성, 사용성 등의 성능을 종합적으로 평가하는 것으로 5년에 1회 이상 실시하여야 한다.</td></tr>
</table>

<table>
<tr><th>구 분
관련법령</th><th>종 류</th><th>점검시기</th><th>점검내용</th><th>점검주체</th><th>점검대상</th></tr>
<tr><td rowspan="5">건설기술
진흥법</td><td>자체
안전점검</td><td>공사기간 동안 매일 실시</td><td>건설공사 전반</td><td>① 건설업자
② 주택건설 등록업자</td><td rowspan="3">정기안전점검대상 공사
① 1종 시설물
② 2종 시설물 (단, 건축물을 10층 이상의 건설공사 또는 10층 이상인 건축물의 리모델링 및 해체공사)
③ 지하 10m 이상 굴착 (단, 집수정, 엘리베이터 피트 및 정화조 제외
④ 폭박물 사용 건설공사로 20m 안에 시설물, 100m 안에 양육시설이 있는 경우
⑤ 원자력 시설공사 제외</td></tr>
<tr><td>정기
안전점검</td><td>안전관리계획서에서 정한 시기와 횟수
• '97. 7. 21 이전 발주공사 착공 후 1년에 1회 이상
• '97. 7. 21 이후 발주공사 공종별 안전점검계획에 준하여 실시
• 2001. 7. 30 이후 발주공사 안전점검계획에 준하며 별표에 준하여 시행</td><td>① 임시시설 및 가설공법의 안전성
② 품질 시공상태의 적정성
③ 인접건축물 또는 시설물의 안전성</td><td rowspan="2">① 안전진단 전문기관
② 한국시설 안전 공단</td></tr>
<tr><td>정밀
안선점검</td><td>정기 안진점검 결과 필요시</td><td>① 시설물 결함에 대한 구조적 안전성
② 결함의 원인 등을 조사, 측정, 평가, 보수, 보강 등의 방법제시</td></tr>
<tr><td>초기점검</td><td>① 건설공사 준공 전
② 발주자 승인을 얻은 경우 준공 후 3개월 이내</td><td>① 구조물 전체에 대한 외관조사 밍도 작성
② 초기치를 구하는데 필요한 추가조사 항목</td><td>① 인전진단 전문기관
② 한국시설 안전 공단</td><td rowspan="2">① 1종 시설물
② 2종 시설물</td></tr>
<tr><td>공사중단으로 1년 이상 방치된 시설물의 공사재개 전에 실시하는 안전점검</td><td>건설공사 재개 전</td><td>자체안전점검 또는 정기안전점검 수준으로 실시</td><td>① 안전진단 전문기관
② 한국시설 안전 공단</td></tr>
</table>

제 12 장 연습문제

1 아래에 있는 내용을 설명하시오.

1) 안전점검 및 정밀안전진단의 종류

2) 안전점검 및 정밀안전진단의 실시 시기

3) 건설공사 안전점검 대가 산출방법

4) 시설물의 안전점검 및 정밀안전진단 대가 산출방법

5) 시설물의 안전점검 및 정밀안전진단 직접경비 산출방법

6) 시설물의 안전점검 및 정밀안전진단 대가의 조정방법

7) 교량의 조정비

8) 댐의 조정비

9) 터널의 조정비

10) 옹벽의 조정비

부록

부록 1. 예정가격 작성기준

부록 2. 공사계약 일반조건

부록 3. 관계법령 발췌

부록 4. 건설업의 업종과 업종별 업무내용

부록 5. 건설기계손료 및 운전경비 산정

부록 6. 건설부문 시중노임단가 및 직종해설(2018년 적용)

부 록 1 예정가격 작성기준

(기획재정부 계약예규 제354호, 2017.12.28 일부개정)

제1장 총 칙

◈ 1조 - 목 적

이 예규는 「국가를 당사자로 하는 계약에 관한 법률 시행령」(이하 "시행령"이라 한다) 제9조제1항제2호 및 「국가를 당사자로 하는 계약에 관한 법률 시행규칙」(이하 "시행규칙"이라 한다) 제6조의 규정에 의한 원가계산에 의한 예정가격 작성, 시행령 제9조제1항제3호 및 시행규칙 제5조제2항의 규정에 의한 표준시장단가에 의한 예정가격 작성 및 시행규칙 제5조에 의한 전문가격조사기관(이하 "조사기관"이라 한다.)의 등록 등에 있어 적용하여야 할 기준을 정함을 목적으로 한다.

◈ 2조 - 계약담당공무원의 주의사항

① 계약담당공무원(각 중앙관서의 장이 계약에 관한 사무를 그 소속공무원에게 위임하지 아니하고 직접 처리하는 경우에는 이를 계약담당공무원으로 본다. 이하 같다)은 예정가격 작성등과 관련하여 이 예규에 정한 사항에 따라 업무를 처리 한다.

② 계약담당공무원은 이 예규에 따라 예정가격 작성시에 표준품셈에 정해진 물량, 관련 법령에 따른 기준가격 및 비용 등을 부당하게 감액하거나 과잉 계산되지 않도록 하여야 하며, 불가피한 사유로 가격을 조정한 경우에는 조정 사유를 예정가격 조서에 명시하여야 한다.

제2장 원가계산에 의한 예정가격 작성

제1절 총 칙

◈ 3조 - 원가계산의 구분

원가계산은 제조원가계산과 공사원가계산 및 용역원가계산으로 구분하되, 용역원가계산에 관하여는 제4절 및 제5절의 규정에 의한다.

◈ 4조 – 원가계산의 비목

원가계산은 재료비, 노무비, 경비, 일반관리비 및 이윤으로 구분하여 작성한다.

◈ 5조 – 비목별 가격결정의 원칙

① 재료비, 노무비, 경비는 각각 아래에서 정한 산식에 따른다.

- 재료비 = 재료량 × 단위당가격
- 노무비 = 노무량 × 단위당가격
- 경　비 = 소요(소비)량 × 단위당가격

② 재료비, 노무비, 경비의 각 세비목별 단위당가격은 시행규칙 제7조에 따라 계산한다.

③ 계약담당 공무원은 재료비, 노무비, 경비의 각 세비목 및 그 물량(재료량, 노무량, 소요량) 산출은 계약목적물에 대한 규격서, 설계서 등에 의하거나 제34조에 의한 원가계산자료를 근거로 하여 산정하여야 하며, 일정률로 계상하는 일반관리비, 간접노무비 등에 대해서는 사전공고한 공사원가 제 비율을 준수하여야 한다.

④ 계약담당 공무원은 제3항의 각 세비목 및 그 물량산출은 계약목적물의 내용 및 특성 등을 고려하여 그 완성에 적합하다고 인정되는 합리적인 방법이어야 한다.

◈ 6조 – 원가계산에 의한 예정가격 작성시 주의사항

① 계약담당 공무원은 원가계산방법으로 예정가격을 작성할 때에는 계약수량, 이행의 전망, 이행기간, 수급상황, 계약조건, 기타 제반 여건을 고려하여야 한다.

② 계약담당 공무원은 표준품셈을 이용하여 원가계산을 하는 경우에는 가장 최근의 표준품셈을 이용하여야 한다.

제2절 제조원가계산

◈ 7조 – 제조원가

제조원가라 함은 제조과정에서 발생한 재료비, 노무비, 경비의 합계액을 말한다.

◈ 8조 – 작성방법

계약담당 공무원은 제조원가를 계산하고자 할 때에는 별표 1의 제조원가계산서를 작성하고 비목별 산출근거를 명시한 기초계산서를 첨부하여야 한다. 이 경우 재료비, 노무비, 경비 중 일부를 별표 1의 제조원가계산서상 일반관리비 또는 이윤 다음 비목으로 계상하여서는 아니된다.

◈ 9조 – 재료비

재료비는 제조원가를 구성하는 다음 내용의 직접재료비, 간접재료비로 한다.

① 직접재료비는 계약목적물의 실체를 형성하는 물품의 가치로서 다음 각호를 말한다.

1. 주요재료비
   계약목적물의 기본적 구성형태를 이루는 물품의 가치
2. 부분품비
   계약목적물에 원형대로 부착되어 그 조성부분이 되는 매입부품 · 수입부품 · 외장재료 및 제11조제3항제13호 규정에 의한 경비로 계상되는 것을 제외한 외주품의 가치

② 간접재료비는 계약목적물의 실체를 형성하지는 않으나 제조에 보조적으로 소비되는 물품의 가치로서 다음 각호를 말한다.

1. 소모재료비
   기계오일, 접착제, 용접가스, 장갑, 연마재 등 소모성 물품의 가치
2. 소모공구 · 기구 · 비품비
   내용년수 1년 미만으로서 구입단가가 「법인세법」 또는 「소득세법」 규정에 의한 상당금액 이하인 감가상각 대상에서 제외되는 소모성 공구 · 기구 · 비품의 가치
3. 포장재료비
   제품포장에 소요되는 재료의 가치

③ 재료의 구입과정에서 해당 재료에 직접 관련되어 발생하는 운임, 보험료, 보관비 등의 부대비용은 재료비로서 계산한다. 다만, 재료구입 후 발생되는 부대비용은 경비의 각 비목으로 계산한다.

④ 계약목적물의 제조 중에 발생되는 작업설, 부산품, 연산품 등은 그 매각액 또는 이용가치를 추산하여 재료비에서 공제하여야 한다.

◈ 10조 – 노무비

노무비는 제조원가를 구성하는 다음 내용의 직접노무비, 간접노무비를 말한다.

① 직접노무비는 제조현장에서 계약목적물을 완성하기 위하여 직접작업에 종사하는

종업원 및 노무자에 의하여 제공되는 노동력의 대가로서 다음 각호의 합계액으로 한다. 다만, 상여금은 기본급의 연 400%, 제수당, 퇴직급여충당금은 「근로기준법」상 인정되는 범위를 초과하여 계상할 수 없다.

1. 기본급(「통계법」 제15조의 규정에 의한 지정기관이 조사 · 공표한 단위당가격 또는 기획재정부장관이 결정 · 고시하는 단위당가격으로서 동단가에는 기본급의 성격을 갖는 정근수당 · 가족수당 · 위험수당 등이 포함된다)
2. 제수당(기본급의 성격을 가지지 않는 시간 외 수당 · 야간수당 · 휴일수당 등 작업상 통상적으로 지급되는 금액을 말한다)
3. 상여금
4. 퇴직급여충당금

② 간접노무비는 직접 제조작업에 종사하지는 않으나 작업현장에서 보조작업에 종사하는 노무자, 종업원과 현장감독자 등의 기본급과 제수당, 상여금, 퇴직급여충당금의 합계액으로 한다. 이 경우에는 제1항 각호 및 단서를 준용한다.

③ 제1항의 직접노무비는 제조공정별로 작업인원, 작업시간, 제조수량을 기준으로 계약목적물의 제조에 소요되는 노무량을 산정하고 노무비 단가를 곱하여 계산한다.

④ 제2항의 간접노무비는 제34조의 규정에 의한 원가계산자료를 활용하여 직접노무비에 대하여 간접노무비율(간접노무비/직접노무비)을 곱하여 계산한다.

⑤ 제4항의 간접노무비는 제3항의 직접노무비를 초과하여 계상할 수 없다. 다만, 작업현장의 기계화, 자동화 등으로 인하여 불가피하게 간접노무비가 직접노무비를 초과하는 경우에는 증빙자료에 의하여 초과 계상할 수 있다.

◈ 11조 – 경비

① 경비는 제품의 제조를 위하여 소비된 제조원가 중 재료비, 노무비를 제외한 원가를 말하며 기업의 유지를 위한 관리활동 부문에서 발생하는 일반관리비와 구분된다.

② 경비는 해당 계약목적물 제조기간의 소요(소비)량을 측정하거나 제34조의 규정에 의한 원가계산자료나 계약서, 영수증 등을 근거로 하여 산출하여야 한다.

③ 경비의 세비목은 다음 각호의 것으로 한다.

1. 전력비, 수도광열비는 계약목적물을 제조하는데 직접 소요되는 해당 비용을 말한다.

2. 운반비는 재료비에 포함되지 않는 운반비로서 원재료 또는 완제품의 운송비, 하역비, 상하차비, 조작비 등을 말한다.
3. 감가상각비는 제품생산에 직접 사용되는 건물, 기계장치 등 유형고정자산에 대하여 세법에서 정한 감가상각방식에 따라 계산한다. 다만, 세법에서 정한 내용년수의 적용이 불합리하다고 인정된 때에는 해당 계약목적물에 직접 사용되는 전용기기에 한하여 그 내용년수를 별도로 정하거나 특별상각할 수 있다.
4. 수리수선비는 계약목적물을 제조하는데 직접 사용되거나 제공되고 있는 건물, 기계장치, 구축물, 선박차량 등 운반구, 내구성공구, 기구제품의 수리수선비로서 당해 목적물 제조과정에서 그 원인이 발생될 것으로 예견되는 것에 한한다. 다만, 자본적 지출에 해당하는 대수리 수선비는 제외한다.
5. 특허권사용료는 계약목적물이 특허품이거나 또는 그 제조과정의 일부가 특허의 대상이 되는 때로서 특허권 사용계약에 의하여 제조하고 있는 경우의 사용료로서 그 사용비례에 따라 계산한다.
6. 기술료는 당해 계약목적물을 제조하는데 직접 필요한 노하우(Know-how) 및 동 부대비용으로서 외부에 지급되는 비용을 말하며, 「법인세법」상의 시험연구비 등에서 정한 바에 따라 계상하여 사업년도로부터 이연상각하되 그 적용비례를 기준하여 배분 계산한다.
7. 연구개발비는 당해 계약목적물을 제조하는데 직접 필요한 기술개발 및 연구비로서 시험 및 시범제작에 소요된 비용 또는 연구기관에 의뢰한 기술개발 용역비와 법령에 의한 기술개발촉진비 및 직업훈련비를 말하며, 「법인세법」상의 시험연구비 등에서 정한 바에 따라 이연상각하되 그 생산수량에 비례하여 배분 계산한다. 다만, 연구개발비 중 장래 계속생산으로의 연결이 불확실하여 미래수익 증가와 관련이 없는 비용은 특별상각할 수 있다.
8. 시험검사비는 해당 계약의 이행을 위한 직접적인 시험검사비로서 외부에 이를 의뢰하는 경우의 비용을 말한다. 다만, 자체시험검사비는 법령이나 계약조건에 의하여 내부검사가 요구되는 경우에 계상할 수 있다.
9. 지급임차료는 계약목적물을 제조하는데 직접 사용되거나 제공되는 토지, 건물, 기술, 기구 등의 사용료로서 당해 계약 물품의 생산기간에 따라 계산한다.
10. 보험료는 산업재해보험, 고용보험, 국민건강보험 및 국민연금보험 등 법령이나 계약조건에 의하여 의무적으로 가입이 요구되는 보험의 보험료를 말

하며 재료비에 계상되는 것은 제외한다.

11. 복리후생비는 계약목적물의 제조작업에 종사하고 있는 노무자, 종업원 등의 의료 위생약품대, 공상치료비, 지급피복비, 건강진단비, 급식비("중식 및 간식 제공을 위한 비용을 말한다" 이하 같다)등 작업조건유지에 직접 관련되는 복리후생비를 말한다.
12. 보관비는 계약목적물의 제조에 소요되는 재료, 기자재 등의 창고 사용료로서 외부에 지급되는 경우의 비용만을 계상하여야 하며, 이중에서 재료비에 계상되는 것을 제외한다.
13. 외주가공비는 재료를 외부에 가공시키는 실가공비용을 말하며 부분품의 가치로서 재료비에 계상되는 것은 제외한다.
14. 산업안전보건관리비는 작업현장에서 산업재해 및 건강장해예방을 위하여 법령에 의거 요구되는 비용을 말한다.
15. 소모품비는 작업현장에서 발생되는 문방구, 장부대 등 소모품 구입비용을 말하며 보조재료로서 재료비에 계상되는 것은 제외한다.
16. 여비 · 교통비 · 통신비는 작업현장에서 직접 소요되는 여비 및 차량유지비와 전신전화사용료, 우편료를 말한다.
17. 세금과공과는 해당 제조와 직접 관련되어 부담하여야 할 재산세, 차량세 등의 세금 및 공공단체에 납부하는 공과금을 말한다.
18. 폐기물처리비는 계약목적물의 제조와 관련하여 발생되는 오물, 잔재물, 폐유, 폐알칼리, 폐고무, 폐합성수지 등 공해유발물질을 법령에 의거 처리하기 위하여 소요되는 비용을 말한다.
19. 도서인쇄비는 계약목적물의 제조를 위한 참고서적구입비, 각종 인쇄비, 사진제작비(VTR제작비를 포함한다) 등을 말한다.
20. 지급수수료는 법률로서 규정되어 있거나 의무지워진 수수료에 한하며, 다른 비목에 계상되지 않는 수수료를 말한다.
21. 기타 법정경비는 위에서 열거한 이외의 것으로서 법령으로 규정되어 있거나 의무지워진 경비를 말한다.

◈ 12조 – 일반관리비의 내용

일반관리비는 기업의 유지를 위한 관리활동 부문에서 발생하는 제비용으로서 제조원가에 속하지 아니하는 모든 영업비용 중 판매비 등을 제외한 다음의 비용, 즉 임원급료, 사무실 직원의 급료, 제수당, 퇴직급여충당금, 복리후생비, 여비, 교통·통신비, 수도광열비, 세금과공과, 지급임차료, 감가상각비, 운반비, 차량비, 경상시험연구개발비, 보험료 등을 말하며 기업손익계산서를 기준하여 산정한다.

◈ 13조 – 일반관리비의 계상방법

제12조의 규정에 의한 일반관리비는 제조원가에 별표 3에서 정한 일반관리비율(일반관리비가 매출원가에서 차지하는 비율)을 초과하여 계상할 수 없다.

◈ 14조 – 이윤

이윤은 영업이익(비영리법인의 경우에는 목적사업 이외의 수익사업에서 발생하는 이익을 말한다. 이하 같다.)을 말하며 제조원가 중 노무비, 경비와 일반관리비의 합계액(이 경우 기술료 및 외주가공비는 제외한다)의 25%를 초과하여 계상할 수 없다.

제3절 공사원가계산

◈ 15조 – 공사원가

공사원가라 함은 공사시공과정에서 발생한 재료비, 노무비, 경비의 합계액을 말한다.

◈ 16조 – 작성방법

계약담당 공무원은 공사원가계산을 하고자 할 때에는 별표 2의 공사원가계산서를 작성하고 비목별 산출근거를 명시한 기초계산서를 첨부하여야 한다. 이 경우 재료비, 노무비, 경비 중 일부를 별표 2의 공사원가계산서상 일반관리비 또는 이윤 다음 비목으로 계상하여서는 아니된다.

◈ 17조 – 재료비

재료비는 공사원가를 구성하는 다음 내용의 직접재료비 및 간접재료비로 한다.

① 직접재료비는 공사목적물의 실체를 형성하는 물품의 가치로서 다음 각호를 말한다.

1. 주요재료비

   공사목적물의 기본적 구성형태를 이루는 물품의 가치

2. 부분품비

   공사목적물에 원형대로 부착되어 그 조성부분이 되는 매입부품, 수입부품, 외장재료 및 제19조제3항제13호 규정에 의한 경비로 계상되는 것을 제외한

외주품의 가치

② 간접재료비는 공사목적물의 실체를 형성하지는 않으나 공사에 보조적으로 소비되는 물품의 가치로서 다음 각호를 말한다.

1. 소모재료비
   기계오일 · 접착제 · 용접가스 · 장갑 등 소모성 물품의 가치
2. 소모공구 · 기구 · 비품비
   내용년수 1년 미만으로서 구입단가가 「법인세법」 또는 「소득세법」 규정에 의한 상당금액 이하인 감가상각 대상에서 제외되는 소모성 공구 · 기구 · 비품의 가치
3. 가설재료비
   비계, 거푸집, 동바리 등 공사목적물의 실체를 형성하는 것은 아니나 동 시공을 위하여 필요한 가설재의 가치

③ 재료의 구입과정에서 해당 재료에 직접 관련되어 발생하는 운임, 보험료, 보관비 등의 부대비용은 재료비로서 계산한다. 다만, 재료구입 후 발생하는 부대비용은 경비의 각 비목으로 계상한다.

④ 계약목적물의 시공 중에 발생하는 작업설, 부산물 등은 그 매각액 또는 이용가치를 추산하여 재료비로부터 공제하여야 한다.

◈ 18조 – 노무비

노무비의 내용 및 산정방식은 제5조와 제10조의 규정을 준용하며, 간접노무비의 구체적 계산방법 등에 대해서는 별표 2-1을 참고하여 계산한다.

◈ 19조 – 경비

① 경비는 공사의 시공을 위하여 소요되는 공사원가 중 재료비, 노무비를 제외한 원가를 말하며, 기업의 유지를 위한 관리활동 부문에서 발생하는 일반관리비와 구분된다.

② 경비는 당해 계약목적물 시공기간의 소요(소비)량을 측정하거나 제34조의 규정에 의한 원가계산자료나 계약서, 영수증 등을 근거로 산정하여야 한다.

③ 경비의 세비목은 다음 각호의 것으로 한다.

1. 전력비, 수도광열비는 계약목적물을 시공하는데 소요되는 당해 비용을 말한다.
2. 운반비는 재료비에 포함되지 않은 운반비로서 원재료, 반재료 또는 기계기구의 운송비, 하역비, 상하차비, 조작비 등을 말한다.

3. 기계경비는 각 중앙관서의 장 또는 그가 지정하는 단체에서 제정한 "표준품셈상의 건설기계 경비산정기준"에 의한 비용을 말한다.
4. 특허권사용료는 타인 소유의 특허권을 사용한 경우에 지급되는 사용료로서 그 사용비례에 따라 계산한다.
5. 기술료는 당해 계약목적물을 시공하는데 직접 필요한 노하우(Know-how) 및 동 부대비용으로써 외부에 지급되는 비용을 말하며 「법인세법」상의 시험연구비 등에서 정한 바에 따라 계상하여 사업초년도부터 이연상각하되 그 사용비례를 기준으로 배분계산한다.
6. 연구개발비는 당해 계약목적물을 시공하는데 직접 필요한 기술개발 및 연구비로서 시험 및 시범제작에 소요된 비용 또는 연구기관에 의뢰한 기술개발 용역비와 법령에 의한 기술개발촉진비 및 직업훈련비를 말하며 「법인세법」상의 시험연구비 등에서 정한 바에 따라 이연상각하되 그 사용비례를 기준하여 배분계산한다. 다만, 연구개발비 중 장래 계속시공으로서의 연결이 불확실하여 미래 수익의 증가와 관련이 없는 비용은 특별상각할 수 있다.
7. 품질관리비는 당해 계약목적물의 품질관리를 위하여 관련법령 및 계약조건에 의하여 요구되는 비용(품질시험 인건비를 포함한다)을 말하며, 간접노무비에 계상(시험관리인)되는 것을 제외한다.
8. 가설비는 공사목적물의 실체를 형성하는 것은 아니나 현장사무소, 창고, 식당, 숙사, 화장실 등 동 시공을 위하여 필요한 가설물의 설치에 소요되는 비용(노무비, 재료비를 포함한다)을 말한다.
9. 지급임차료는 계약목적물을 시공하는데 직접 사용되거나 제공되는 토지, 건물, 기계기구(건설기계를 제외한다)의 사용료를 말한다.
10. 보험료는 산업재해보험, 고용보험, 국민건강보험 및 국민연금보험 등 법령이나 계약조건에 의하여 의무적으로 가입이 요구되는 보험의 보험료를 말하고, 동 보험료는 「건설산업기본법」 제22조제7항 등 관련법령에 정한 바에 따라 계상하며, 재료비에 계상되는 보험료는 제외한다. 다만, 공사손해보험료는 제22조에서 정한 바에 따라 별도로 계상된다.
11. 복리후생비는 계약목적물을 시공하는데 종사하는 노무자 · 종업원 · 현장사무소 직원 등의 의료위생약품대, 공상치료비, 지급피복비, 건강진단비, 급식비 등 작업조건 유지에 직접 관련되는 복리후생비를 말한다.
12. 보관비는 계약목적물의 시공에 소요되는 재료, 기자재 등의 창고사용료로

서 외부에 지급되는 비용만을 계상하여야 하며, 이중에서 재료비에 계상되는 것을 제외한다.

13. 외주가공비는 재료를 외부에 가공시키는 실가공비용을 말하며 외주가공품의 가치로서 재료비에 계상되는 것은 제외한다.
14. 산업안전보건관리비는 작업현장에서 산업재해 및 건강장해예방을 위하여 법령에 의거 요구되는 비용을 말한다.
15. 소모품비는 작업현장에서 발생되는 문방구, 장부대 등 소모용품을 말하며, 보조재료로서 재료비에 계상되는 것을 제외한다.
16. 여비 · 교통비 · 통신비는 시공현장에서 직접 소요되는 여비 및 차량유지비와 전신전화사용료, 우편료를 말한다.
17. 세금과공과는 시공현장에서 당해공사와 직접 관련되어 부담하여야 할 재산세, 차량세, 사업소세 등의 세금 및 공공단체에 납부하는 공과금을 말한다.
18. 폐기물처리비는 계약목적물의 시공과 관련하여 발생되는 오물, 잔재물, 폐유, 폐알칼리, 폐고무, 폐합성수지 등 공해유발물질을 법령에 의거 처리하기 위하여 소요되는 비용을 말한다.
19. 도서인쇄비는 계약목적물의 시공을 위한 참고서적구입비, 각종 인쇄비, 사진제작비(VTR제작비를 포함한다) 및 공사시공기록책자 제작비 등을 말한다.
20. 지급수수료는 시행령 제52조제1항 단서의 규정에 의한 공사이행보증서 발급수수료, 「건설산업기본법」 제34조 및 「하도급 거래공정화에 관한 법률」 제13조의2의 규정에 의한 건설하도급대금 지급보증서 발급수수료, 건설산업기본법 제68조의3에 의한 건설기계대여대금 지급보증수수료 등 법령으로서 지급이 의무화된 수수료를 말한다. 이 경우 보증서 발급수수료는 보증서 발급기관이 최고 등급업체에 대해 적용하는 보증요율 중 최저요율을 적용하여 계상한다.
21. 환경보전비는 계약목적물의 시공을 위한 제반 환경오염 방지시설을 위한 것으로써 관련법령에 의하여 규정되어 있거나 의무지워진 비용을 말한다.
22. 보상비는 당해 공사로 인해 공사현장에 인접한 도로 하천 · 기타 재산에 훼손을 가하거나 지장물을 철거하게 됨에 따라 발생하는 보상 · 보수비를 말한다. 다만, 당해 공사를 위한 용지보상비는 제외한다.
23. 안전관리비는 건설공사의 안전관리를 위하여 관계법령에 의하여 요구되는 비용을 말한다.

24. 건설근로자퇴직공제부금비는 「건설근로자의 고용개선 등에 관한 법률」에 의하여 건설근로자퇴직공제에 가입하는데 소요되는 비용을 말한다. 다만, 제10조제1항제4호 및 제18조의 규정에 의하여 퇴직급여충당금을 산정하여 계상한 경우에는 동 금액을 제외한다.
25. 관급자재관리비는 공사현장에서 사용될 관급자재에 대한 보관 및 관리 등에 소요되는 비용을 말한다.
26. 기타 법정경비는 위에서 열거한 이외의 것으로서 법령으로 규정되어 있거나 의무지워진 경비를 말한다.

◈ 20조 – 일반관리비

일반관리비의 내용은 제12조와 같고, 별표 3에서 정한 일반관리비율을 초과하여 계상할 수 없으며, 아래와 같이 공사규모별로 체감적용한다.

종합공사		전문 · 전기 · 정보통신 · 소방 및 기타 공사	
공사원가	일반관리비율(%)	공사원가	일반관리비율(%)
50억원 미반 50억원~300억원 미만 300억원 이상	6.0 5.5 5.0	5억원 미만 5억~30억원 미만 30억원 이상	6.0 5.5 5.0

◈ 21조 – 이윤

이윤은 영업이익을 말하며, 공사원가 중 노무비, 경비와 일반관리비의 합계액(이 경우 기술료 및 외주가공비는 제외한다)의 15%를 초과하여 계상할 수 없다.

◈ 22조 – 공사손해보험료

① 공사손해보험료는 계약예규 「공사계약일반조건」 제10조의 규정에 의하여 공사손해보험에 가입할 때 지급하는 보험료를 말하며, 보험가입대상 공사부분의 총 공사원가(재료비, 노무비, 경비, 일반관리비 및 이윤의 합계액을 말한다. 이하 같다)에 공사손해 보험료율을 곱하여 계상한다.

② 발주기관이 지급하는 관급자재가 있을 경우에는 보험가입 대상 공사부분의 총 공사원가와 관급자재를 합한 금액에 공사손해보험료율을 곱하여 계상한다.

③ 제1항의 규정에 의한 공사손해보험료를 계상하기 위한 공사손해보험료율은 계약담당공무원이 설계서와 보험개발원, 손해보험회사 등으로부터 제공받은 자료를 기초로 하여 정한다.

제4절 학술연구용역 원가계산

◈ 23조 – 용어의 정의

이 절에서 사용하는 용어의 정의는 다음 각호와 같다.

1. 학술연구용역"이라 함은 "학문 분야의 기초과학과 응용과학에 관한 연구용역 및 이에 준하는 용역"을 말하며, 그 이행방식에 따라 다음 각목과 같이 구분할 수 있다.
   가. 위탁형 용역 : 용역계약을 체결한 계약상대자가 자기책임하에 연구를 수행하여 연구결과물을 용역결과보고서 형태로 제출하는 방식
   나. 공동연구형 용역 : 용역계약을 체결한 계약상대자와 발주기관이 공동으로 연구를 수행하는 방식
   다. 자문형 용역 : 용역계약을 체결한 계약상대자가 발주기관의 특정 현안에 대한 의견을 서면으로 제시하는 방식
2. "책임연구원"이라 함은 당해 용역수행을 지휘 · 감독하며 결론을 도출하는 역할을 수행하는 자를 말하며, 대학 부교수 수준의 기능을 보유하고 있어야 한다. 이 경우 책임연구원은 1인을 원칙으로 하되, 당해 용역의 성격상 다수의 책임자가 필요한 경우에는 그러하지 아니하다.
3. "연구원"이라 함은 책임연구원을 보조하는 자로서 대학 조교수 수준의 기능을 보유하고 있어야 한다.
4. "연구보조원"이라 함은 통계처리 · 번역 등의 역할을 수행하는 자로서 당해 연구 분야에 대해 조교 정도의 전문지식을 가진 자를 말한다.
5. "보조원"이라 함은 타자, 계산, 원고정리 등 단순한 업무처리를 수행하는 자를 말한다.

◈ 24조 – 원가계산비목

원가계산은 노무비(이하 "인건비"라 한다), 경비, 일반관리비 등으로 구분 작성한다. 다만, 제23조제2호 1호 나목 및 다목에 의한 공동연구형 용역 및 자문형 용역의 경우에는 경비항목 중 최소한의 필요항목만 계상하고 일반관리비는 계상하지 아니한다.

◈ 25조 – 작성방법

학술연구용역에 대한 원가계산을 하고자 할 때에는 별표 4에서 정한 학술연구용

역원가계산서를 작성하고 비목별 산출근거를 명시한 기초계산서를 첨부하여야 한다.

◈ 26조 – 인건비

① 인건비는 당해 계약목적에 직접 종사하는 연구요원의 급료를 말하며, 이 예규 시행일이 속하는 연도에는 별표 5에서 정한 기준단가에 의하되, 「근로기준법」에서 규정하고 있는 상여금, 퇴직급여충당금의 합계액으로 한다. 다만, 상여금은 기준단가의 연 400%를 초과하여 계상할 수 없다.

② 이 예규 시행일이 속하는 연도의 다음년도부터는 매년 전년도 소비자물가상승률만큼 인상한 단가를 기준단가로 한다.

◈ 27조 – 경비

경비는 계약목적을 달성하기 위하여 필요한 다음 내용의 여비, 유인물비, 전산처리비, 시약 및 연구용 재료비, 회의비, 임차료, 교통통신비 및 감가상각비를 말한다.

1. 여비는 다음 각호의 기준에 따라 계상한다.
   가. 여비는 「공무원여비규정」에 의한 국내여비와 국외여비로 구분하여 계상하되 이를 인정하지 아니하고는 계약목적을 달성하기 곤란한 경우에 한하며 관계공무원의 여비는 계상할 수 없다.
   나. 국내여비는 시외여비만을 계상하되 연구상 필요불가피한 경우 외에는 월15일을 초과할 수 없으며, 책임연구원은 「공무원여비규정」 제3조 관련 별표 1(여비지급구분표) 제1호등급, 연구원 및 연구보조원은 동표 제2호등급을 기준으로 한다.
2. 유인물비는 계약목적을 위하여 직접 소요되는 프린트, 인쇄, 문헌복사비(지대 포함)를 말한다.
3. 전산처리비는 당해 연구내용과 관련된 자료처리를 위한 컴퓨터 사용료 및 그 부대비용을 말한다.
4. 시약 및 연구용 재료비는 실험실습에 필요한 당해 비용을 말한다.
5. 회의비는 당해 연구내용과 관련하여 자문회, 토론회, 공청회 등을 위해 소요되는 경비를 말하며, 참석자의 수당은 해당 연도 예산안 작성 세부지침상 위원회 참석비를 기준으로 한다.
6. 임차료는 연구내용에 따라 특수실험실습기구를 외부로부터 임차하거나 혹은 공청회 등을 위한 회의장 사용을 하지 아니하고는 계약목적을 달성할 수 없는 경우에 한하여 계상할 수 있다.

7. 교통통신비는 당해 연구내용과 직접 관련된 시내교통비, 전신전화사용료, 우편료를 말한다.
8. 감가상각비는 당해 연구내용과 직접 관련된 특수실험 실습기구 · 기계장치에 대하여 제11조제3항제3호의 규정을 준용하여 계산한다. 단, 임차료에 계상되는 것은 제외한다.

◈ 28조 – 일반관리비 등

① 일반관리비는 시행규칙 제8조에 규정된 일반관리비율을 초과하여 계상할 수 없다.

② 이윤은 영업이익을 말하며, 인건비, 경비 및 일반관리비의 합계액에 대하여 시행규칙 제8조에 규정된 이윤율을 초과하여 계상할 수 없다.

◈ 29조 – 회계직공무원의 주의의무

① 계약담당 공무원은 학술연구용역 의뢰시에는 당해 연구에 대한 전문기관 또는 전문가를 엄선하여 연구목적을 달성할 수 있도록 그 주의의무를 다하여야 한다.

② 각 중앙관서의 장은 학술연구용역을 수의계약으로 체결하고자 할 경우에는 해당 계약상대자의 최근년도 원가계산자료(급여명세서, 손익계산서 등)를 활용하여 제26조의 상여금, 퇴직금 및 제28조제1항의 일반관리비 산정시 과다 계상되지 않도록 주의하여야 한다.

제5절 기타 용역의 원가계산

◈ 30조 – 기타 용역의 원가계산

① 엔지니어링사업, 측량용역, 소프트웨어 개발용역 등 다른 법령에서 그 대가기준(원가계산기준)을 규정하고 있는 경우에는 당해 법령이 정하는 기준에 따라 원가계산을 할 수 있다.

② 원가계산기준이 정해지지 않은 기타의 용역에 대하여 제23조 내지 제29조에 규정된 원가계산기준에 준하여 원가계산할 수 있다. 이 경우 청소용역 등 단순용역에 대한 인건비의 기준단가는 「통계법」 제8조의 규정에 따라 중소기업협동조합중앙회가 발표하는 제조 부문 직종별 평균조사 노임 중 보통인부 노임에 의하되, 「근로기준법」에서 정하고 있는 제수당, 상여금(기준단가의 연 400%를

초과하여 계상할 수 없다), 퇴직급여충당금의 합계액으로 한다.

제6절 원가계산용역기관

◈ 31조 – 원가계산용역기관의 요건

시행규칙 제9조제2항의 규정에 의한 원가계산용역기관(이하 "용역기관"이라 한다)이 될 수 있는 기관은 제1호에 해당되는 기관으로서 제2호의 요건을 갖추어야 한다.

1. 용역대상기관
   가. 정부 및 「공공기관 운영에 관한 법률」에 따른 공공기관이 기본재산의 100분의 50 이상을 출자 또는 출연한 연구기관
   나. 「고등교육법」 제2조 각호의 규정에 의한 학교의 연구소 또는 「산업교육진흥 및 산학연협력촉진에 관한 법률」 제25조에 따른 산학협력단
   다. 「민법」, 기타 다른 법령의 규정에 의하여 주무관청의 허가를 받아 설립된 법인
   라. 「공인회계사법」 제23조의 규정에 의하여 설립된 회계법인
2. 용역기관의 요건
   가. 정관(학칙) 목적상 원가계산업무가 등재되어 있을 것
   나. 다음 요건을 갖춘 인원 10인 이상을 상시 고용하고 있을 것(제1호 나목의 경우에는 상시 고용인원은 대학(교) 직원 또는 대학(교) 부설연구소 직원이어야 하며, 각 분야별 상시 고용인원 중에 교수(부교수, 조교수, 전임강사 포함)는 1인 이하일 것)
      (1) 국가공인 원가분석사 자격증 소지자 6인 또는 원가계산업무에 종사(연구기간 포함)한 경력이 3년 이상인 자 4인, 5년 이상인 자 2인
      (2) 이공계 대학 학위소지자 또는 「국가기술자격법」에 의한 기술 · 기능분야의 기사 이상인 자 2인
      (3) 상경대학 학위소지자 2인
   다. 기본재산(자본금 또는 기금)이 2억원(제1호 "나"목에 해당되는 기관에 있어서는 1억원) 이상일 것. (자본금은 최근년도 결산재무제표(또는 결산재무상태표)상의 자산총액에서 부채총액을 차감한 금액으로 함)
   라. 용역기관은 본부 외에 별도로 지사 · 지부 또는 출장소, 연락사무소 등을 설치하여 원가계산용역업무를 수행할 수 없다.

◈ 제31조의2-용역기관에 대한 제재)

계약담당 공무원은 원가계산용역기관이 자격요건 심사 시에 허위서류를 제출하는 등 관련 규정을 위반하거나 원가계산용역을 부실하게 한 경우에는 국가기관의 원가계산용역업무를 수행할 수 없도록 해당 용역기관의 주무관청 등 감독기관에 요청할 수 있다.

◈ 32조 - 원가계산용역 의뢰시 주의사항

① 계약담당 공무원은 제31조에 정한 요건을 갖춘 기관에 한하여 원가계산내용에 따른 전문성 있는 기관에 용역의뢰를 하여야 한다. 다만, 제31조의 요건을 갖춘 원가계산용역기관들의 단체로서 「민법」 제32조의 규정에 의하여 설립된 법인이 동 요건 충족 여부를 확인한 경우에는 별도의 요건심사를 면제할 수 있다.

② 계약담당 공무원은 제1항의 경우 당해 용역기관의 장과 다음 각호의 사항을 명백히 한 계약서를 작성하여야 한다. 다만, 시행령 제49조의 규정에 의한 계약서 작성을 생략하는 경우에도 다음 각호의 사항을 준용하여 각서 등을 징구하여야 한다.

1. 부실원가계산시 그 책임에 관한 사항
2. 계약의 해제 또는 해지에 관한 사항
3. 원가계산내용의 보안유지에 관한 사항
4. 기타 원가계산 수행에 필요하다고 인정되는 사항

③ 계약담당 공무원은 최종원가계산서에 당해 용역기관의 장[대학(교) 연구소의 경우에는 연구소장] 및 책임연구원이 직접 확인 · 서명하였음을 확인하여야 한다.

④ 계약담당 공무원은 용역기관에서 제출된 최종원가계산서의 내용이 국가를 당사자로 하는 계약에 관한 법령, 이 예규 및 계약서 등의 용역조건에 부합되는지 여부를 검토하여 당해 원가계산의 적정을 기하여야 한다. 이 경우에 원가계산의 적정성을 기하기 위해 필요하다고 판단되는 때에는 해당 원가계산서를 작성하지 아니한 다른 용역기관에 검토를 의뢰할 수 있다.

제7절 보 칙

◈ 33조 - 특례설정 등

① 각 중앙관서의 장은 특수한 사유로 인하여 동 기준에 따른 원가계산이 곤란하다고 인정될 때에는 특례를 설정할 수 있다.

② 각 중앙관서의 장은 반복적 또는 계속적으로 발주되는 공사에 있어서는 최근의 발주된 동종의 공사에 대한 원가계산서에 의거 예정가격을 작성할 수 있다.

◈ 34조 – 원가계산자료의 비치 및 활용

① 계약담당공무원은 원가계산에 의한 예정가격을 작성함에 있어서 계약상대방으로 적당하다고 예상되는 2개 업체 이상의 최근년도 원가계산자료에 의거하여 계약목적물에 관계되는 수치를 활용하거나(수의계약대상업체에 대하여는 해당업체의 최근년도 원가계산자료), 동 업체의 제조(공정)확인 결과를 활용하여 제7조, 제15조의 비목별 가격결정 및 제12조, 제20조의 일반관리비 계상을 위한 기초자료로 하여야 한다.

② 계약담당공무원은 공사원가계산을 위하여 각 중앙관서의 장 또는 그가 지정하는 단체에서 제정한 "표준품셈"에 따라 제15조의 비목별 가격결정의 기초자료로 하며, 동 품셈적용대상공사가 아닌 경우와 동 품셈적용을 할 수 없는 비목계상의 경우에는 제1항을 준용한다.

◈ 35조 – 외국통화로 표시된 재료비의 환율 적용

예정가격을 산출함에 있어서 외국통화로 표시된 재료비는 원가계산시 외국환거래법에 의한 기준환율 또는 재정환율을 적용하여 환산한다.

◈ 36조 – 세부시행기준

이 예규를 운용함에 있어 필요한 세부사항에 관하여는 기획재정부장관이 그 기준을 정할 수 있다.

제3장 표준시장단가에 의한 예정가격작성

◈ 37조 – 표준시장단가에 의한 예정가격의 산정

① 표준시장단가에 의한 예정가격은 직접공사비, 간접공사비, 일반관리비, 이윤, 공사손해보험료 및 부가가치세의 합계액으로 한다.

② 시행령 제42조제1항에 따라 낙찰자를 결정하는 경우로서 추정가격이 100억원 미만인 공사에는 표준시장단가를 적용하지 아니한다.

◈ 38조 – 직접공사비

① 직접공사비란 계약목적물의 시공에 직접적으로 소요되는 비용을 말하며, 계약

목적물을 세부 공종(계약예규 「정부 입찰 · 계약 집행기준」 제19조 등 관련 규정에 따른 수량산출기준에 따라 공사를 작업단계별로 구분한 것을 말한다)별로 구분하여 공종별 단가에 수량(계약목적물의 설계서 등에 의해 그 완성에 적합하다고 인정되는 합리적인 단위와 방법으로 산출된 공사량을 말한다)을 곱하여 산정한다.

② 직접공사비는 다음 각호의 비용을 포함한다.

1. 재료비

재료비는 계약목적물의 실체를 형성하거나 보조적으로 소비되는 물품의 가치를 말한다.

2. 직접노무비

공사현장에서 계약목적물을 완성하기 위하여 직접작업에 종사하는 종업원과 노무자의 기본급과 제수당, 상여금 및 퇴직급여충당금의 합계액으로 한다.

3. 직접공사경비

공사의 시공을 위하여 소요되는 기계경비, 운반비, 전력비, 가설비, 지급임차료, 보관비, 외주가공비, 특허권 사용료, 기술료, 보상비, 연구개발비, 품질관리비, 폐기물처리비 및 안전점검비를 말하며, 비용에 대한 구체적인 정의는 제19조를 준용한다.

③ 제1항의 공종별 단가를 산정함에 있어 재료비 또는 직접공사경비 중의 일부를 제외할 수 있다. 이 경우 해당 계약목적물 시공 기간의 소요(소비)량을 측정하거나 계약서, 영수증 등을 근거로 하여야 한다.

④ 각 중앙관서의 장 또는 각 중앙관서의 장이 지정하는 기관은 직접공사비를 공종별로 직접조사 · 집계하여 산정할 수 있다.

◈ 39조 – 간접공사비

① 간접공사비란 공사의 시공을 위하여 공통적으로 소요되는 법정경비 및 기타 부수적인 비용을 말하며, 직접공사비 총액에 비용별로 일정요율을 곱하여 산정한다.

② 간접공사비는 다음 각호의 비용을 포함하며, 비용에 대한 구체적인 정의는 제10조제2항 및 제19조를 준용한다.

1. 간접노무비
2. 산재보험료
3. 고용보험료

4. 국민건강보험료
5. 국민연금보험료
6. 건설근로자퇴직공제부금비
7. 안전관리비
8. 환경보전비
9. 기타 관련법령에 규정되어 있거나 의무지워진 경비로서 공사원가계산에 반영토록 명시된 법정경비
10. 기타 간접공사경비(수도광열비, 복리후생비, 소모품비, 여비, 교통비, 통신비, 세금과공과, 도서인쇄비 및 지급수수료를 말한다.)

③ 제1항의 일정요율이란 관련법에 의해 각 중앙관서의 장이 정하는 법정요율을 말한다. 다만, 법정요율이 없는 경우에는 다수기업의 평균치를 나타내는 공신력 있는 기관의 통계자료를 토대로 각 중앙관서의 장 또는 계약담당공무원이 정한다.

④ 제38조의 규정에 따라 산정되지 아니한 공종에 대하여도 간접공사비 산정은 제1항 내지 제3항의 규정을 적용한다.

◈ 40조 – 일반관리비

① 일반관리비는 기업의 유지를 위한 관리활동부문에서 발생하는 제비용으로서, 비용에 대한 구체적인 정의와 종류에 대하여는 제12조의 규정을 준용한다.

② 일반관리비는 직접공사비와 간접공사비의 합계액에 일반관리비율을 곱하여 계산한다. 다만, 일반관리비율은 공사규모별로 아래에서 정한 비율을 초과할 수 없다.

종합공사		전문 · 전기 · 정보통신 · 소방 및 기타 공사	
(직접공사비+간접공사비)	일반관리비율(%)	(직접공사비+간접공사비)	일반관리비율(%)
50억원 미만	6.0	5억원 미만	6.0
50억원~300억원 미만	5.5	5억원~30억원 미만	5.5
300억원 이상	5.0	30억원 이상	5.0

◈ 41조 – 이윤

이윤은 영업이익을 말하며 직접공사비, 간접공사비 및 일반관리비의 합계액에 이윤율을 곱하여 계산한다. 이윤율은 시행규칙에서 정한 기준에 따른다.

◈ 42조 – 공사손해보험료

계약예규 「정부 입찰 · 계약 집행기준」 제12장에 따른 공사손해보험가입 비용을 말한다.

◈ 43조 – 총괄집계표의 작성

계약담당공무원이 표준시장단가에 따라 예정가격을 작성하는 경우, 예정가격을 직접공사비, 간접공사비, 일반관리비, 이윤, 공사손해보험료 및 부가가치세로 구분하여 별표 6의 총괄집계표를 작성하여야 한다.

◈ 44조 – 세부시행기준

계약담당공무원은 이 장을 운용함에 있어 필요한 세부사항을 정할 수 있다.

제4장 전문가격조사기관의 등록 및 조사업무

◈ 45조 – 전문가격조사기관 등록

이 장은 시행규칙 제5조제1항제2호에 의한 전문가격조사기관의 등록에 관하여 필요한 사항을 정함으로써 공신력 있는 조사기관에 의한 조사가격의 객관성과 신뢰성을 확보하여 예정가격의 합리적 결정과 이에 따른 예산의 효율적 집행을 도모함을 목적으로 한다.

◈ 46조 – 등록자격요건

조사기관으로 등록하고자 하는 자는 다음 각호의 자격요건을 갖추어야 한다.

1. 정관상 사업목적에 가격조사업무가 포함되어 있는 비영리법인
2. 별첨 "표준가격조사요령"에 의하여 조사한 가격의 정보에 관한 정기간행물을 월 1회 이상 발행한 실적이 있는 자

◈ 47조 – 등록신청

제46조의 자격요건을 갖춘 자가 조사기관으로 등록하고자 할 경우에는 별표 7의 등록 신청서에 다음 각호의 서류를 첨부하여 기획재정부장관에게 제출하여야 한다.

1. 비영리법인의 설립허가서, 등기부등본 및 정관사본 1부
2. 제46조제2호에 규정한 사항을 증명할 수 있는 자료 1부
3. 조사요원 재직증명서 1부

4. 「국가기술자격법 시행규칙」 제4조 관련 별표 5(기술 · 기능 분야)에 의한 기계, 전기, 통신, 토목, 건축 직무 분야 중 3개 이상 직무 분야의 산업기사 이상인 자의 재직증명서 1부

◈ 48조 – 등록증의 교부

기획재정부장관은 제47조에 의한 조사기관등록신청자가 제46조의 자격요건을 갖춘 경우에는 조사기관등록대장에 등재하고, 그 신청인에게 별표 8의 조사기관등록증을 교부한다.

◈ 49조 – 가격정보에 관한 간행물

① 전문가격 조사기관으로 등록한 기관은 매월 1회 이상 별첨 표준가격조사요령에 의하여 조사한 가격의 정보에 관한 정기간행물을 발행하여야 한다.

② 제1항의 규정에 의한 가격의 정보에 관한 정기간행물에는 조사기관의 등록번호와 등록년월일을 기재하여야 한다.

◈ 50조 – 등록사항의 변경신청

① 전문가격 조사기관으로 등록한 자가 제46조의 등록요건과 법인명, 대표자, 주소 등이 변경된 때에는 별표 9의 등록사항변경신고서를 작성하여 기획재정부장관에게 60일 이내에 신고하여야 한다.

② 기획재정부장관은 제1항의 등록사항 변경신고서의 내용에 따라 조사기관등록증을 재발급한다. 단, 등록번호 및 등록년월일은 변경하지 아니한다.

◈ 51조 – 등록의 취소

기획재정부장관은 다음 각호의 어느 하나에 해당될 경우에는 조사기관의 등록을 취소할 수 있다.

1. 제46조에 의한 자격요건에 미달될 때
2. 정당한 조사방법에 의하지 아니하고 담합 등 허위로 가격을 게재하는 경우
3. 기획재정부장관의 자료제출 요구를 받고도 정당한 사유 없이 이를 제출하지 아니하는 경우
4. 기획재정부장관의 3회 이상 시정조치를 받고도 이에 응하지 않은 경우
5. 조사원이 윤리강령 등에 위배되는 행동으로 인하여 사회적 물의를 야기한 경우

◈ 52조 – 등록기관의 지도감독

① 기획재정부장관은 제45조에 규정한 목적을 달성하기 위하여 필요하다고 인정될 때에는 조사기관에 대하여 가격조사에 관한 필요한 지시 및 시정조치를 명할 수 있다.

② 기획재정부장관은 연 1회 이상 조사기관에 대하여 감사를 할 수 있다.

제5장 보칙

◈ 제53조(재검토기한)

「훈령 · 예규 등의 발령 및 관리에 관한 규정」에 따라 이 예규에 대하여 2016년 1월 1일 기준으로 매 3년이 되는 시점(매 3년째의 12월 31일까지를 말한다)마다 그 타당성을 검토하여 개선 등의 조치를 하여야 한다.

■ 부칙〈제281호, 2016.1.1〉

제1조(시행일) 이 계약예규는 2017년 1월 1일부터 시행한다.

■ 부칙〈제354호, 2017.12.28〉

제1조(시행일) 이 계약예규는 2017년 12월 28일부터 시행한다.

【별표 1】

제조원가계산서

품명 : 생산량 :

규격 : 단 위 : 제조기간 :

비목 \ 구분			금액	구성비	비고
제조원가	재료비	직접재료비 간접재료비 작업설 · 부산물 등(△)			
		소계			
	노무비	직접노무비 간접노무비			
		소계			
	경비	전력비 수도광열비 운반비 감가상각비 수리수선비 특허권사용료 기술료 연구개발비 시험검사비 지급임차료 보험료 복리후생비 보관비 외주가공비 산업안전보건관리비 소모품비 여비 · 교통비 · 통신비 세금과공과 폐기물처리비 도서인쇄비 지급수수료 기타 법정경비			
		소 계			
일반관리비( )%					
이윤( )%					
총원가					

【별표 2】 공사원가계산서

공사명 : 공사기간 :

<table>
<tr><th colspan="3">구분
비목</th><th>금액</th><th>구성비</th><th>비고</th></tr>
<tr><td rowspan="6">순공사원가</td><td rowspan="2">재료비</td><td>직접재료비
간접재료비
작업설 · 부산물 등(△)</td><td></td><td></td><td></td></tr>
<tr><td>소 계</td><td></td><td></td><td></td></tr>
<tr><td rowspan="2">노무비</td><td>직접노무비
간접노무비</td><td></td><td></td><td></td></tr>
<tr><td>소 계</td><td></td><td></td><td></td></tr>
<tr><td rowspan="2">경비</td><td>전력비, 수도광열비
운반비
기계경비
특허권사용료
기술료
연구개발비
품질관리비
가설비
지급임차료
보험료
복리후생비
보관비
외주가공비
산업안전보건관리비
소모품비
여비 · 교통비 · 통신비
세금과공과
폐기물처리비
도서인쇄비
지급수수료
환경보전비
보상비
안전관리비
건설근로자퇴직공제부금비
관급자재관리비
기타 법정경비</td><td></td><td></td><td></td></tr>
<tr><td>소 계</td><td></td><td></td><td></td></tr>
<tr><td colspan="3">일반관리비[(재료비+노무비+경비)×(　)%]</td><td></td><td></td><td></td></tr>
<tr><td colspan="3">이윤[(노무비+경비+일반관리비)×(　)%]</td><td></td><td></td><td></td></tr>
<tr><td colspan="3">총원가</td><td></td><td></td><td></td></tr>
<tr><td colspan="3">공사손해보험료[보험가입대상공사부분의총원가×( )%]</td><td></td><td></td><td></td></tr>
</table>

【별표 2-1】 공사원가계산시 간접노무비 계산방법

1. 직접계상방법

가. 계상기준

발주목적물의 노무량을 예정하고 노무비단가를 적용하여 계산함.

〈 공 식 〉

간접노무비＝노무량×노무비단가

나. 계상방법

(가) 노무비단가는 「통계법」 제15조의 규정에 의한 지정기관이 조사 · 공표한 시중노임단가를 기준으로 하며 제수당, 상여금, 퇴직급여충당금은 「근로기준법」에 의거 일정기간 이상 근로하는 상시근로자에 대하여 계상한다.

(나) 노무량은 표준품셈에 따라 계상되는 노무량을 제외한 현장시공과 관련하여 현장관리사무소에 종사하는 자의 노무량을 계상한다.

(다) 간접노무비(현장관리인건비)의 대상으로 볼 수 있는 배치인원은 현장소장, 현장사무원(총무, 경리, 급사 등), 기획 · 설계 부문 종사자, 노무관리원, 자재 · 구매관리원, 공구담당원, 시험관리원, 교육 · 산재담당원, 복지후생 부문 종사자, 경비원, 청소원 등을 들 수 있다.

(라) 노무량은 공사의 규모 · 내용 · 공종 · 기간 등을 고려하여 설계서(설계도면, 시방서, 현장설명서 등) 상의 특성에 따라 적정인원을 설계반영 처리한다.

2. 비율분석방법

가. 계상기준

발주목적물에 대한 직접노무비를 표준품셈에 따라 계상한다.

〈 공 식 〉

간접노무비＝직접노무비×간접노무비율

나. 계상방법

(가) 발주목적물의 특성 등(규모 · 내용 · 공종 · 기간 등)을 고려하여 이와 유사한 실적이 있는 업체의 원가계산자료, 즉 개별(현장별) 공사원가명세서, 노무비명세서(임금대장) 또는 직 · 간접노무비 명세서를 확보한다.

(나) 노무비 명세서(임금대장)를 이용하는 방법

① 개별(현장별) 공사원가명세서에 대한 임금대장을 확보한다.

② 확보된 임금대장상의 직 · 간접노무비를 구분하되, 구분할 자료가 많은 경우에는 간접노무비율을 객관성 있게 산정할 수 있는 기간에 해당하는 자료를 분석한다.

③ 동 임금대장에서 표준품셈에 따라 계상되는 노무량을 제외한 현장시공과 관련하여 현장관리사무소에 종사하는 자의 노무비(간접노무비)를 계상한다.

④ 계상된 간접노무비를 직접노무비로 나누어서 간접노무비율을 계산한다.

(다) 업체로부터 직 · 간접노무비가 구분된 「직 · 간접노무비 명세서」를 확보한 경우에는 위 임금대장을 이용하는 방법에 의하여 자료 및 내용을 검토하여 간접노무비율을 계산한다.

3. 기타 보완적 계상방법

직접계산방법 또는 비율분석방법에 의하여 간접노무비를 계산하는 것을 원칙으로 하되, 계약목적물의 내용 · 특성 등으로 인하여 원가계산자료를 확보하기가 곤란하거나, 확보된 자료가 신빙성이 없어 원가계산자료로서 활용하기 곤란한 경우에는 아래의 원가계산자료(공사종류 등에 따른 간접노무비율)를 참고로 동비율을 당해 계약목적물의 규모 · 내용 · 공종 · 기간 등의 특성에 따라 활용하여 간접노무비(품셈에 의한 직접노무비×간접노무비율)를 계상할 수 있다.

구 분	공사종류별	간접노무비율
공사 종류별	건 축 공 사	14.5
	토 목 공 사	15
	특수공사(포장, 준설 등)	15.5
	기타(전문, 전기, 통신 등)	15
공사 규모별	50억원 미만	14
	50~300억원 미만	15
	300억원 이상	16
공사 기간별	6개월 미만	13
	6~12개월 미만	15
	12개월 이상	17

* 공사규모가 10억원이고 공사기간이 15개월인 건축공사의 경우 예시

\- 간접노무비율=(15%+17%+14.5%)/3=15.5%

【별표 3】 일반관리비율

업 종	일반관리비율(%)
○ 제조업	
음 · 식료품의 제조 · 구매	14
섬유 · 의복 · 가죽제품의 제조 · 구매	8
나무 · 나무제품의 제조 · 구매	9
종이 · 종이제품 · 인쇄출판물의 제조 · 구매	14
화학 · 석유 · 석탄 · 고무 · 플라스틱제품의 제조 · 구매	8
비금속광물제품의 제조 · 구매	12
제1차 금속제품의 제조 · 구매	6
조립금속제품 · 기계 · 장비의 제조 · 구매	7
기타물품의 제조 · 구매	11
○ 시설공사업	6

주1) 업종분류 : 한국표준산업분류에 의함.

【별표 4】 학술연구용역원가계산서

구분 비 목	금 액	구 성 비	비 고
1. 인 건 비 1) 책임연구원 2) 연구원 3) 연구보조원 4) 보조원			
2. 경 비 1) 여비 2) 유인물비 3) 전산처리비 4) 시약 및 연구용역 재료비 5) 회의비 6) 임차료 7) 교통통신비 8) 감가상각비			
3. 일반관리비 ( )%			
4. 이 윤 ( )%			
5. 총 원 가			

【별표 5】 학술연구용역 인건비 기준단가(용역참여율 50% 적용시) (2018년도 적용)

등급 \ 구분	월 임 금(원)
책 임 연 구 원	3,169,323
연 구 원	2,430,194
연 구 보 조 원	1,624,503
보 조 원	1,218,419

주) 1. 인건비 기준단가는 1개월을 22일로 하여 용역참여율 50%로 산정한 것이며, 용역참여율을 달리하는 경우에는 기준단가를 증감시킬 수 있다.

【별표 6】 총 괄 집 계 표

공사명 : 공사기간 :

구 분		금 액	구 성 비	비 고
직접공사비				
간접공사비	간접노무비 산재보험료 고용보험료 안전관리비 환경보전비 퇴직공제부금비 수도광렬비 복리후생비 소모품비 여비 · 교통비 · 통신비 세금과공과 도서인쇄비 지급수수료 기타 법정경비			
일반관리비				
이 윤				
공사손해보험료				
부가가치세				
합 계				

【별표 7】 전문가격조사기관 등록신청서

<table>
<tr><td colspan="2">전문가격조사기관 등록신청서</td></tr>
<tr><td>① 법인명</td><td></td></tr>
<tr><td>② 대표자성명</td><td></td></tr>
<tr><td>③ 주 소</td><td></td></tr>
<tr><td>④ 법인설립허가관청</td><td></td></tr>
<tr><td colspan="2">예정가격 작성기준 제47조의 규정에 의하여 위와 같이 신청합니다.

년 월 일
신청인 (인)
(전화 :)

기획재정부장관 귀하</td></tr>
<tr><td colspan="2">구비서류 1. 비영리법인의 설립허가서, 등기부등본 및 정관사본 1부.
2. 예정가격 작성기준 제46조제2항에 규정한 사항을 증명할 수 있는 자료 1부.
3. 조사요원재직증명서 1부.
4. 품셈분야별 기술자재직증명서 1부.</td></tr>
</table>

22451-01511일 201mm×297mm
'93.5.18 승인 인쇄용지(특급) 70g/㎡

【별표 8】 전문가격조사기관 등록증

전문가격조사기관등록증

등록번호 제 호(년 월 일)

1. 법 인 명 :

2. 대표자성명 :

3. 주 소 :

예정가격 작성기준 제48조의 규정에 의하여 위와 같이 등록하였음을 증명함.

년 월 일

기 획 재 정 부 장 관

22451-01611일
'93.5.18 승인

201mm×297mm
인쇄용지(특급) 70g/㎡

【별표 9】 전문가격조사기관 등록사항 변경신고서

<table>
<tr><td colspan="3">전문가격조사기관 등록사항 변경신고서</td></tr>
<tr><td>① 등록번호</td><td colspan="2">제 호(년 월 일)</td></tr>
<tr><td>② 법인명</td><td colspan="2"></td></tr>
<tr><td>③ 대표자성명</td><td colspan="2"></td></tr>
<tr><td>④ 주소</td><td colspan="2"></td></tr>
<tr><td rowspan="2">변경내용</td><td>변경 전의 사항</td><td>변경 후의 사항</td></tr>
<tr><td></td><td></td></tr>
<tr><td colspan="3">예정가격 작성기준 제50조의 규정에 의하여 위와 같이 등록사항 중 변경내용을 신고합니다.

년 월 일
신청인 (인)

기획재정부 장관 귀하</td></tr>
</table>

22451-01611일 201mm×297mm
'93.5.18 승인 인쇄용지(특급) 70g/㎡

부 록 2 공사계약 일반조건

(기획재정부 계약예규 제365호, 2018.3.20 일부개정)

◈ 1조 – 총 칙

계약담당공무원과 계약상대자는 공사도급표준계약서(이하 "계약서"라 한다)에 기재한 공사의 도급계약에 관하여 제3조에 의한 계약문서에서 정하는 바에 따라 신의와 성실의 원칙에 입각하여 이를 이행한다.

◈ 2조 – 정의

이 조건에서 사용하는 용어의 정의는 다음과 같다.

1. "계약담당공무원"이라 함은 「국가를 당사자로 하는 계약에 관한 법률 시행규칙」(이하 "시행규칙"이라 한다) 제2조의 규정에 의한 공무원을 말한다. 이 경우 각 중앙관서의 장이 계약에 관한 사무를 그 소속공무원에게 위임하지 아니하고 직접 처리하는 경우에는 이를 계약담당공무원으로 본다.
2. "계약상대자"라 함은 정부와 공사계약을 체결한 자연인 또는 법인을 말한다.
3. "공사감독관"이라 함은 제16조에 규정된 임무를 수행하기 위하여 정부가 임명한 기술직원 또는 그의 대리인을 말한다. 다만, 「건설기술진흥법」 제39조제2항 또는 「전력기술관리법」 제12조 및 그밖의 공사관련 법령에 의하여 건설사업관리 또는 감리를 하는 공사에 있어서는 해당 공사의 감리를 수행하는 건설산업관리기술자 또는 감리원을 말한다.
4. "설계서"라 함은 공사시방서, 설계도면, 현장설명서 및 공종별 목적물 물량내역서(가설물의 설치에 소요되는 물량 포함하며, 이하 "물량내역서"라 한다)를 말하며, 다음 각목의 내역서는 설계서에 포함하지 아니한다.
   가. 삭제(2010.9.8)
   나. 시행령 제78조에 따라 일괄입찰을 실시하여 체결된 공사와 대안입찰을 실시하여 체결된 공사(대안이 채택된 부분에 한함)의 산출내역서
   다. 시행령 제98조에 따라 실시설계 기술제안입찰을 실시하여 체결된 공사와 기본설계 · 기술제안입찰을 실시하여 체결된 공사의 산출내역서
   라. 수의계약으로 체결된 공사의 산출내역서. 다만, 시행령 제30조제2항 본문에 따라 체결된 수의계약 공사의 물량내역서는 제외
5. "공사시방서"라 함은 공사에 쓰이는 재료, 설비, 시공체계, 시공기준 및

시공기술에 대한 기술설명서와 이에 적용되는 행정명세서로서, 설계도면에 대한 설명 또는 설계도면에 기재하기 어려운 기술적인 사항을 표시해 놓은 도서를 말한다.

6. "설계도면"이라 함은 시공될 공사의 성격과 범위를 표시하고 설계자의 의사를 일정한 약속에 근거하여 그림으로 표현한 도서로서 공사목적물의 내용을 구체적인 그림으로 표시해 놓은 도서를 말한다.
7. "현장설명서"라 함은 시행령 제14조의2의 규정에 의한 현장설명시 교부하는 도서로서 시공에 필요한 현장상태 등에 관한 정보 또는 단가에 관한 설명서 등을 포함한 입찰가격 결정에 필요한 사항을 제공하는 도서를 말한다.
8. "물량내역서"라 함은 공종별 목적물을 구성하는 품목 또는 비목과 동 품목 또는 비목의 규격 · 수량 · 단위 등이 표시된 다음 각 목의 내역서를 말한다.
   가. 시행령 제14조제1항에 따라 계약담당공무원 또는 입찰에 참가하려는 자가 작성한 내역서
   나. 시행령 제30조제2항 및 계약예규「정부입찰 · 계약집행기준」제10조제3항에 따라 견적서제출 안내공고 후 견적서를 제출하려는 자에게 교부된 내역서
9. "산출내역서"라 함은 입찰금액 또는 계약금액을 구성하는 물량, 규격, 단위, 단가 등을 기재한 다음 각 목의 내역서를 말한다.
   가. 시행령 제14조제6항과 제7항에 따라 제출한 내역서
   나. 시행령 제85조제2항과 제3항에 따라 제출한 내역서
   다. 시행령 제103조제1항과 제105조제3항에 따라 제출한 내역서
   라. 수의계약으로 체결된 공사의 경우 착공신고서 제출시까지 제출한 내역서
10. 이 조건에서 따로 정하는 경우를 제외하고는「국가를 당사자로 하는 계약에 관한 법률 시행령」,「특정조달을 위한 국가를 당사자로 하는 계약에 관한 법률 시행령 특례규정」(이하 각각 "시행령", "특례규정"이라 한다), 시행규칙 및 계약예규 공사입찰유의서(이하 "유의서"라 한다)에 정하는 바에 의한다.

◈ 3조 – 계약문서

① 계약문서는 계약서, 설계서, 유의서, 공사계약일반조건, 공사계약특수조건 및 산출내역서로 구성되며 상호보완의 효력을 가진다. 다만, 산출내역서는 이 조

건에서 규정하는 계약금액의 조정 및 기성 부분에 대한 대가의 지급시에 적용할 기준으로서 계약문서의 효력을 가진다.

② 삭제(2016.1.1)

③ 계약담당공무원은 「국가를 당사자로 하는 계약에 관한 법령」, 공사관계 법령 및 이 조건에 정한 계약일반사항 외에 해당 계약의 적정한 이행을 위하여 필요한 경우 공사계약특수조건을 정하여 계약을 체결할 수 있다.

④ 제3항의 규정에 의하여 정한 공사계약특수조건에 「국가를 당사자로 하는 계약에 관한 법령」, 공사 관계법령 및 이 조건에 의한 계약상대자의 계약상 이익을 제한하는 내용이 있는 경우 특수조건의 동 내용은 효력이 인정되지 아니한다.

⑤ 이 조건이 정하는 바에 의하여 계약당사자 간에 행한 통지문서 등은 계약문서로서의 효력을 가진다.

◈ 4조 – 사용언어

① 계약을 이행함에 있어서 사용하는 언어는 한국어로 함을 원칙으로 한다.

② 계약담당공무원은 계약체결시 제1항의 규정에 불구하고 필요하다고 인정하는 경우에는 계약이행과 관련하여 계약상대자가 외국어를 사용하거나 외국어와 한국어를 병행하여 사용할 수 있도록 필요한 조치를 할 수 있다.

③ 제2항의 규정에 의하여 외국어와 한국어를 병행하여 사용한 경우 외국어로 기재된 사항이 한국어와 상이할 때에는 한국어로 기재한 사항이 우선한다.

◈ 5조 – 통지 등

① 구두에 의한 통지 · 신청 · 청구 · 요구 · 회신 · 승인 또는 지시(이하 "통지 등"이라 한다)는 문서로 보완되어야 효력이 있다.

② 통지 등의 장소는 계약서에 기재된 주소로 하며, 주소를 변경하는 경우에는 이를 즉시 계약당사자에게 통지하여야 한다.

③ 통지 등의 효력은 계약문서에서 따로 정하는 경우를 제외하고는 계약당사자에게 도달한 날부터 발생한다. 이 경우 도달일이 공휴일인 경우에는 그 익일부터 효력이 발생한다.

④ 계약당사자는 계약이행 중 이 조건 및 관계법령 등에서 정한 바에 따라 서면으로 정당한 요구를 받은 경우에는 이를 성실히 검토하여 회신하여야 한다.

◈ 6조 – 채권양도

① 계약상대자는 이 계약에 의하여 발생한 채권(공사대금 청구권)을 제3자(공동수급체 구성원 포함)에게 양도할 수 있다.

② 계약담당공무원은 제1항의 규정에 의한 채권양도와 관련하여 적정한 공사이행목적 등 필요한 경우에는 채권양도를 제한하는 특약을 정하여 운용할 수 있다.

◈ 7조 – 계약보증금

① 계약상대자는 이 조건의 규정에 의하여 계약금액이 증액된 경우에는 이에 상응하는 금액의 계약보증금을 시행령 제50조 및 제52조에 정한 바에 따라 추가로 납부하여야 하며 계약담당공무원은 계약금액이 감액된 경우에는 이에 상응하는 금액의 계약보증금을 반환해야 한다.

② 계약담당공무원은 시행령 제52조제1항 본문의 규정에 의하여 계약이행을 보증한 경우로서 다음 각 호에 해당되는 때에는 1회에 한하여 계약이행 보증방법을 변경하게 할 수 있다.

1. 삭제(2010.9.8)
2. 삭제(2010.9.8)
3. 삭제(2010.9.8)

③ 계약담당공무원은 시행령 제37조제2항제2호의 규정에 의한 유가증권이나 현금으로 납부된 계약보증금을 계약상대자가 특별한 사유로 시행령 제37조제2항제1호 내지 제5호에 규정된 보증서 등으로 대체납부할 것을 요청한 때에는 동가치 상당액 이상으로 대체 납부하게 할 수 있다.

◈ 8조 – 계약보증금의 처리

① 계약담당공무원은 계약상대자가 정당한 이유없이 계약상의 의무를 이행하지 아니할 때에는 계약보증금을 국고에 귀속한다.

② 시행령 제69조의 규정에 의한 장기계속공사계약에 있어서 계약상대자가 2차 이후의 공사계약을 체결하지 아니한 경우에 제1항을 준용한다.

③ 시행령 제50조제10항의 규정에 의하여 계약보증금지급각서를 제출한 경우로서 계약보증금의 국고귀속사유가 발생하여 계약담당공무원의 납입요청이 있을 때에는 계약상대자는 당해 계약보증금을 지체없이 현금으로 납부하여야 한다.

④ 제1항 및 제2항의 규정에 의하여 계약보증금을 국고에 귀속함에 있어서 그 계약보증금은 이를 기성부분에 대한 미지급액과 상계 처리할 수 없다. 다만, 계약보증금의 전부 또는 일부를 면제받은 자의 경우에는 국고에 귀속되는 계약보

증금과 기성부분에 대한 미지급액을 상계 처리할 수 있다.

⑤ 계약담당공무원은 계약상대자가 납부한 계약보증금은 계약이 이행된 후 계약상대자에게 지체없이 반환한다.

◈ 9조 – 보증이행업체의 자격

① 시행령 제52조에 의한 보증이행업체는 다음 각호에 해당하는 자격을 갖추고 있어야 하며, 계약담당공무원은 보증이행업체의 적격 여부를 심사하기 위하여 계약상대자에게 관련자료의 제출을 요구할 수 있다.

1. 「독점규제 및 공정거래에 관한 법률」에 의한 계열회사가 아닌 자
2. 시행령 제76조의 규정에 의한 입찰참가자격제한을 받고 그 제한기간 중에 있지 아니한 자
3. 시행령 제36조의 규정에 의한 입찰공고 등에서 정한 입찰참가자격과 동등 이상의 자격을 갖춘 자
4. 시행령 제13조의 규정에 의한 입찰의 경우에는 입찰참가자격사전심사기준에 따른 입찰참가에 필요한 종합평점 이상이 되는 자

② 계약담당공무원은 제1항의 규정에 의하여 보증이행업체로 된 자가 부적격하다고 인정되는 때에는 계약상대자에게 보증이행업체의 변경을 요구할 수 있다.

③ 시행령 52조제1항제3호의 규정에 의한 공사이행보증서의 제출 등에 대하여는 제1항 및 제2항 외에 계약예규 「정부 입찰 · 계약 집행기준」 제11장(공사의 이행보증제도 운용)에 정한 바에 의한다.

◈ 10조 – 손해보험

① 계약상대자는 해당 계약의 목적물 등에 대하여 손해보험(「건설산업기본법」 제56조제1항제5호에 따른 손해공제를 포함한다. 이하 이 조에서 같다)에 가입할 수 있으며, 시행령 제78조, 제97조 및 추정가격이 200억원 이상인 공사로서 계약예규 「입찰참가자격사전심사요령」 제6조 제5항제1호에 규정된 공사에 대하여는 특별한 사유가 없는 한 계약목적물 및 제3자 배상책임을 담보할 수 있는 손해보험에 가입하여야 한다.

② 계약상대자는 제1항의 규정에 의한 보험가입시 발주기관, 계약상대자, 하수급인 및 해당 공사의 이해관계인을 피보험자로 하여야 하며, 보험사고 발생으로 발주기관 이외의 자가 보험금을 수령하게 될 경우에는 발주기관의 장의 사전 동의를 받아야 한다.

③ 계약목적물에 대한 보험가입금액은 공사의 보험가입 대상부분의 순계약금액(계약금액에서 부가가치세와 손해보험료를 제외한 금액을 말하며, 관급자재가 있을 경우에는 이를 포함한다. 이하 같다)을 기준으로 한다.

④ 계약상대자는 제1항의 규정에 의한 보험가입은 공사착공일(손해보험가입 비대상공사가 포함된 공사의 경우에는 손해보험가입대상공사 착공일을 말함) 이전까지 하고 그 증서를 착공신고서 제출시(손해보험가입 비대상공사가 포함된 공사의 경우에는 손해보험가입대상공사 착공시) 발주기관에 제출하여야 하며, 보험기간은 당해공사 착공시부터 발주기관의 인수시(시운전이 필요한 공사인 경우에는 시운전 시기까지 포함한다)까지로 하여야 한다.

⑤ 계약상대자는 손해보험가입시 제48조의 규정에 의하여 보증기관이 시공하게 될 경우 계약상대자의 보험계약상의 권리와 의무가 연대보증인 또는 보증기관에 승계될 수 있도록 하여야 하며 제44조 내지 제46조의 규정에 의하여 계약이 해제 또는 해지된 후 새로운 계약상대자가 선정될 경우에도 계약상대자의 보험계약상의 권리와 의무가 새로운 계약상대자에게 승계될 수 있도록 하여야 한다.

⑥ 계약상대자는 발주기관이 작성한 예정가격조서상의 보험료 또는 계약상대자가 제출한 입찰금액 산출내역서상의 보험료와 계약상대자가 손해보험회사에 실제 납입한 보험료 간의 차액 발생을 이유로 보험가입을 거절하거나 동 차액의 정산을 요구하여서는 아니된다.

⑦ 계약상대자는 보험가입 목적물의 보험사고로 보험금이 지급되는 경우 동 보험금을 당해공사의 복구에 우선 사용하여야 하며, 보험금 지급이 지연되거나 부족하게 지급되는 경우에도 이를 이유로 피해복구를 지연하거나 거절하여서는 아니된다.

⑧ 제1항 내지 제7항에 규정한 사항 이외에 손해보험과 관련된 기타 계약조건은 회계예규「정부 입찰 · 계약 집행기준」제12장(공사의 손해보험가입 업무집행)에 정한 바에 의한다.

◈ 11조 – 공사용지의 확보

① 발주기관은 계약문서에 따로 정한 경우를 제외하고는 계약상대자가 공사의 수행에 필요로 하는 날까지 공사용지를 확보하여 계약상대자에게 인도하여야 한다.

② 계약상대자는 현장에 인력, 장비 또는 자재를 투입하기 전에 공사용지의 확보여부를 계약담당공무원으로부터 확인을 받아야 한다.

◈ 12조 – 공사자재의 검사

① 공사에 사용할 자재는 신품이어야 하며 품질 · 규격 등은 반드시 설계서와 일치되어야 한다. 그러나 설계서에 명확히 규정되지 아니한 것은 표준품 이상으로서 계약의 목적을 달성하는 데에 가장 적합한 것이어야 한다.

② 계약상대자는 공사자재를 사용하기 전에 공사감독관의 검사를 받아야 하며, 불합격된 자재는 즉시 대체하여 다시 검사를 받아야 한다.

③ 제2항의 규정에 의한 검사에 이의가 있을 경우 계약상대자는 계약담당공무원에 대하여 재검사를 청구할 수 있으며, 재검사가 필요하다고 인정되는 경우 계약담당공무원은 지체없이 재검사하도록 조치하여야 한다.

④ 계약담당공무원은 계약상대자로부터 공사에 사용할 자재의 검사를 요청받거나 제3항의 규정에 의한 재검사의 요청을 받은 때에는 정당한 이유없이 검사를 지체할 수 없다.

⑤ 계약상대자가 불합격된 자재를 즉시 이송하지 않거나 대체하지 아니하는 경우에는 계약담당공무원이 일방적으로 불합격 자재를 제거하거나 대체시킬 수 있다.

⑥ 계약상대자는 시험 또는 조합을 요하는 자재가 있는 경우 공사감독관의 참여하에 그 시험 또는 조합을 하여야 한다.

⑦ 수중 또는 지하에 매몰하는 공작물, 기타 준공 후 외부로부터 검사할 수 없는 공작물의 공사는 공사감독관의 참여하에 시공하여야 한다.

⑧ 계약상대자가 제1항 내지 제7항에 정한 조건에 위배하거나 또는 설계서에 합치되지 않는 시공을 하였을 때에는 계약담당공무원은 공작물의 대체 또는 개조를 명할 수 있다.

⑨ 제2항 내지 제8항의 경우 계약금액을 증감하거나 계약기간을 연장할 수 없다. 다만, 제3항의 규정에 의하여 재검사 결과 적합한 자재인 것으로 판명될 경우에는 재검사에 소요된 기간에 대하여는 계약기간을 연장할 수 있다.

◈ 13조 – 관급자재 및 대여품

① 발주기관은 공사의 수행에 필요한 특정자재 또는 기계 · 기구 등을 계약상대자에게 공급하거나 대여할 수 있으며, 이 경우 관급자재 등(관급자재 및 대여품을 말한다. 이하 같다)은 설계서에 명시하여야 한다.

② 관급자재 등은 제17조제1항제2호의 공사공정예정표에 따라 적기에 공급되어야 하며, 인도일시 및 장소는 계약당사자 간에 협의하여 결정한다.

③ 관급자재 등의 소유권은 발주기관에 있으며, 잉여분이 있을 경우 계약상대자는 이를 발주기관에 통지하여 계약담당공무원의 지시에 따라 이를 반환하여야 한다.

④ 제2항의 규정에 의한 인도 후의 관급자재 등에 대한 관리상의 책임은 계약상대자에게 있으며, 이를 멸실 또는 훼손하였을 경우에는 발주기관에 변상하여야 한다.

⑤ 계약상대자는 관급자재 등을 계약의 수행 외의 목적으로 사용할 수 없으며, 공사감독관의 서면승인 없이는 현장 외부로 반출하여서는 아니된다.

⑥ 계약상대자는 관급자재 등을 인수할 때에는 이를 검수하여야 하며, 그 품질 또는 규격이 시공에 적당하지 아니하다고 인정될 경우에는 즉시 계약담당공무원에게 이를 통지하여 이의 대체를 요구하여야 한다.

⑦ 계약담당공무원은 필요하다고 인정할 경우에는 관급자재 등의 수량 · 품질 · 규격 · 인도시기 · 인도장소 등을 변경할 수 있다. 이 경우에는 제20조 및 제23조의 규정을 적용한다.

◈ 14조 – 공사현장대리인

① 계약상대자는 계약된 공사에 적격한 공사현장대리인(건설산업기본법시행령 제35조 [별표 5] 등 공사관련 법령에 따른 기술자 배치기준에 적합한 자를 말한다)을 지명하여 계약담당공무원에게 통지하여야 한다.

② 공사현장대리인은 공사현장에 상주하여 계약문서와 공사감독관의 지시에 따라 공사현장의 관리 및 공사에 관한 모든 사항을 처리하여야 한다. 다만, 공사가 일정기간 중단된 경우로서 발주기관의 승인을 얻은 경우에는 그러하지 아니한다.

◈ 15조 – 공사현장 근로자

① 계약상대자는 해당 계약의 시공 또는 관리에 필요한 기술과 경험을 가진 근로자를 채용하여야 하며 근로자의 행위에 대하여 모든 책임을 져야 한다.

② 계약상대자는 계약담당공무원이 계약상대자가 채용한 근로자에 대하여 해당 계약의 시공 또는 관리상 적당하지 아니하다고 인정하여 이의 교체를 요구한 때에는 즉시 교체하여야 하며 계약담당공무원의 승인없이는 교체된 근로자를 해당 계약의 시공 또는 관리를 위하여 다시 채용할 수 없다.

◈ 16조 – 공사감독관

① 공사감독관은 계약된 공사의 수행과 품질 확보 및 향상을 위하여 「건설기술진흥법」 제39조제6항 및 동법 시행령 제59조, 「전력기술관리법」 제12조, 그밖의 공사관련법령에 따른 건설사업관리기술자 또는 감리원의 업무범위에서 정한 내용 및 이 조건에서 규정한 업무를 행한다.

② 공사감독관은 계약담당공무원의 승인없이 계약상대자의 의무와 책임을 면제시키거나 증감시킬 수 없다.

③ 계약상대자는 공사감독관의 지시 또는 결정이 이 조건에서 정한 사항에 위반되거나 계약의 이행에 적합하지 아니하다고 인정될 경우에는 즉시 계약담당공무원에게 이의 시정을 요구하여야 한다.

④ 계약담당공무원은 제3항의 규정에 의한 시정요구를 받은 날부터 7일 이내에 필요한 조치를 하여야 한다.

⑤ 계약상대자는 그가 발주기관에 제출하는 모든 문서에 대하여 그 사본을 공사감독관에게 제출하여야 한다.

⑥ 공사감독관은 계약상대자로부터 제43조의2제1항에 따른 통보를 받은 경우에는 하수급인 및 계약상대자와 직접계약을 체결한 건설공사용 부품제작납품업자, 건설기계대여업자로부터 대금 수령내역 및 증빙서류를 제출받아 대금 지급내역 및 수령내역의 일치 여부를 확인하여야 한다.

◈ 17조 – 착공 및 공정보고

① 계약상대자는 계약문서에서 정하는 바에 따라 착공하여야 하며, 착공시에는 다음 각호의 서류가 포함된 착공신고서를 발주기관에 제출하여야 한다.

1. 「건설기술진흥법령」 등 관련법령에 의한 현장기술자지정신고서
2. 공사공정예정표
3. 안전 · 환경 및 품질관리계획서
4. 공정별 인력 및 장비투입계획서
5. 착공전 현장사진
6. 기타 계약담당공무원이 지정한 사항

② 계약상대자는 계약의 이행 중에 설계변경 또는 기타 계약내용의 변경으로 인하여 제1항의 규정에 의하여 제출한 서류의 변경이 필요한 때에는 관련서류를 변경하여 제출하여야 한다.

③ 계약담당공무원은 제1항 및 제2항의 규정에 의하여 제출된 서류의 내용을 조정할 필요가 있다고 인정하는 경우에는 계약상대자에게 이의 조정을 요구할 수 있다.

④ 계약담당공무원은 계약상대자로 하여금 월별로 수행한 공사에 대하여 다음 각호의 사항을 명백히 하여 익월 14일까지 발주기관에 제출하게 할 수 있으며, 이 경우 계약상대자는 이에 응하여야 한다.

1. 월별 공정률 및 수행공사금액
2. 인력 · 장비 및 자재현황
3. 계약사항의 변경 및 계약금액의 조정내용
4. 공정상황을 나타내는 현장사진

⑤ 계약담당공무원은 공정이 지체되어 소정기한 내에 공사가 준공될 수 없다고 인정할 경우에는 제4항의 규정에 의한 월별 현황과는 별도로 주간공정현황의 제출 등 공사추진에 필요한 조치를 계약상대자에게 지시할 수 있다.

◈ 18조 – 휴일 및 야간작업

① 계약상대자는 계약담당공무원의 공기단축지시 및 발주기관의 부득이한 사유로 인하여 휴일 또는 야간작업을 지시받았을 때에는 계약담당공무원에게 추가비용을 청구할 수 있다.

② 제1항의 경우에는 제23조를 준용한다.

◈ 19조 – 설계변경 등

① 설계변경은 다음 각호의 어느 하나에 해당하는 경우에 한다.

1. 설계서의 내용이 불분명하거나 누락 · 오류 또는 상호 모순되는 점이 있을 경우
2. 지질, 용수 등 공사현장의 상태가 설계서와 다를 경우
3. 새로운 기술 · 공법사용으로 공사비의 절감 및 시공기간의 단축 등의 효과가 현저할 경우
4. 기타 발주기관이 설계서를 변경할 필요가 있다고 인정할 경우 등

② 〈삭제, 2007.10.10〉

③ 제1항의 규정에 의한 설계변경은 그 설계변경이 필요한 부분의 시공 전에 완료하여야 한다. 다만, 계약담당공무원은 공정이행의 지연으로 품질저하가 우려되는 등 긴급하게 공사를 수행할 필요가 있는 때에는 계약상대자와 협의하여 설계변경의 시기 등을 명확히 정하고, 설계변경을 완료하기 전에 우선시공을 하

게 할 수 있다.

◈ 19조의2 – 설계서의 불분명 · 누락 · 오류 및 설계서 간의 상호모순 등에 의한 설계변경

① 계약상대자는 공사계약의 이행 중 설계서의 내용이 불분명하거나 설계서에 누락 · 오류 및 설계서 간에 상호모순 등이 있는 사실을 발견하였을 때에는 설계변경이 필요한 부분의 이행 전에 해당 사항을 분명히 한 서류를 작성하여 계약담당공무원과 공사감독관에게 동시에 이를 통지하여야 한다.

② 계약담당공무원은 제1항의 규정에 의한 통지를 받은 즉시 공사가 적절히 이행될 수 있도록 다음 각호의 어느 하나의 방법으로 설계변경 등 필요한 조치를 하여야 한다.

1. 설계서의 내용이 불분명한 경우(설계서만으로는 시공방법, 투입자재 등을 확정할 수 없는 경우)에는 설계자의 의견 및 발주기관이 작성한 단가산출서 또는 수량산출서 등의 검토를 통하여 당초 설계서에 의한 시공방법 · 투입자재 등을 확인한 후 확인된 사항대로 시공하여야 하는 경우에는 설계서를 보완하되 제20조의 규정에 의한 계약금액조정은 하지 아니하며, 확인된 사항과 다르게 시공하여야 하는 경우에는 설계서를 보완하고 제20조의 규정에 의하여 계약금액을 조정하여야 함
2. 설계서에 누락 · 오류가 있는 경우에는 그 사실을 조사 확인하고 계약목적물의 기능 및 안전을 확보할 수 있도록 설계서를 보완
3. 설계도면과 공사시방서는 서로 일치하나 물량내역서와 상이한 경우에는 설계도면 및 공사시방서에 물량내역서를 일치
4. 설계도면과 공사시방서가 상이한 경우로서 물량내역서가 설계도면과 상이하거나 공사시방서와 상이한 경우에는 설계도면과 공사시방서 중 최선의 공사시공을 위하여 우선되어야 할 내용으로 설계도면 또는 공사시방서를 확정한 후 그 확정된 내용에 따라 물량내역서를 일치

③ 제2항제3호 및 제4호의 규정은 제2조제4호의 규정에 정한 공사의 경우에는 적용되지 아니한다. 다만, 제2조제4호의 규정에 정한 공사의 경우로서 설계도면과 공사시방서가 상호 모순되는 경우에는 관련 법령 및 입찰에 관한 서류 등에 정한 내용에 따라 우선 여부를 결정하여야 한다.

◈ 19조의3 – 현장상태와 설계서의 상이로 인한 설계변경

① 계약상대자는 공사의 이행 중 지질, 용수, 지하매설물 등 공사현장의 상태가 설계서와 다른 사실을 발견하였을 때에는 지체없이 설계서에 명시된 현장상태와 상이하게 나타난 현장상태를 기재한 서류를 작성하여 계약담당공무원과 공사감독관에게 동시에 이를 통지하여야 한다.

② 계약담당공무원은 제1항의 통지를 받은 즉시 현장을 확인하고 현장상태에 따라 설계서를 변경하여야 한다.

◈ 19조의4 – 신기술 및 신공법에 의한 설계변경

① 계약상대자는 새로운 기술 · 공법(발주기관의 설계와 동등 이상의 기능 · 효과를 가진 기술 · 공법 및 기자재 등을 포함한다. 이하 같다)을 사용함으로써 공사비의 절감 및 시공기간의 단축 등에 효과가 현저할 것으로 인정하는 경우에는 다음 각호의 서류를 첨부하여 공사감독관을 경유하여 계약담당공무원에게 서면으로 설계변경을 요청할 수 있다.

1. 제안사항에 대한 구체적인 설명서
2. 제안사항에 대한 산출내역서
3. 제17조제1항제2호에 대한 수정공정예정표
4. 공사비의 절감 및 시공기간의 단축효과
5. 기타 참고사항

② 계약담당공무원은 제1항의 규정에 의하여 설계변경을 요청받은 경우에는 이를 검토하여 그 결과를 계약상대자에게 통지하여야 한다. 이 경우에 계약담당공무원은 설계변경 요청에 대하여 이의가 있을 때에는 「건설기술진흥법 시행령」 제19조에 따른 기술자문위원회(이하 "기술자문위원회"라 한다)에 청구하여 심의를 받아야 한다. 다만, 기술자문위원회가 설치되어 있지 아니한 경우에는 「건설기술진흥법」 제5조에 의한 건설기술심의위원회의 심의를 받아야 한다.

③ 계약상대자는 제1항에 의한 요청이 승인되었을 경우에는 지체없이 새로운 기술 · 공법으로 수행할 공사에 대한 시공상세도면을 공사감독관을 경유하여 계약담당공무원에게 제출하여야 한다.

④ 계약상대자는 제2항에 의한 계약담당공무원의 결정에 대하여 이의를 제기할 수 없으며, 또한 새로운 기술 · 공법의 개발에 소요된 비용 및 새로운 기술 · 공법에 의한 설계변경 후 해당 기술 · 공법에 의한 시공이 불가능한 것으로 판명

된 경우 시공에 소요된 비용을 발주기관에 청구할 수 없다.

◈ 19조의5 – 발주기관의 필요에 의한 설계변경

① 계약담당공무원은 다음 각호의 어느 하나의 사유로 인하여 설계서를 변경할 필요가 있다고 인정할 경우에는 계약상대자에게 이를 서면으로 통보할 수 있다.

1. 해당 공사의 일부변경이 수반되는 추가공사 발생
2. 특정공종의 삭제
3. 공정계획의 변경
4. 시공방법의 변경
5. 기타 공사의 적정한 이행을 위한 변경

② 계약담당공무원은 제1항에 의한 설계변경 통보시에는 다음 각호의 서류를 첨부하여야 한다. 다만, 발주기관이 설계서를 변경 작성할 수 없을 경우에는 설계변경 개요서만을 첨부하여 설계변경을 통보할 수 있다.

1. 설계변경개요서
2. 수정설계도면 및 공사시방서
3. 기타 필요한 서류

③ 계약상대자는 제1항에 의한 통보를 받은 즉시 공사이행 상황 및 자재수급 상황 등을 검토하여 설계변경 통보내용의 이행 가능 여부(이행이 불가능하다고 판단될 경우에는 그 사유와 근거자료를 첨부)를 계약담당공무원과 공사감독관에게 동시에 이를 서면으로 통지하여야 한다.

◈ 19조의6 – 소요자재의 수급방법 변경

① 계약담당공무원은 발주기관의 사정으로 인하여 당초 관급자재로 정한 품목을 계약상대자와 협의하여 계약상대자가 직접 구입하여 투입하는 자재(이하 “사급자재”라 한다)로 변경하고자 하는 경우 또는 관급자재 등의 공급지체로 공사가 상당기간 지연될 것이 예상되어 계약상대자가 대체사용 승인을 신청한 경우로서 이를 승인한 경우에는 이를 서면으로 계약상대자에게 통보하여야 한다. 이때 계약담당공무원은 계약상대자와 협의하여 변경된 방법으로 일괄하여 자재를 구입할 수 없는 경우에는 분할하여 구입하게 할 수 있으며, 분할 구입하게 할 경우에는 구입시기별로 이를 서면으로 계약상대자에게 통보하여야 한다.

② 계약담당공무원은 공사의 이행중 설계변경 등으로 인하여 당초 관급자재의 수량이 증가되는 경우로서 증가되는 수량을 적기에 지급할 수 없어 공사의 이행

이 지연될 것으로 예상되는 등 필요하다고 인정되는 때에는 계약상대자와 협의한 후 증가되는 수량을 계약상대자가 직접 구입하여 투입하도록 이를 서면으로 계약상대자에게 통보할 수 있다.

③ 제1항의 규정에 의하여 자재의 수급방법을 변경한 경우에는 계약담당공무원은 통보당시의 가격에 의하여 그 대가(기성부분에 실제 투입된 자재에 대한 대가)를 제39조 내지 제40조의 규정에 의한 기성대가 또는 준공대가에 합산하여 지급하여야 한다. 다만, 계약상대자의 대체사용 승인신청에 따라 자재를 대체사용한 경우에는 계약상대자와 합의된 장소 및 일시에 현품으로 반환할 수도 있다.

④ 계약담당공무원은 당초계약시의 사급자재를 관급자재로 변경할 수 없다. 다만, 원자재의 수급 불균형에 따른 원자재가격 급등 등 사급자재를 관급자재로 변경하지 않으면 계약목적을 이행할 수 없다고 인정될 때에는 계약당사자 간의 협의에 의하여 변경할 수 있다.

⑤ 제2항 및 제4항의 규정에 의하여 추가되는 관급자재를 사급자재로 변경하거나 사급자재를 관급자재로 변경한 경우에는 제20조의 규정에 정한 바에 따라 계약금액을 조정하여야 하며, 제3항 본문의 규정에 의하여 대가를 지급하는 경우에는 제20조제5항의 규정을 준용한다.

◈ 19조의7 – 설계변경에 따른 추가조치 등

① 계약담당공무원은 제19조제1항의 규정에 의하여 설계변경을 하는 경우 그 변경사항이 목적물의 구조변경 등으로 인하여 안전과 관련이 있는 때에는 하자발생시 책임한계를 명확하게 하기 위하여 당초 설계자의 의견을 들어야 한다.

② 계약담당공무원은 제19조의2, 제19조의3 및 제19조의5의 규정에 의하여 설계변경을 하는 경우 계약상대자로 하여금 다음 각호의 사항을 계약담당공무원과 공사감독관에게 동시에 제출하게 할 수 있으며, 이 경우 계약상대자는 이에 응하여야 한다.

1. 당해 공종의 수정공정예정표
2. 당해 공종의 수정도면 및 수정상세도면
3. 조정이 요구되는 계약금액 및 기간
4. 여타의 공정에 미치는 영향

③ 계약담당공무원은 제2항제2호의 규정에 의하여 당초의 설계도면 및 시공상세도면을 계약상대자가 수정하여 제출하는 경우에는 그 수정에 소요된 비용을 제

23조의 규정에 의하여 계약상대자에게 지급하여야 한다.

◈ 20조 – 설계변경으로 인한 계약금액의 조정

① 계약담당공무원은 설계변경으로 시공방법의 변경, 투입자재의 변경 등 공사량의 증감이 발생하는 경우에는 다음 각호의 1의 기준에 의하여 계약금액을 조정하여야 한다.

1. 증감된 공사량의 단가는 계약단가로 한다. 다만 계약단가가 예정가격단가보다 높은 경우로서 물량이 증가하게 되는 경우 그 증가된 물량에 대한 적용단가는 예정가격단가로 한다.
2. 산출내역서에 없는 품목 또는 비목(동일한 품목이라도 성능, 규격 등이 다른 경우를 포함한다. 이하 "신규비목"이라 한다)의 단가는 설계변경 당시(설계도면의 변경을 요하는 경우에는 변경도면을 발주기관이 확정한 때, 설계도면의 변경을 요하지 않는 경우에는 계약당사자 간에 설계변경을 문서에 의하여 합의한 때, 제19조제3항에 의하여 우선시공을 한 경우에는 그 우선시공을 하게 한 때를 말한다. 이하 같다)를 기준으로 산정한 단가에 낙찰률(예정가격에 대한 낙찰금액 또는 계약금액의 비율을 말한다. 이하 같다)을 곱한 금액으로 한다.

② 발주기관이 설계변경을 요구한 경우(계약상대자의 책임없는 사유로 인한 경우를 포함한다. 이하 같다)에는 제1항의 규정에 불구하고 증가된 물량 또는 신규비목의 단가는 설계변경 당시를 기준으로 하여 산정한 단가와 동 단가에 낙찰률을 곱한 금액의 범위안에서 발주기관과 계약상대자가 서로 주장하는 각각의 단가기준에 대한 근거자료 제시 등을 통하여 성실히 협의(이하 "협의"라 한다)하여 결정한다. 다만, 계약당사자 간에 협의가 이루어지지 아니하는 경우에는 설계변경 당시를 기준으로 하여 산정한 단가와 동 단가에 낙찰률을 곱한 금액을 합한 금액의 100분의 50으로 한다.

③ 제2항에도 불구하고 표준시장단가가 적용된 공사의 경우에는 다음 각호의 어느 하나의 기준에 의하여 계약금액을 조정하여야 한다.

1. 증가된 공사량의 단가는 예정가격 산정시 표준시장단가가 적용된 경우에 설계변경 당시를 기준으로 하여 산정한 표준시장단가로 한다.
2. 신규비목의 단가는 표준시장단가를 기준으로 산정하고자 하는 경우에 설계변경 당시를 기준으로 산정한 표준시장단가로 한다.

④ 제19조의4에 의한 설계변경의 경우에는 해당 절감액의 100분의 30에 해당하는 금액을 감액한다.

⑤ 제1항 및 제2항에 의한 계약금액의 증감분에 대한 간접노무비, 산재보험료 및 산업안전보건관리비 등 승률비용과 일반관리비 및 이윤은 산출내역서상의 간접노무비율, 산재보험료율 및 산업안전보건관리비율 등의 승률비용과 일반관리비율 및 이윤율에 의하되 설계변경 당시의 관계법령 및 기획재정부장관 등이 정한 율을 초과할 수 없다.

⑥ 계약담당공무원은 예정가격의 100분의 86 미만으로 낙찰된 공사계약의 계약금액을 제1항에 따라 증액조정하고자 하는 경우로서 당해 증액조정금액(2차 이후의 계약금액 조정에 있어서는 그 전에 설계변경으로 인하여 감액 또는 증액조정된 금액과 증액조정하려는 금액을 모두 합한 금액을 말한다)이 당초 계약서의 계약금액(장기계속공사의 경우에는 시행령 제69조제2항에 따라 부기된 총공사금액)의 100분의 10 이상인 경우에는 시행령 제94조에 따른 계약심의회, 「국가재정법 시행령」 제49조에 따른 예산집행심의회 또는 「건설기술진흥법 시행령」 제19조에 따른 기술자문위원회의 심의를 거쳐 소속중앙관서의 장의 승인을 얻어야 한다.

⑦ 일부 공종의 단가가 세부공종별로 분류되어 작성되지 아니하고 총계방식으로 작성(이하 "1식단가"라 한다)되어 있는 경우에도 설계도면 또는 공사시방서가 변경되어 1식단가의 구성내용이 변경되는 때에는 제1항 내지 제5항의 규정에 의하여 계약금액을 조정하여야 한다.

⑧ 발주기관은 제1항 내지 제7항의 규정에 의하여 계약금액을 조정하는 경우에는 계약상대자의 계약금액조정 청구를 받은 날부터 30일 이내에 계약금액을 조정하여야 한다. 이 경우 예산배정의 지연 등 불가피한 경우에는 계약상대자와 협의하여 그 조정기한을 연장할 수 있으며, 계약금액을 조정할 수 있는 예산이 없는 때에는 공사량 등을 조정하여 그 대가를 지급할 수 있다.

⑨ 계약담당공무원은 제8항의 규정에 의한 계약상대자의 계약금액조정 청구 내용이 부당함을 발견한 때에는 지체없이 필요한 보완요구 등의 조치를 하여야 한다. 이 경우 계약상대자가 보완요구 등의 조치를 통보받은 날부터 발주기관이 그 보완을 완료한 사실을 통지받은 날까지의 기간은 제8항의 규정에 의한 기간에 산입하지 아니한다.

⑩ 제8항 전단의 규정에 의한 계약상대자의 계약금액조정 청구는 제40조에 의한

준공대가(장기계속계약의 경우에는 각 차수별 준공대가) 수령 전까지 조정신청하여야 한다.

◈ 21조 – 설계변경으로 인한 계약금액조정의 제한 등

① 다음 각호의 어느 하나의 방법으로 체결된 공사계약에 있어서는 설계변경으로 계약내용을 변경하는 경우에도 정부에 책임있는 사유 또는 천재 · 지변 등 불가항력의 사유로 인한 경우를 제외하고는 그 계약금액을 증액할 수 없다.

1. 삭제(2016.1.1)
2. 시행령 제78조에 따른 일괄입찰 및 대안입찰(대안이 채택된 부분에 한함)을 실시하여 체결된 공사계약
3. 시행령 제98조에 따른 기본설계 기술제안입찰 및 실시설계 기술제안입찰(기술제안이 채택된 부분에 한함)을 실시하여 체결된 공사계약

② 계약담당공무원은 시행령 제14조제1항 각호 외의 부분 단서에 따라 물량내역서를 작성하는 경우에는 물량내역서의 누락사항이나 오류 등으로 설계를 변경하는 경우에도 그 계약금액을 변경할 수 없다. 다만, 입찰참가자가 교부받은 물량내역서의 물량을 수정하고 단가를 적은 산출내역서를 제출하는 경우에는 입찰참가자의 물량 수정이 허용되지 않은 공종에 대하여는 그러하지 아니한다.

③ 각 중앙관서의 장 또는 계약담당공무원은 시행령 제78조에 따른 일괄입찰과 제98조에 따른 기본설계 기술제안입찰의 경우 계약체결 이전에 실시설계적격자에게 책임이 없는 다음 각호의 어느 하나에 해당하는 사유로 실시설계를 변경한 경우에는 계약체결 이후 즉시 설계변경에 의한 계약금액 조정을 하여야 한다.

1. 민원이나 환경 · 교통영향평가 또는 관련 법령에 따른 인허가 조건 등과 관련하여 실시설계의 변경이 필요한 경우
2. 발주기관이 제시한 기본계획서 · 입찰안내서 또는 기본설계서에 명시 또는 반영되어 있지 아니한 사항에 대하여 해당 발주기관이 변경을 요구한 경우
3. 중앙건설기술심의위원회 또는 기술자문위원회가 실시설계 심의과정에서 변경을 요구한 경우

④ 제1항 또는 제3항의 경우에 계약금액을 조정하고자 할 때에는 다음 각호의 기준에 의한다.

1. 실시설계 기술제안입찰은 시행령 제65조 제3항에 의한다.

2. 제1항제2호의 경우와 기본설계 기술제안입찰은 시행령 제91조 제3항에 의한다.

⑤ 제1항에 정한 정부의 책임있는 사유 또는 불가항력의 사유란 다음 각호의 어느 하나의 경우를 말한다. 다만, 설계시 공사관련법령 등에 정한 바에 따라 설계서가 작성된 경우에 한한다.

1. 사업계획 변경 등 발주기관의 필요에 의한 경우
2. 발주기관 외에 당해 공사와 관련된 인허가기관 등의 요구가 있어 이를 발주기관이 수용하는 경우
3. 공사관련법령(표준시방서, 전문시방서, 설계기준 및 지침 등 포함)의 제·개정으로 인한 경우
4. 공사관련법령에 정한 바에 따라 시공하였음에도 불구하고 발생되는 민원에 의한 경우
5. 발주기관 또는 공사 관련기관이 교부한 지하매설 지장물 도면과 현장 상태가 상이하거나 계약 이후 신규로 매설된 지장물에 의한 경우
6. 토지·건물소유자의 반대, 지장물의 존치, 관련기관의 인허가 불허 등으로 지질조사가 불가능했던 부분의 경우
7. 제32조의 규정에 정한 사항 등 계약당사자 누구의 책임에도 속하지 않는 사유에 의한 경우

⑥ 제4항에 따라 계약금액을 증감조정하고자 하는 경우 증감되는 공사물량은 수정 전의 설계도면과 수정 후의 설계도면을 비교하여 산출한다.

⑦ 제3항 각호의 사유 및 제5항 각호의 사유에 해당되지 않는 경우로서 현장상태와 설계서의 상이 등으로 인하여 설계변경을 하는 경우에는 전체공사에 대하여 증·감되는 금액을 합산하여 계약금액을 조정하되, 계약금액을 증액할 수는 없다.

⑧ 계약담당공무원은 제7항에 따른 계약금액 조정과 관련하여 연차계약별로 준공되는 장기계속공사의 경우에는 계약체결시 전체공사에 대한 증·감 금액의 합산처리 방법, 합산잔액의 다음 연차계약으로의 이월 등 필요한 사항을 정하여 운영하여야 한다.

⑨ 제1항 내지 제8항에 따른 계약금액조정의 경우에는 제20조제5항 및 제8항 내지 제10항의 규정을 준용한다.

◈ 22조 – 물가변동으로 인한 계약금액의 조정

① 물가변동으로 인한 계약금액의 조정은 시행령 제64조 및 시행규칙 제74조의 규정에 정한 바에 의한다.

② 계약담당공무원이 동일한 계약에 대한 계약금액을 조정할 때에는 품목조정률 및 지수조정률을 동시에 적용하여서는 아니되며, 계약을 체결할 때에 계약상대자가 지수조정률 방법을 원하는 경우 외에는 품목조정률 방법으로 계약금액을 조정하도록 계약서에 명시하여야 한다. 이 경우 계약이행 중 계약서에 명시된 계약금액 조정방법을 임의로 변경하여서는 아니된다. 다만, 시행령 제64조제6항에 따라 특정규격의 자재별 가격변동에 따른 계약금액을 조정할 경우에는 본문의 규정에 불구하고 품목조정률에 의한다.

③ 제1항의 규정에 의하여 계약금액을 증액하는 경우에는 상대자의 청구에 의하여야 하고, 계약상대자는 제40조의 규정에 의한 준공대가(장기계속계약의 경우에는 각 차수별 준공대가) 수령 전까지 조정신청을 하여야 조정금액을 지급받을 수 있으며, 조정된 계약금액은 직전의 물가변동으로 인한 계약금액조정기준일부터 90일 이내에 이를 다시 조정할 수 없다. 다만, 천재 · 지변 또는 원자재의 가격급등으로 당해 기간 내에 계약금액을 조정하지 아니하고는 계약이행이 곤란하다고 인정되는 경우에 계약을 체결한 날 또는 직전 조정기준일로부터 90일 이내에도 계약금액을 조정할 수 있다.

④ 계약상대자는 제3항의 규정에 의하여 계약금액의 증액을 청구하는 경우에는 계약금액조정 내역서를 첨부하여야 한다.

⑤ 발주기관은 제1항 내지 제4항의 규정에 의하여 계약금액을 증액하는 경우에는 계약상대자의 청구를 받은 날부터 30일 이내에 계약금액을 조정하여야 한다. 이 경우 예산배정의 지연 등 불가피한 경우에는 계약상대자와 협의하여 그 조정기한을 연장할 수 있으며, 계약금액을 증액할 수 있는 예산이 없는 때에는 공사량 등을 조정하여 그 대가를 지급할 수 있다.

⑥ 계약담당공무원은 제4항 및 제5항의 규정에 의한 계약상대자의 계약금액조정 청구 내용이 일부 미비하거나 분명하지 아니한 경우에는 지체없이 필요한 보완요구를 하여야 하며, 이 경우 계약상대자가 보완요구를 통보받은 날부터 발주기관이 그 보완을 완료한 사실을 통지받은 날까지의 기간은 제5항의 규정에 의한 기간에 산입하지 아니한다. 다만, 계약상대자의 계약금액조정 청구내용이 계약금액 조정요건을 충족하지 않았거나 관련 증빙서류가 첨부되지 아니한 경우에는 그 사유를

명시하여 계약상대자에게 당해 청구서를 반송하여야 하며, 이 경우 계약상대자는 그 반송사유를 충족하여 계약금액조정을 다시 청구하여야 한다.

⑦ 시행령 제64조제6항에 따른 계약금액 조정요건을 충족하였으나 계약상대자가 계약금액 조정신청을 하지 않을 경우 하수급인은 이러한 사실을 계약담당공무원에게 통보할 수 있으며, 통보받은 계약담당공무원은 이를 확인한 후 계약상대자에게 계약금액 조정신청과 관련된 필요한 조치 등을 하도록 하여야 한다.

◈ 23조 – 기타 계약내용의 변경으로 인한 계약금액의 조정

① 계약담당공무원은 공사계약에 있어서 제20조 및 제22조의 규정에 의한 경우 외에 공사기간 · 운반거리의 변경 등 계약내용의 변경으로 계약금액을 조정하여야 할 필요가 있는 경우에는 그 변경된 내용에 따라 실비를 초과하지 아니하는 범위 안에서 이를 조정하며, 계약예규 「정부입찰계약집행 기준」 제14장(실비의 산정)을 적용한다.

② 제1항의 규정에 의한 계약내용의 변경은 변경되는 부분의 이행에 착수하기 전에 완료하여야 한다. 다만, 계약담당공무원은 계약이행의 지연으로 품질저하가 우려되는 등 긴급하게 계약을 이행하게 할 필요가 있는 때에는 계약상대자와 협의하여 계약내용 변경의 시기 등을 명확히 정하고, 계약내용을 변경하기 전에 계약을 이행하게 할 수 있다.

③ 제1항의 경우에는 제20조제5항을 준용한다.

④ 제1항의 경우 계약금액이 증액될 때에는 계약상대자의 신청에 의거 조정하여야 한다.

⑤ 제1항 내지 제4항의 규정에 의한 계약금액조정의 경우에는 제20조제8항 내지 제10항의 규정을 준용한다.

◈ 23조의2 – 설계변경 등에 따른 통보

제20조 내지 제23조에 의거하여 계약금액을 조정한 경우에는 계약담당공무원은 건설산업기본법 관련 규정에 의거 계약금액의 조정사유와 내용을 하수급인에게 통보하여야 한다.

◈ 23조의3(건설폐기물량의 초과 발생에 따른 계약금액의 조정) 시행령 제78조에 따라 체결된 계약에 있어서 「건설폐기물의 재활용 촉진에 관한 법률」 제15조에 따라 건설공사와 건설폐기물처리용역을 분리발주한 경우로서 공사수행과정에서 건설

폐기물이 계약상대자가 설계시 산출한 물량을 초과하여 발생한 때에는 해당 초과 물량에 대하여 발주기관이 실제 폐기물처리업체에 지급한 처리비용만큼 계약금액에서 감액조정한다.

◈ 24조 – 응급조치

① 계약상대자는 시공기간 중 재해방지를 위하여 필요하다고 인정할 때에는 미리 공사감독관의 의견을 들어 필요한 조치를 취하여야 한다.

② 공사감독관은 재해방지, 기타 시공상 부득이할 때에는 계약상대자에게 필요한 응급조치를 취할 것을 구두 또는 서면으로 요구할 수 있다. 이 경우 구두로 응급조치를 요구한 때에는 추후 서면으로 보완하여야 한다.

③ 계약상대자는 제2항의 규정에 의한 요구를 받은 때에는 즉시 이에 응하여야 한다. 다만, 계약상대자가 요구에 응하지 아니할 때에는 계약담당공무원은 일방적으로 계약상대자 부담으로 제3자로 하여금 응급조치하게 할 수 있다.

④ 제1항 내지 제3항의 조치에 소요된 경비 중에서 계약상대자가 계약금액의 범위 내에서 부담하는 것이 부당하다고 인정되는 때에는 제23조의 규정에 의하여 실비의 범위 안에서 계약금액을 조정할 수 있다.

◈ 25조 – 지체상금

① 계약상대자는 계약서에 정한 준공기한(계약서상 준공신고서 제출기일을 말한다. 이하 같다) 내에 공사를 완성하지 아니한 때에는 매 지체일수마다 계약서에 정한 지체상금률을 계약금액(장기계속공사계약의 경우에는 연차별 계약금액)에 곱하여 산출한 금액(이하 "지체상금"이라 한다)을 현금으로 납부하여야 한다.

② 계약담당공무원은 제1항의 경우에 제29조의 규정에 의하여 기성부분에 대하여 검사를 거쳐 이를 인수(인수하지 아니하고 관리 · 사용하고 있는 경우를 포함한다. 이하 이 조에서 같다)한 때에는 그 부분에 상당하는 금액을 계약금액에서 공제한다. 이 경우 기성부분의 인수는 그 성질상 분할할 수 있는 공사에 대한 완성부분으로 인수하는 것에 한한다.

③ 계약담당공무원은 다음 각호의 1에 해당되어 공사가 지체되었다고 인정할 때에는 그 해당일수를 제1항의 지체일수에 산입하지 아니한다.

1. 제32조에서 규정한 불가항력의 사유에 의한 경우
2. 계약상대자가 대체 사용할 수 없는 중요 관급자재 등의 공급이 지연되어 공

사의 진행이 불가능하였을 경우

3. 발주기관의 책임으로 착공이 지연되거나 시공이 중단되었을 경우
4. 삭제
5. 계약상대자의 부도 등으로 보증기관이 보증이행업체를 지정하여 보증시공할 경우
6. 제19조의 규정에 의한 설계변경(계약상대자의 책임 없는 사유인 경우에 한한다)으로 인하여 준공기한 내에 계약을 이행할 수 없는 경우
7. 원자재의 수급불균형으로 인하여 해당 관급자재의 조달지연 또는 사급자재(관급자재에서 전환된 사급자재를 포함한다)의 구입곤란 등 기타 계약상대자의 책임에 속하지 아니하는 사유로 인하여 지체된 경우

④ 삭제

⑤ 제3항제5호의 규정에 의하여 지체일수에 산입하지 아니하는 기간은 발주기관으로부터 보증채무 이행청구서를 접수한 날부터 보증이행개시일 전일까지(단, 30일 이내에 한한다)로 한다.

⑥ 계약담당공무원은 제1항의 규정에 의한 지체일수를 다음 각호에 따라 산정하여야 한다.

1. 준공기한 내에 준공신고서를 제출한 때에는 제27조의 규정에 의한 준공검사에 소요된 기간은 지체일수에 산입하지 아니한다. 다만, 준공기한 이후에 제27조제3항의 규정에 의한 시정조치를 한 때에는 시정조치를 한 날부터 최종 준공검사에 합격한 날까지의 기간(검사기간이 제27조의 규정에 정한 기간을 초과한 경우에는 동조에 정한 기간에 한한다. 이하 같다)을 지체일수에 산입한다.
2. 준공기한을 경과하여 준공신고서를 제출한 때에는 준공기한 익일부터 준공검사(시정조치를 한 때에는 최종 준공검사)에 합격한 날까지의 기간을 지체일수에 산입한다.
3. 준공기한의 말일이 공휴일(관련 법령의 규정에 의하여 발주기관의 휴무일인 경우를 포함한다)인 경우 지체일수는 공휴일의 익일 다음날부터 기산한다.

⑦ 계약담당공무원은 제1항 내지 제3항의 규정에 의한 지체상금은 계약상대자에게 지급될 대가, 대가지급지연에 대한 이자 또는 기타 예치금 등과 상계할 수 있다.

◈ 26조 – 계약기간의 연장

① 계약상대자는 제25조제3항 각호의 1의 사유가 계약기간 내에 발생한 경우에는 계약기간 종료 전에 지체없이 제17조제1항제2호에 대한 수정공정표를 첨부하여 계약담당공무원과 공사감독관에게 서면으로 계약기간의 연장신청과 제4항의 규정에 의한 계약금액 조정신청을 함께 하여야 한다. 다만, 연장사유가 계약기간 내에 발생하여 계약기간 경과 후 종료된 경우에는 동 사유가 종료된 후 즉시 계약기간의 연장신청을 하여야 한다.

② 계약담당공무원은 제1항의 규정에 의한 계약기간연장 신청이 접수된 때에는 즉시 그 사실을 조사·확인하고 공사가 적절히 이행될 수 있도록 계약기간의 연장 등 필요한 조치를 하여야 한다.

③ 계약담당공무원은 제1항에서 규정한 연장청구를 승인하였을 경우 동 연장기간에 대하여는 제25조의 규정에 의한 지체상금을 부과하여서는 아니된다.

④ 제2항의 규정에 의하여 계약기간을 연장한 경우에는 제23조의 규정에 의하여 그 변경된 내용에 따라 실비를 초과하지 아니하는 범위 안에서 계약금액을 조정한다. 다만, 제25조제3항제4호 및 제5호의 사유에 의한 경우에는 그러하지 아니하다.

⑤ 계약상대자는 제40조에 의한 준공대가(장기계속계약의 경우에는 각 차수별 준공대가) 수령 전까지 제4항에 의한 계약금액 조정신청을 하여야 한다.

⑥ 계약담당공무원은 제1항 내지 제⑤항에도 불구하고 계약상대자의 의무불이행으로 인하여 발생한 지체상금이 시행령 제50조제1항의 규정에 의한 계약보증금상당액에 달한 경우로서 계약목적물이 국가정책사업 대상이거나 계약의 이행이 노사분규 등 불가피한 사유로 인하여 지연된 때에는 계약기간을 연장할 수 있다.

⑦ 제⑥항의 규정에 의한 계약기간의 연장은 지체상금이 계약보증금상당액에 달한 때에 하여야 하며, 연장된 계약기간에 대하여는 제25조의 규정에 불구하고 지체상금을 부과하여서는 아니된다.

◈ 27조 – 검사

① 계약상대자는 공사를 완성하였을 때에는 그 사실을 준공신고서 등 서면으로 계약담당공무원(「건설기술진흥법」 제39조제2항에 의하여 건설사업관리 또는 감리를 하는 공사에 있어서는 건설기술용역업자를 말한다. 이하 이 조 제2항, 제

3항 및 제6항에서 같다)에게 통지하고 필요한 검사를 받아야 한다.

② 계약담당공무원은 제1항의 통지를 받은 때에는 계약서, 설계서, 준공신고서 기타 관계서류에 의하여 그날로부터 14일 이내에 계약상대자의 입회하에 그 이행을 확인하기 위한 검사를 하여야 한다. 다만, 천재 · 지변 등 불가항력적인 사유로 인하여 검사를 완료하지 못한 경우에는 당해 사유가 존속되는 기간과 당해 사유가 소멸된 날로부터 3일까지는 이를 연장할 수 있으며, 공사계약금액(관급자재가 있는 경우에는 관급자재 대가를 포함한다)이 100억원 이상이거나 기술적 특수성 등으로 인하여 14일 이내에 검사를 완료할 수 없는 특별한 사유가 있는 경우에는 7일 범위 내에서 검사기간을 연장할 수 있다.

③ 계약담당공무원은 제2항의 검사에 있어서 계약상대자의 계약이행내용 전부 또는 일부가 계약에 위반되거나 부당함을 발견한 때에는 필요한 시정조치를 하여야 한다. 이 경우에는 계약상대자로부터 그 시정을 완료한 사실을 통지받은 날로부터 제2항의 기간을 계산한다.

④ 제3항의 경우에 계약이행기간이 연장될 때에 계약담당공무원은 제25조의 규정에 의한 지체상금을 부과하여야 한다.

⑤ 계약상대자는 제2항의 규정에 의한 검사에 입회 · 협력하여야 한다. 계약상대자가 입회를 거부하거나 검사에 협력하지 아니함으로써 발생하는 지체에 대하여는 제3항 및 제4항의 규정을 준용한다.

⑥ 계약담당공무원은 검사를 완료한 때에는 그 결과를 지체없이 계약상대자에게 통지하여야 한다. 이 경우 계약상대자는 검사에 대한 이의가 있을 때에는 재검사를 요청할 수 있으며 계약담당공무원은 필요한 조치를 하여야 한다.

⑦ 계약상대자는 제6항의 규정에 의한 검사완료통지를 받은 때에는 모든 공사시설, 잉여자재, 폐기물 및 가설물을 공사장으로부터 즉시 철거반출하여야 하며 공사장을 정돈하여야 한다.

⑧ 제39조의 규정에 의한 기성대가지급시의 기성검사는 공사감독관이 작성한 감독조서의 확인으로 갈음할 수 있다. 다만, 동 검사 3회마다 1회는 제1항의 규정에 의한 검사를 실시하여야 한다.

⑨ 제8항의 규정에 의한 기성검사시 검사에 합격된 자재라도 단순히 공사현장에 반입된 것만으로는 기성부분으로 인정되지 아니한다. 다만, 계약상대자가 직접 또는 제3자에게 위탁하여 가공 · 조립 또는 제작된 자재인 때에는 당해 자재의 특성, 용도 및 시장거래상황 등을 고려하여 반입(당해 자재를 계약목적물에 투

입하는 과정의 특수성으로 인하여 가공 · 조립 또는 제작하는 공장에서 기성검사를 실시, 동 검사에 합격한 경우를 포함)된 자재의 100분의 50 범위 내에서 기성부분으로 인정할 수 있다.

◈ 28조 – 인수

① 계약담당공무원은 제27조제6항의 규정에 의하여 검사완료통지를 한 후 계약상대자가 서면으로 인수를 요청하였을 때에는 즉시 현장인수증명서를 발급하고 당해 공사목적물을 인수하여야 한다.

② 계약담당공무원은 제1항의 규정에 의하여 인수를 요청할 경우 공사규모 등을 고려하여 필요하다고 인정할 때에는 계약상대자로 하여금 다음 각호의 사항이 첨부된 준공명세서를 제출하여야 한다.

1. 완성된 공사목적물의 전면 · 후면 · 측면사진(10″×15″) 각 5매 및 사진파일 원본
2. 제27조의 주요검사과정을 촬영한 동영상물(CD 등) 5본
3. 착공에서 준공까지의 행정처리과정, 참여기술자, 관련참여업체 등의 내용을 포함하는 「건설기술진흥법 시행령」 제78조에 의한 준공보고서

③ 계약담당공무원은 계약상대자가 검사완료통지를 받은 날부터 7일 이내에 제1항의 규정에 의한 인수요청을 아니할 때에는 계약상대자에게 현장인수증명서를 발급하고 당해 공사목적물을 인수할 수 있다. 이 경우 계약상대자는 지체없이 제2항의 규정에 의한 준공명세서를 제출하여야 한다.

④ 계약담당공무원은 공사목적물을 인수한 때에는 다음 사항을 기재한 표찰을 부착하여 공시하여야 한다.

1. 공사명 및 발주기관(관리청)
2. 착공 및 준공년월일
3. 공사금액
4. 계약상대자
5. 공사감독관 및 검사관
6. 하자발생시 신고처
7. 기타 필요한 사항

⑤ 발주관서는 제3항의 규정에 의하여 인수된 공사목적물을 계약상대자에게 유지관리를 요구하는 경우에는 이에 필요한 비용을 지급하여야 한다.

◈ 29조 – 기성부분의 인수

① 계약담당공무원은 전체 공사목적물이 아닌 기성부분(성질상 분할할 수 있는 공사에 대한 완성부분에 한한다)에 대하여 이를 인수할 수 있다.

② 제1항의 경우에는 제28조를 준용한다.

◈ 30조 – 부분사용 및 부가공사

① 발주기관은 계약목적물의 인수 전에 기성부분이나 미완성부분을 사용할 수 있으며 동 부분에 대하여는 당해 구조물 안전에 지장을 주지 아니하는 부가공사를 할 수 있다.

② 제1항의 경우 계약상대자와 부가공사에 대한 계약상대자는 계약담당공무원의 지시에 따라 공사를 진행하여야 한다.

③ 계약담당공무원은 제1항의 규정에 의한 부분사용 또는 부가공사로 인하여 계약상대자에게 손해가 발생한 경우 또는 추가공사비가 필요한 경우로서 계약상대자의 청구가 있는 때에는 제23조의 규정에 의하여 실비의 범위 안에서 보상하거나 계약금액을 조정하여야 한다.

◈ 31조 – 일반적 손해

① 계약상대자는 계약의 이행중 공사목적물, 관급자재, 대여품 및 제3자에 대한 손해를 부담하여야 한다. 다만, 계약상대자의 책임 없는 사유로 인하여 발생한 경우에는 발주기관의 부담으로 한다.

② 제10조의 규정에 의하여 손해보험에 가입한 공사계약의 경우 제1항의 규정에 의한 계약상대자 및 발주기관의 부담은 보험에 의하여 보전되는 금액을 초과하는 부분으로 한다.

③ 제28조 및 제29조의 규정에 의하여 인수한 공사목적물에 대한 손해는 발주기관이 부담하여야 한다.

◈ 32조 – 불가항력

① 불가항력이라 함은 태풍 · 홍수, 기타 악천후, 전쟁 또는 사변, 지진, 화재, 전염병, 폭동, 기타 계약당사자의 통제범위를 초월하는 사태의 발생 등의 사유(이하 “불가항력의 사유”라 한다)로 인하여 계약당사자 누구의 책임에도 속하지 아니하는 경우를 말한다. 다만, 이는 대한민국 국내에서 발생하여 공사이행에 직접적인 영향을 미친 경우에 한한다.

② 불가항력의 사유로 인하여 다음 각호에 발생한 손해는 발주기관이 부담하여야 한다.

1. 제27조의 규정에 의하여 검사를 필한 기성부분
2. 검사를 필하지 아니한 부분중 객관적인 자료(감독일지, 사진 또는 동영상 등)에 의하여 이미 수행되었음이 판명된 부분
3. 제31조제1항 단서 및 동조제3항의 규정에 의한 손해

③ 계약상대자는 계약이행 기간중 제2항의 손해가 발생하였을 때에는 지체없이 그 사실을 계약담당공무원에게 통지하여야 하며, 계약담당공무원은 통지를 받았을 때에는 즉시 그 사실을 조사하고 그 손해의 상황을 확인한 후 그 결과를 계약상대자에게 통지하여야 한다. 이 경우 공사감독관의 의견을 고려할 수 있다.

④ 계약담당공무원은 제3항의 규정에 의하여 손해의 상황을 확인하였을 때에는 별도의 약정이 없는 한 공사금액의 변경 또는 손해액의 부담 등 필요한 조치를 계약상대자와 협의하여 이를 결정한다. 다만, 협의가 성립되지 않을 때에는 제51조의 규정에 의해서 처리한다.

◈ 33조 – 하자보수

① 계약상대자는 전체목적물을 인수한 날과 준공검사를 완료한 날 중에서 먼저 도래한 날부터 시행령 제60조의 규정에 의하여 계약서에 정한 기간(이하 “하자담보책임기간”이라 한다) 동안 공사목적물의 하자(계약상대자의 시공상의 잘못으로 인하여 발생한 하자에 한함)에 대한 보수책임이 있다.

② 하자담보책임기간은 시행규칙 제70조에 정해진 바에 따라 공종을 구분(하자책임을 구분할 수 없는 복합공사의 경우에는 주된 공종)하여 설정하여야 한다.

③ 제2항의 규정에 불구하고 하자담보책임기간을 공종 구분없이 일률적으로 정하였거나 시행규칙 제70조 관련 별표 1에 정해진 기간과 다르게 정하여 계약이행중인 경우에는 동 시행규칙에서 정한 대로 계약서상 하자담보책임기간을 조정하여야 한다.

④ 계약상대자는 하자보수통지를 받은 때에는 즉시 보수작업을 하여야 하며 당해 하자의 발생원인 및 기타 조치사항을 명시하여 발주기관에 제출하여야 한다.

◈ 34조 – 하자보수보증금

① 계약상대자는 공사의 하자보수를 보증하기 위하여 계약서에서 정한 하자보수보증금률을 계약금액(당초 계약금액이 조정된 경우에는 조정된 계약금액을 말

한다)에 곱하여 산출한 금액(이하 "하자보수보증금"이라 한다)을 시행령 제62조 및 시행규칙 제72조의 규정에 정한 바에 따라 납부하여야 한다.

② 계약상대자 제33조제1항의 규정에 의한 하자담보책임기간 중 계약담당공무원으로부터 하자보수요구를 받고 이에 불응한 경우에는 제1항의 규정에 의한 하자보수보증금을 국고에 귀속한다.

③ 계약담당공무원은 제35조제2항의 규정에 의한 하자보수완료확인서의 발급일까지 하자보수보증금을 계약상대자에게 반환하여야 한다. 다만, 하자담보책임기간이 서로 다른 공종이 복합된 건설공사에 있어서는 시행규칙 제70조의 규정에 의한 공종별 하자담보책임기간이 만료되어 보증목적이 달성된 공종의 하자보수보증금은 계약상대자의 요청이 있을 경우 즉시 반환하여야 한다.

◈ 35조 – 하자검사

① 계약담당공무원은 제33조제1항에서 규정한 하자담보책임기간중 연2회이상 정기적으로 하자를 검사하여야 한다.

② 계약담당공무원은 하자담보책임기간의 만료일부터 14일이내에 따로 최종검사를 하여야 하며, 최종검사를 완료하였을 때에는 즉시 하자보수완료확인서를 계약상대자에게 발급하여야 한다. 이 경우 최종검사에서 발견되는 하자사항은 이 확인서가 발급되기 전까지 계약상대자가 자신의 부담으로 보수하여야 한다.

③ 계약상대자는 제1항 및 제2항의 검사에 입회하여야 한다. 다만, 계약싱대자가 입회를 거부하는 경우에는 계약담당공무원은 일방적으로 검사를 할 수 있으며 검사결과에 대하여 계약상대자가 동의한 것으로 간주한다.

④ 계약상대자의 책임과 의무는 제2항의 규정에 의한 하자보수완료확인서의 발급일부터 소멸한다.

◈ 36조 – 특별책임

계약담당공무원은 제35조제2항의 규정에 의한 하자보수완료확인서의 발급에 불구하고 당해공사의 특성 및 관련법령에서 정한 바에 따라 필요하다고 인정하는 경우 제27조 및 제35조의 규정에 의한 검사과정에서 발견되지 아니한 시공상의 하자에 대하여는 계약상대자의 책임으로 하는 특약을 정할 수 있다.

◈ 37조 – 특허권 등의 사용

공사의 이행에 특허권, 기타 제3자의 권리의 대상으로 되어 있는 시공방법을 사용할 때에 계약상대자는 그 사용에 관한 일체의 책임을 져야 한다. 그러나 발주기관이

제3조의 계약문서에 시공방법을 지정하지 아니하고 그 시공을 요구할 때에는 계약상대자에 대하여 제반 편의를 제공 · 알선하거나 소요된 비용을 지급할 수 있다.

◈ 38조 – 발굴물의 처리

① 공사현장에서 발견한 모든 가치 있는 화석 · 금전 · 보물, 기타 지질학 및 고고학상의 유물 또는 물품은 관계법규에서 정하는 바에 의하여 처리한다.

② 계약상대자는 제1항의 물품이나 유물을 발견하였을 때에는 즉시 계약담당공무원에게 통지하고 그 지시에 따라야 하며, 이를 취급할 때에는 파손이 없도록 적절한 예방조치를 하여야 한다.

◈ 39조 – 기성대가의 지급

① 계약상대자는 적어도 30일마다 제27조제8항에 의한 검사를 완료하는 날까지 기성부분에 대한 대가지급청구서(기 수령한 기성대가가 있는 경우에는 「건설산업기본법」 제34조제1항의 규정에 의하여 기성대가를 하수급인에게 지급하였음을 증빙하는 서류를 첨부하여야 한다)를 계약담당공무원과 공사감독관에게 동시에 제출할 수 있다.

② 계약담당공무원은 검사완료일부터 5일 이내에 검사된 내용에 따라 기성대가를 확정하여 계약상대자에게 지급하여야 한다. 다만, 계약상대자가 검사완료일 후에 대가의 지급을 청구한 때에는 그 청구를 받은 날부터 5일 이내에 지급하여야 한다.

③ 계약담당공무원은 제2항에 따른 기성대가지급시에 제1항의 대금지급계획상의 하수급인, 자재 · 장비업자 및 하수급인의 자재 · 장비업자에게 기성대가지급사실을 통보하고, 이들로 하여금 대금수령내역(수령자, 수령액, 수령일 등) 및 증빙서류를 제출(「전자서명법」 제2조에 따른 전자문서에 의한 제출을 포함한다. 이하 제40조제3항 및 제43조의2제1항에 따른 제출 및 통보에 있어 같다)하게 하여야 한다.

④ 계약담당공무원은 제27조제9항 단서의 규정에 의한 자재에 대하여 기성대가를 지급하는 경우에는 계약상대자로 하여금 그 지급대가에 상당하는 보증서(시행령 제37조제2항에 규정된 증권 또는 보증서 등을 말한다)를 제출하게 하여야 한다.

⑤ 계약담당공무원은 제1항의 규정에 의한 청구서의 기재사항이 검사된 내용과 일치하지 아니할 때에는 그 사유를 명시하여 계약상대자에게 이의 시정을 요구하

여야 한다. 이 경우 시정에 소요되는 기간은 제2항에서 규정한 기간에 산입하지 아니한다.

⑥ 기성대가는 계약단가에 의하여 산정 · 지급한다. 다만, 계약단가가 없을 경우에는 제20조제1항제2호 및 동조 제2항의 규정에 의하여 산정된 단가에 의한다.

⑦ 기성대가 지급의 경우에는 제40조제5항을 준용한다.

◈ 39조의2 – 계약금액조정전의 기성대가지급

① 계약담당공무원은 물가변동, 설계변경 및 기타계약내용의 변경으로 인하여 계약금액이 당초 계약금액보다 증감될 것이 예상되는 경우로서 기성대가를 지급하고자 하는 경우에는 「국고금관리법 시행규칙」 제72조의 규정에 의하여 당초 산출내역서를 기준으로 산출한 기성대가를 개산급으로 지급할 수 있다. 다만, 감액이 예상되는 경우에는 예상되는 감액금액을 제외하고 지급하여야 한다.

② 계약상대자는 제1항의 규정에 의하여 기성대가를 개산급으로 지급받고자 하는 경우에는 기성대가신청시 개산급신청사유를 서면으로 작성하여 첨부하여야 한다.

◈ 40조 – 준공대가의 지급

① 계약상대자는 공사를 완성한 후 제27조의 규정에 의한 검사에 합격한 때에는 대가지급청구서(하수급인 자재 · 장비업자 및 하수급인의 자재 · 장비업자에 대한 대금지급계획을 첨부하여야 한다)를 제출하는 등 소정절차에 따라 대가지급을 청구할 수 있다.

② 계약담당공무원은 제1항의 청구를 받은 때에는 그 청구를 받은 날로부터 5일(공휴일 및 토요일은 제외한다. 이하 이조에서 같다) 이내에 그 대가를 지급하여야 하며, 동 대가지급기한에도 불구하고 자금사정 등 불가피한 사유가 없는 한 최대한 신속히 대가를 지급하여야 한다. 다만, 계약당사자와의 합의에 의하여 5일을 초과하지 아니하는 범위 안에서 대가의 지급기간을 연장할 수 있는 특약을 정할 수 있다.

③ 계약담당공무원은 제2항에 따른 대가지급시에 제1항의 대금지급 계획상의 하수급인 자재 · 장비업자 및 하수급인의 자재 · 장비업자에게 대가지급사실을 통보하고, 이들로 하여금 대금수령내역(수령자, 수령액, 수령일 등) 및 증비서류를 제출하게 하여야 한다.

④ 천재 · 지변 등 불가항력의 사유로 인하여 대가를 지급할 수 없게 된 경우에는 계약담당공무원은 해당 사유가 존속되는 기간과 해당 사유가 소멸된 날로부터

3일까지는 대가의 지급을 연장할 수 있다.

⑤ 계약담당공무원은 제1항의 청구를 받은 후 그 청구내용의 전부 또는 일부가 부당함을 발견한 때에는 그 사유를 명시하여 계약상대자에게 당해 청구서를 반송할 수 있다. 이 경우에는 반송한 날로부터 재청구를 받은 날까지의 기간은 제2항의 지급기간에 이를 산입하지 아니한다.

◈ 40조의2 – 국민건강보험료, 노인장기요양보험료 및 국민연금보험료의 사후정산

계약담당공무원은 「정부 입찰 · 계약 집행기준」 제93조의 규정에 의하여 국민건강보험료, 노인장기요양보험료 및 국민연금보험료를 사후정산 하기로 한 계약에 대하여는 제39조 및 제40조의 규정에 의한 대가지급시 회계예규 「정부 입찰 · 계약 집행기준」 제94조의 규정에 정한 바에 따라 정산하여야 한다.

◈ 41조 – 대가지급지연에 대한 이자

① 계약담당공무원은 대가지급청구를 받은 경우에 제39조 및 제40조의 규정에 의한 대가지급기한(국고채무부담행위에 의한 계약의 경우에는 다음 회계년도 개시후 「국가재정법」에 의하여 해당 예산이 배정된 날부터 20일)까지 대가를 지급하지 못하는 경우에는 지급기한의 다음날부터 지급하는 날까지의 일수(이하 "대가지급지연일수"라 한다)에 해당 미지급금액에 대하여 지연발생 시점의 금융기관 대출평균금리(한국은행 통계월보상의 금융기관 대출평균금리를 말한다)를 곱하여 산출한 금액을 이자로 지급하여야 한다.

② 불가항력적인 사유로 인하여 검사 또는 대가지급이 지연된 경우에 제27조제2항 단서 및 제40조제3항의 규정에 의한 연장기간은 대가지급 지연일수에 산입하지 아니한다.

◈ 42조 – 하도급의 승인 등

① 계약상대자가 계약된 공사의 일부를 제3자에게 하도급 하고자 하는 경우에는 「건설산업기본법」 등 관련법령에 정한 바에 의하여야 한다.

② 계약담당공무원은 제1항의 규정에 의하여 계약상대자로부터 하도급계약을 통보받은 때에는 국토교통부장관이 고시한 건설공사하도급심사기준에 정한 바에 따라 하도급금액의 적정성을 심사하여야 한다.

◈ 43조 – 하도급대가의 직접지급 등

① 계약담당공무원은 계약상대자가 다음 각호의 1에 해당하는 경우 「건설산업기

본법」 등 관련법령의 규정에 의하여 체결한 하도급계약 중 하수급인이 시공한 부분에 상당하는 금액에 대하여는 계약상대자가 하수급인에게 제39조 및 제40조의 규정에 의한 대가지급을 의뢰한 것으로 보아 당해 하수급인에게 직접 지급하여야 한다.

1. 하수급인이 계약상대자를 상대로 하여 받은 판결로서 그가 시공한 분에 대한 하도급대금지급을 명하는 확정판결이 있는 경우
2. 계약상대자가 파산, 부도, 영업정지 및 면허취소 등으로 하도급대금을 하수급인에게 지급할 수 없게 된 경우
3. 「하도급거래 공정화에 관한 법률」 또는 「건설산업기본법」에 규정한 내용에 따라 계약상대자가 하수급인에 대한 하도급대금 지급보증서를 제출하여야 할 대상 중 그 지급보증서를 제출하지 아니한 경우

② 계약담당공무원은 제1항의 규정에 불구하고 하수급인이 당해 하도급계약과 관련하여 노임, 중기사용료, 자재대 등을 체불한 사실을 계약상대자가 객관적으로 입증할 수 있는 서류를 첨부하여 당해 하도급대가의 직접지급 중지를 요청한 때에는 당해 하도급대가를 직접 지급하지 아니할 수 있다.

③ 계약상대자는 제27조제1항의 규정에 의한 준공신고 또는 제39조의 규정에 의한 기성대가의 지급청구를 위한 검사를 신청하고자 할 경우에는 하수급인이 시공한 부분에 대한 내역을 구분하여 신청하여야 하며, 제39조 및 제40조의 규정에 의하여 제1항의 하도급대가가 포함된 대가지급을 청구할 때에는 당해 하도급대가를 분리하여 청구하여야 한다.

◈ 제43조의2-하도급대금 등 지급 확인

① 계약상대자는 제39조 및 제40조에 의한 대가를 지급받은 경우에 15일 이내에 하수급인 및 자재·장비업자가 시공·제작·대여한 분에 상당한 금액(이하 "하도급대금 등"이라 한다)을 하수급인 및 자재·장비업자에게 현금으로 지급하여야 하며, 하도급대금 등의 지급 내역(수령자, 지급액, 지급일 등)을 5일(공휴일 및 토요일은 제외한다) 이내에 발주기관 및 공사감독관에게 통보하여야 한다.

② 계약상대자는 제1항에 따라 하수급인에게 하도급대금 등을 지급한 경우에 하수급인으로 하여금 제1항을 준용하여 하수급인의 자재·장비업자가 제작·대여한 분에 상당한 금액을 하수급인의 자재·장비업자에게 지급하고, 이들로 하여금 그 내역(수령자, 지급액, 지급일 등)을 발주기관 및 공사감독관에게 통보하

도록 하여야 한다.

③ 계약담당공무원은 제1항 및 제2항에 의한 대금 지급내역을 제39조제3항 또는 제40조제3항에 따라 하수급인, 자재 · 장비업자 및 하수급인의 자재 · 장비업자로부터 제출받은 대금 수령내역과 비교 · 확인하여야 하며, 하수급인이 하수급인의 자재 · 장비업자에게 대금을 지급하지 않은 경우에는 계약상대자에게 즉시 통보하여야 한다.

◈ 제43조의3-노무비의 구분관리 및 지급확인

① 계약상대자는 발주기관과 협의하여 정한 노무비 지급기일에 맞추어 매월 모든 근로자(직접노무비 대상에 한하며, 하수급인이 고용한 근로자를 포함)의 노무비 청구내역(근로자 개인별 성명, 임금 및 연락처 등)을 제출하여야 한다.

② 계약담당공무원은 현장인 명부 등을 통해 제1항에 따른 노무비 청구내역을 확인하고 청구를 받은 날부터 5일 이내에 계약상대자의 노무비 전용계좌로 해당 노무비를 지급하여야 한다.

③ 계약상대자는 제2항에 따라 노무비를 지급받은 날부터 2일(공휴일 및 토요일은 제외한다) 이내에 노무비 전용계좌에서 이체하는 방식으로 근로자에게 노무비를 지급하여야 하며, 동일한 방식으로 하수급인의 노무비 전용계좌로 노무비를 지급하여야 한다. 다만, 근로자가 계좌를 개설할 수 없거나 다른 방식으로 지급을 원하는 경우 또는 계약상대자(하수급인 포함)가 근로자에게 노무비를 미리 지급하는 경우에는 그에 대한 발주기관의 승인을 받아 그러하지 아니할 수 있다.

④ 계약상대자는 제1항에 따라 노무비 지급을 청구할 때에 전월 노무비 지급내역(계약상대자 및 하수급인의 노무비 전용계좌 이체내역 등 증빙서류)을 제출하여야 하며, 계약담당공무원은 동 지급내역과 계약상대자가 이미 제출한 같은 달의 청구내역을 비교하여 임금 미지급이 확인된 경우에는 해당 사실을 지방고용노동(지)청에 통보하여야 한다.

◈ 44조 – 계약상대자의 책임있는 사유로 인한 계약의 해제 및 해지

① 계약담당공무원은 계약상대자가 다음 각호의 어느 하나에 해당하는 경우에는 해당 계약의 전부 또는 일부를 해제 또는 해지할 수 있다. 다만, 제3호의 경우에 계약상대자의 계약이행 가능성이 있고 계약을 유지할 필요가 있다고 인정되는 경우로서 계약상대자가 계약이행이 완료되지 아니한 부분에 상당하는 계약

보증금은 추가납부하는 때에는 계약을 유지한다.

1. 정당한 이유없이 약정한 착공시일을 경과하고도 공사에 착수하지 아니할 경우
2. 계약상대자의 책임있는 사유로 인하여 준공기한까지 공사를 완공하지 못하거나 완성할 가능성이 없다고 인정될 경우
3. 제25조제1항의 규정에 의한 지체상금이 시행령 제50조제1항의 규정에 의한 당해 계약(장기계속공사계약인 경우에는 차수별 계약)의 계약보증금상당액에 달한 경우
4. 장기계속공사의 계약에 있어서 제2차공사 이후의 계약을 체결하지 아니하는 경우
5. 계약의 수행중 뇌물수수 또는 정상적인 계약관리를 방해하는 불법 · 부정행위가 있는 경우
6. 제47조의3에 따른 시공계획서를 제출 또는 보완하지 않거나 정당한 이유없이 계획서대로 이행하지 않을 경우
7. 입찰에 관한 서류 등을 허위 또는 부정한 방법으로 제출하여 계약이 체결된 경우
8. 기타 계약조건을 위반하고 그 위반으로 인하여 계약의 목적을 달성할 수 없다고 인정될 경우

② 계약담당공무원은 제1항의 규정에 의하여 계약을 해제 또는 해지한 때에는 그 사실을 계약상대자 및 제42조의 규정에 의한 하수급자에게 통지하여야 한다.

③ 제2항의 규정에 의한 통지를 받은 계약상대자는 다음 각호의 사항을 준수하여야 한다.

1. 당해 공사를 즉시 중지하고 모든 공사자재 및 기구 등을 공사장으로부터 철거하여야 한다.
2. 제13조의 규정에 의한 대여품이 있을 때에는 지체없이 발주기관에 반환하여야 한다. 이 경우 당해 대여품이 계약상대자의 고의 또는 과실로 인하여 멸실 또는 파손되었을 때에는 원상회복 또는 그 손해배상을 하여야 한다.
3. 제13조의 규정에 의한 관급재료 중 공사의 기성부분으로서 인수된 부분에 사용한 것을 제외한 잔여재료는 발주관서에 반환하여야 한다. 이 경우 당해 재료가 계약상대자의 고의 또는 과실로 인하여 멸실 또는 파손되었을 때, 또는 공사의 기성부분으로서 인수되지 아니하는 부분에 사용된 때에는 원상회복 또는 그 손해배상을 하여야 한다.

4. 발주기관이 요구하는 공사장의 모든 재료, 정보 및 편의를 발주기관에 제공하여야 한다.

④ 계약담당공무원은 제1항의 규정에 의하여 계약을 해제 또는 해지한 경우 및 제48조의 규정에 의하여 연대보증인 또는 보증기관이 보증이행을 하는 경우에 기성부분을 검사하여 인수한 때에는 당해 부분에 상당하는 대가를 계약상대자에게 지급하여야 한다.

⑤ 제1항의 규정에 의하여 계약이 해제 또는 해지된 경우 계약상대자는 지급받은 선금에 대하여 미정산잔액이 있는 경우에는 그 잔액에 대한 약정이자상당액[사유발생 시점의 금융기관 대출평균금리(한국은행 통계월보상의 대출평균금리를 말한다)에 의하여 산출한 금액]을 가산하여 발주기관에 상환하여야 한다.

⑥ 제5항의 경우 계약담당공무원은 선금잔액과 기성부분에 대한 미지급액을 상계하여야 한다. 다만, 「건설산업기본법」 및 「하도급 거래공정화에 관한 법률」에 의하여 하도급대금 지급보증이 되어 있지 않은 경우로서 제43조제1항의 규정에 의하여 하도급대가를 직접 지급하여야 하는 때에는 우선적으로 하도급대가를 지급한 후 기성 부분에 대한 미지금액의 잔액이 있을 경우 선금잔액과 상계할 수 있다.

◈ 45조 – 사정변경에 의한 계약의 해제 또는 해지

① 발주기관은 제44조제1항 각호의 경우외에 객관적으로 명백한 발주기관의 불가피한 사정이 발생한 때에는 계약을 해제 또는 해지할 수 있다.

② 제1항의 규정에 의하여 계약을 해제 또는 해지하는 경우에는 제44조제2항 본문 및 제3항을 준용한다.

③ 발주기관은 제1항의 규정에 의하여 계약을 해제 또는 해지하는 경우에는 다음 각호에 해당하는 금액을 제44조제3항 각호의 수행을 완료한 날부터 14일 이내에 계약상대자에게 지급하여야 한다. 이 경우 제7조의 규정에 의한 계약보증금을 동시에 반환하여야 한다.

1. 제32조제2항제1호 및 제2호에 해당하는 시공부분의 대가 중 지급하지 아니한 금액
2. 전체공사의 완성을 위하여 계약의 해제 또는 해지일 이전에 투입된 계약상대자의 인력 · 자재 및 장비의 철수비용

④ 계약상대자는 선금에 대한 미정산잔액이 있는 경우에는 이를 발주기관에 상환

하여야 한다. 이 경우 미정산잔액에 대한 이자는 가산하지 아니한다.

◈ 46조 – 계약상대자에 의한 계약해제 또는 해지

① 계약상대자는 다음 각호의 1에 해당하는 사유가 발생한 경우에는 당해계약을 해제 또는 해지할 수 있다.

1. 제19조의 규정에 의하여 공사내용을 변경함으로써 계약금액이 100분의 40 이상 감소되었을 때
2. 제47조의 규정에 의한 공사정지기간이 공기의 100분의 50을 초과하였을 경우

② 제1항에 의하여 계약이 해제 또는 해지되었을 경우에는 제45조제2항 내지 제4항을 준용한다.

◈ 47조 – 공사의 일시정지

① 공사감독관은 다음 각호의 경우에는 공사의 전부 또는 일부의 이행을 정지시킬 수 있다. 이 경우 계약상대자는 정지기간 중 선량한 관리자의 주의의무를 게을리하여서는 아니된다.

1. 공사의 이행이 계약내용과 일치하지 아니하는 경우
2. 공사의 전부 또는 일부의 안전을 위하여 공사의 정지가 필요한 경우
3. 제24조의 규정에 의한 응급조치의 경우
4. 기타 발주기관의 필요에 의하여 계약담당공무원이 지시한 경우

② 공사감독관은 제1항의 규정에 의하여 공사를 정지시킨 경우에는 지체없이 계약상대자 및 계약담당공무원에게 정지사유 및 정지기간을 통지하여야 한다.

③ 제1항의 규정에 의하여 공사를 정지시킨 경우 계약상대자는 계약기간의 연장 또는 추가금액을 청구할 수 없다. 다만, 계약상대자의 책임있는 사유로 인한 정지가 아닌 때에는 그러하지 아니한다.

④ 발주기관의 책임있는 사유에 의한 공사정지기간(각각의 사유로 인한 정지기간을 합산하며, 장기계속계약의 경우에는 당해 차수 내의 정지기간을 말함)이 60일을 초과한 경우 발주기관은 그 초과된 기간에 대하여 잔여계약금액(공사중지기간이 60일을 초과하는 날 현재의 잔여계약금액을 말하며, 장기계속공사계약의 경우에는 차수별 계약금액을 기준으로 함)에 초과일수 매 1일마다 지연발생 시점의 금융기관 대출평균금리(한국은행 통계월보상의 금융기관 대출평균금리를 말한다)를 곱하여 산출한 금액을 준공대가 지급시 계약상대자에게 지급하여야 한다.

◈ 47조의2 – 계약상대자의 공사정지 등

① 계약상대자는 발주기관이 「국가를 당사자로 하는 계약에 관한 법령」과 계약문서 등에서 정하고 있는 계약상의 의무를 이행하지 아니하는 때에는 발주기관에 계약상의 의무이행을 서면으로 요청할 수 있다.

② 계약담당공무원은 계약상대자로부터 제1항의 규정에 의한 요청을 받은 날부터 14일 이내에 이행계획을 서면으로 계약상대자에게 통지하여야 한다.

③ 계약상대자는 계약담당공무원이 제2항에 규정한 기한 내에 통지를 하지 아니하거나 계약상의 의무이행을 거부하는 때에는 당해 기간이 경과한 날 또는 의무이행을 거부한 날부터 공사의 전부 또는 일부의 시공을 정지할 수 있다.

④ 계약담당공무원은 제3항의 규정에 의하여 정지된 기간에 대하여 제26조의 규정에 의하여 공사기간을 연장하여야 한다.

◈ 제47조의3 – 공정지연에 대한 관리

① 계약상대자는 자신의 책임 있는 사유로 다음 각호의 사례가 발생한 경우에는 즉시 이를 해소하기 위한 시공계획서를 제출하여야 한다.

1. 실행공정률이 계획공정률에 비해 10% 이상 지연된 경우
2. 골조공사 등 주된 공사의 시공이 1개월 이상 중단된 경우

② 발주기관과 계약상대자는 상호 협의하여 공사의 규모나 종류·특성 등에 따라 제1항 각호의 내용을 조정하거나 새로운 내용을 추가할 수 있다.

③ 계약담당공무원은 제1항에 따라 계약상대방이 제출한 계획서를 검토하고 필요한 경우에 보완을 요구할 수 있다.

◈ 48조 – 공사계약의 이행보증

① 계약담당공무원은 계약상대자가 제44조제1항 각호의 1에 해당하는 경우로서 계약체결시 연대보증인 이 입보되어 있거나 또는 시행령 제52조제1항제3호의 규정에 의한 공사이행보증서가 제출되어 있는 경우에는 계약을 해제 또는 해지하지 아니하고 제9조의 규정에 의한 연대보증인 또는 보증기관에 대하여 공사를 완성할 것을 청구하여야 한다.

② 제1항의 청구가 있을 때에는 연대보증인 또는 보증기관은 지체없이 그 보증의무를 이행하여야 한다. 이 경우 보증의무를 이행한 연대보증인 또는 보증기관은 계속공사에 있어서 계약상대자가 가지는 계약체결상의 이익을 가진다. 다만, 보증기관은 보증이행업체를 지정하여 보증의무를 이행하는 대신 공사이행

보증서에 정한 금액을 현금으로 발주기관에 납부함으로써 보증의무이행에 갈음할 수 있다.

③ 제2항의 규정에 의하여 당해 계약을 이행하는 연대보증인 또는 보증기관은 계약금액 중 보증이행부분에 상당하는 금액을 발주관서에 직접 청구할 수 있는 권리를 가지며 계약상대자는 연대보증인 또는 보증기관의 보증이행부분에 상당하는 금액을 청구할 수 있는 권리를 상실한다.

④ 삭제

⑤ 보증기관은 공사진행상황 및 계약상대자의 이행능력 등을 조사할 수 있으며, 제44조제1항 각호의 사유가 발생하는 경우 계약담당공무원에게 보증이행의 청구를 건의할 수 있다.

⑥ 제1항 내지 제3항의 규정 외에 공사이행보증서 제출에 따른 보증의무이행에 대하여는 계약예규「정부 입찰 · 계약 집행기준」제11장(공사의 이행보증제도 운용)에 정한 바에 의한다.

◈ 49조 – 부정당업자의 입찰참가자격 제한

① 계약상대자가 시행령 제76조에 해당하는 경우에는 1월 이상 2년 이하의 범위내에서 입찰참가자격 제한조치를 받게 된다.

② 삭제

◈ 50조 – 기술지식의 이용 및 비밀엄수의무

① 발주기관은 계약서상의 규정에 의하여 계약상대자가 제출하는 각종 보고서, 정보, 기타 자료 및 이에 의하여 얻은 기술지식의 전부 또는 일부를 계약상대자의 승인을 얻어 발주기관의 이익을 위하여 복사 · 이용 또는 공개할 수 있다.

② 계약상대자는 해당 계약을 통하여 얻은 정보 또는 국가의 비밀사항을 계약이행의 전후를 막론하고 외부에 누설할 수 없다.

◈ 51조 – 분쟁의 해결

① 계약의 수행 중 계약당사자 간에 발생하는 분쟁은 협의에 의하여 해결한다.

② 제1항의 규정에 의한 협의가 이루어지지 아니할 때에는 법원의 판결 또는「중재법」에 의한 중재에 의하여 해결한다. 다만「국가를 당사자로 하는 계약에 관한 법률」제28조에서 정한 이의신청 대상에 해당하는 경우 국가계약분쟁조정위원회 조정결정에 따라 분쟁을 해결할 수 있다.

③ 제2항에도 불구하고 계약을 체결하는 때에「국가를 당사자로 하는 계약에 관한

법률」 제28조의2에 따라 분쟁해결방법을 정한 경우에는 그에 따른다.

④ 계약상대자는 제1항 및 제3항의 규정에 의한 분쟁처리절차 수행기간 중 공사의 수행을 중지하여서는 아니된다.

◈ 52조 – 공사관련자료의 제출

계약담당공무원은 필요하다고 인정할 경우 계약상대자에게 산출내역서의 기초가 되는 단가산출서 또는 일위대가표의 제출을 요구할 수 있으며, 이 경우 계약상대자는 이에 응하여야 한다.

◈ 53조 – 적격 · PQ심사 · 종합심사낙찰제 관련사항 이행

① 계약상대자는 계약예규 「입찰참가자격사전심사요령」, 「적격심사기준」 및 「종합심사낙찰제 심사기준」 별표의 심사항목에 규정된 사항에 대하여 심사당시 제출한 내용대로 철저하게 이행하여야 한다.

② 계약담당공무원(「조달사업에 관한 법률」 제3조에 따라 조달청에 의뢰하여 계약한 공사로서 수요기관이 공사관리를 하는 경우에는 수요기관)은 제1항에 규정한 이행상황을 수시로 확인하여야 하며, 제출된 내용대로 이행이 되지 않고 있을 때에는 즉시 시정토록 조치하여야 한다.

③ 계약상대자는 제40조에 따른 대가지급을 청구할 때에 계약예규 「입찰참가자격사전심사요령」 제4조에 따른 표준계약서 사용계획의 이행결과로서 하도급 및 건설기계임대차 계약서를 제출하여야 한다.

④ 계약상대자가 제3항에 따른 계약서를 제출하지 않거나 하수급인 등의 계약상 이익을 제한하는 내용으로 표준계약서의 일부를 수정 · 삭제한 경우 또는 이면계약을 체결한 경우에는 표준계약서를 사용하지 않은 것으로 본다.

⑤ 계약담당공무원은 계약상대자가 표준계약서를 사용하지 않은 경우에 해당 업체명, 부여한 가점과 그에 따른 감점, 표준계약서 사용계획 대비 미사용 비율(계약금액 기준)을 전자조달시스템에 게재하고 동 사실을 계약상대자에게 통보하여야 한다.

◈ 제54조–재검토기한

「훈령 · 예규 등의 발령 및 관리에 관한 규정」에 따라 이 예규에 대하여 2016년 1월 1일 기준으로 매 3년이 되는 시점(매 3년째의 12월 31일까지를 말한다)마다 그 타당성을 검토하여 개선 등의 조치를 하여야 한다.

부　　칙

제1조(시행일) 이 예규는 2015년 3월 1일부터 시행한다.

부　　칙

제1조(시행일) 이 예규는 2015년 9월 21일부터 시행한다.

부　　칙

제1조(시행일) 이 계약예규는 2016년 1월 1일부터 시행한다.

부　　칙

제1조(시행일) 이 계약예규는 2016년 12월 30일부터 시행한다.

부　　칙

제1조(시행일) 이 계약예규는 2018년 3월 20일부터 시행한다.

제2조(적용례) 제51조의 개정규정은 이 예규 시행 후 최초로 입찰공고를 하거나, 체결하는 계약부터 적용한다.

부 록 3 관계법령 발췌

1) 근로기준법 관련규정 (일부개정 2018년 3월 20일)

법 제2조(정의) 이 법에서 "소정근로시간"이라 함은 제50조, 제69조 본문 또는 산업안전보건법 제46조의 규정에 의한 근로시간의 범위 안에서 근로자와 사용자간에 정한 근로시간을 말한다.

◈ 근로기준법 제50조(근로시간)

① 1주간의 근로시간은 휴게시간을 제하고 40시간을 초과할 수 없다.
② 1일의 근로시간은 휴게시간을 제하고 8시간을 초과할 수 없다.

◈ 근로기준법 제54조(휴 게)

① 사용자는 근로시간이 4시간인 경우에는 30분 이상, 8시간인 경우에는 1시간 이상의 휴게시간을 근로시간 도중에 주어야 한다.
② 휴게시간은 근로자가 자유롭게 이용할 수 있다.

◈ 근로기준 시행령 제41조(근로시간의 계산)

① 법 제69조 및 산업안전보건법 제46조의 규정에 의한 근로시간은 휴게시간을 제외한 근로시간을 말한다.

◈ 근로기준법 제55조(휴 일)

사용자는 근로자에 대하여 1주일에 평균 1회 이상의 유급휴일을 주어야 한다.

◈ 근로기준법 제56조(연장 · 야간 및 휴일근로)

사용자는 연장근로(제53조 · 제59조 및 제69조 단서의 규정에 의하여 연장된 시간의 근로)와 야간근로(오후 10시부터 오전 6시까지 사이의 근로) 또는 휴일근로에 대해서는 통상임금의 100분의 50 이상을 가산하여 근로자에게 지급하여야 한다.

◈ 근로기준법 제60조(연차유급휴가)

① 사용자는 1년간 80퍼센트 이상 출근한 근로자는 15일의 유급휴가를 주어야 한다.

2) 산업안전보건법 관련규정
(일부개정 2017년 4월 18일)

◈ 산업안전보건법 제46조(근로시간 연장의 제한)

사업주는 유해 또는 위험한 작업으로서 대통령령이 정하는 작업에 종사하는 근로자에 대해서는 1일 6시간, 1주 34시간을 초과하여 근로하게 해서는 아니된다.

◈ 산업안전보건법 시행령 제32조의 8(유해 · 위험작업에 대한 근로시간제한 등)

① 법 제46조의 규정에 의하여 근로시간이 제한되는 작업은 잠함 · 잠수작업 등 고기압하에서 행하는 작업을 말한다.

② 제1항의 규정에 의한 작업에 있어서 잠함 · 잠수작업시간, 가압 · 감압방법 등 당해 근로자의 안전과 보건을 유지하기 위해 필요한 사항은 고용노동부령으로 정한다.

③ 사업주는 다음 각호의 1에 해당하는 유해 · 위험작업에 대해서는 근로자의 건강보호를 위해 법 제23조 및 법 제24조의 규정에 의한 유해 · 위험예방조치 외에 작업과 휴식의 적정한 배분, 기타 근로시간과 관련된 근로조건의 개선을 통하여 근로자의 건강보호를 위한 조치를 해야 한다.

a. 갱내에서 하는 작업
b. 다량의 고열물체를 취급하는 작업과 현저히 덥고 뜨거운 장소에서 하는 작업
c. 다량의 저온물체를 취급하는 작업과 현저히 춥고 차가운 장소에서 하는 작업
d. 라듐방사선 · 엑스선 · 기타 유해방사선을 취급하는 작업
e. 유리 · 토석 · 광물의 먼지가 현저히 날리는 장소에서 하는 작업
f. 강렬한 소음을 발하는 장소에서 하는 작업
g. 착암기 등에 의하여 신체에 강렬한 진동을 주는 작업
h. 인력에 의하여 중량물을 취급하는 작업
i. 납 · 수은 · 크롬 · 망간 · 카드뮴 등의 중금속 또는 이황화탄소 · 유기용제, 기타 고용노동부령이 정하는 특정 화학물질의 먼지 · 증기 또는 가스를 현저히 발산하는 장소에서 하는 작업

3) 건설공사의 종류별 하자담보책임기간 규정
(건설산업기본법시행령 제30조 관련, 별표 4, 개정 2018년 2월 4일)

공 사 별	세 부 공 정 별	책임기간
(1) 교량	① 기둥 사이의 거리가 50m 이상이거나 길이가 500m 이상인 교량의 철근콘크리트 또는 철골구조부 ② 길이가 500m 미만인 교량의 철근콘크리트 또는 철골구조부 ③ 교량 중 ①, ②와 공종(교면포장 · 이음부 · 난간시설 등)	10년 7년 2년
(2) 터널	① 터널(지하철을 포함한다)의 철근콘크리트 또는 철골구조부 ② 터널 중 ①외의 공종	10년 5년
(3) 철도	① 교량 · 터널을 제외한 철도시설 중 철근콘크리트 또는 철골구조 ② ①외의 시설	7년 5년
(4) 공항 · 삭도	① 철근콘크리트 · 철골구조부 ② ①외의 시설	7년 5년
(5) 항만 · 사방간척	① 철근콘크리트 · 철골구조부 ② ①외의 시설	7년 5년
(6) 도로	① 콘크리트 포장도로(암거 및 측구를 포함한다) ② 아스팔트 포장도로(암거 및 측구를 포함한다)	3년 2년
(7) 댐	① 본체 및 여수로 부분 ② ①외의 시설	10년 5년
(8) 상 · 하수도	① 철근콘크리트 · 철골구조부 ② 관로 매설 · 기기설치	7년 3년
(9) 관개수로 · 매립		3년
(10) 부지정지		2년
(11) 조경	조경시설물 및 조경식재	2년
(12) 발전 · 가스 및 산업설비	① 철근콘크리트 · 철골구조부 ② 압력이 1제곱센티미터당 10킬로그램 이상인 고압가스의 관로(부대기기를 포함한다) 설치공사 ③ ① · ②외의 시설	7년 5년 3년
(13) 기타 토목공사		1년
(14) 건축	① 대형공공성 건축물(공동주택 · 조합병원 · 관광숙박시설 · 관람집회시설 · 대규모소매점과 16층 이상, 기타 용도의 건축물)의 기둥 및 내력벽 ② 대형공공성 건축물 중 기둥 및 내력벽 외의 구조상 주요부분과 ①외의 건축물 중 구조상 주요부분 ③ 건축물 중 ① · ②와 제15호의 전문공사를 제외한 기타 부분	10년 5년 1년

공 사 별	세 부 공 정 별	책임기간
(15) 전문공사	① 실내의장	1년
	② 토공	2년
	③ 미장 · 타일	1년
	④ 방수	3년
	⑤ 도장	1년
	⑥ 석공사 · 조적	2년
	⑦ 창호설치	1년
	⑧ 지붕	3년
	⑨ 판금	1년
	⑩ 철물(제1호 내지 제14호에 해당하는 철골을 제외한다)	2년
	⑪ 철근콘크리트(제1호 내지 제14호에 해당하는 철근콘크리트를 제외한다) 및 콘크리트 포장	3년
	⑫ 급배수 · 공동구 · 지하저수조 · 냉난방 · 환기 · 공기조화 · 자동제어 · 가스 · 배연설비	2년
	⑬ 승강기 및 인양기기 설비	3년
	⑭ 보일러 설치	1년
	⑮ ⑫ · ⑭외의 건물내 설비	1년
	⑯ 아스팔트 포장	2년
	⑰ 보링	1년
	⑱ 건축물조립(건축물의 기둥 및 내력벽의 조립을 제외하며, 이는 제14호에 따른다)	1년
	⑲ 온실설치	2년

주) ① 위 표 중 2 이상의 공종 복합된 공사의 하자담보책임기간은 하자책임을 구분할 수 없는 경우를 제외하고는 각각의 세부 공종별 하자담보책임기간으로 한다.

부 록 4 건설업의 업종과 업종별 업무내용

건설산업기본법 시행령 제7조 관련 별표1(개정 2018년 2월 4일)

건설업의 업종과 업종별 업무내용

구 분	건설업종	업무내용	건설공사의 예시
종합공사를 시공하는 업종(일반 건설업)	1. 토목공사업	종합적인 계획 · 관리 및 조정하에 토목공작물을 설치하거나 토지를 조성 · 개량하는 공사	도로 · 항만 · 교량 · 철도 · 지하철 · 공항 · 댐 · 하천 등의 건설, 택지 조성, 간척 · 매립공사 등
	2. 건축공사업	종합적인 계획 · 관리 및 조정하에 토지에 정착하는 공작물 중 지붕과 기둥(또는 벽)이 있는 것과 이에 부수되는 시설물을 건설하는 공사	
	3. 토목건축공사업	토목공사업과 건축공사업의 업무내용에 속한 공사	
	4. 산업 · 환경설비 공사업	종합적인 계획 · 관리 및 조정하에 산업의 생산시설, 환경오염을 제거 · 감축하기 위한 시설, 에너지 등의 생산 · 저장 · 공급시설 등을 건설하는 공사	제철 · 석유화학공장 등 산업생산시설, 소각장 · 수처리설비 등 환경시설공사, 발전소설비공사 등
	5. 조경공사업	종합적인 계획 · 관리 · 조정하에 수목원 · 공원 · 녹지의 조성 등 경관 및 환경을 조성하는 공사	
전문공사를 시공하는 업종(전문 건설업)	1. 실내건축공사업	건축물의 내부를 용도와 기능에 맞게 건설하는 인테리어공사 및 목재를 가공하고 공작물 등을 축조 또는 장치하는 공사	실내건축공사(제4호 및 제5호의 공사만으로 행해지는 공사는 제외), 목재 등을 사용한 칸막이공사, 목공사 등
	2. 토공사업	땅을 굴착하거나 토사 등으로 지반을 조성하는 공사	굴착 · 성토 · 절토 · 흙막이공사 · 철도도상 자갈공사 · 폐기물매립지에서의 굴착 · 성토공사 등
	3. 습식 · 방수 공사업	• 모르타르 · 회반죽 · 흙 등을 공작물에 바르거나 뿜칠하는 공사 • 타일을 붙이는 공사 • 아스팔트 · 실링재 · 에폭시 등을 사용한 방수공사	일반미장공사 · 다듬기공사 · 미장뿜칠공사 · 줄눈공사 · 타일붙임공사 · 미장모르타르공사 · 방수공사 · 에폭시공사 · 방습공사 · 도막공사 등 블록 · 벽돌쌓기, 벽돌붙임

건설업의 업종과 업종별 업무내용

구 분	건설업종	업무내용	건설공사의 예시
전문공사를 시공하는 업종(전문건설업)	4. 석공사업	석재를 사용하여 시설물 등을 시공하는 공사	돌쌓기공사 · 돌붙임공사 · 석재공사 · 돌포장공사 등
	5. 도장공사업	시설물에 칠바탕을 다듬고 도료 등을 솔 · 롤러 · 기계 등을 사용하여 칠하는 공사	일반도장공사 · 도장뿜칠공사 · 차선도색공사 · 분사표면처리공사 · 전천후 경기장바탕도장공사 · 부식방지공사 등
	6. 비계 · 구조물 해체공사업	• 건축물 등을 건축하기 위하여 비계를 설치하거나 높은 장소에서 중량물을 거치하는 공사 • 말뚝을 박거나 구조물 등을 해체하는 공사	일반비계공사, 발판가설공사, 빔운반거상공사, 특수중량물 설치공사, 높은 장소에서 행해지는 공사, 샌드파일공사, 말뚝공사, 건축물 및 구조물 등의 해체공사 등
	7. 금속구조물 · 창호공사업	목재 · 합성수지 · 금속제 · 유리 등으로 된 창 또는 문을 건축물 등에 설치하는 공사	창호공사, 배연창 또는 방화물설치공사, 유리공사 등
	8. 지붕판금 · 건축물 조립공사업	기와 · 슬레이트 · 금속판 등으로 지붕을 잇는 공사, 건축물 등에 판금을 설치하는 공사	지붕공사, 지붕단열공사, 지붕장식공사, 판금공사, PVC 가공부착공사, 빗물받이 및 홈통공사 등
	9. 철근 · 콘크리트 공사업	철근 · 콘크리트로 건축물 및 공작물 등을 축조하는 공사	철근가공 및 조립공사, 콘크리트공사, 거푸집 및 동바리공사, 각종 특수콘크리트공사 등
	10. 기계설비공사업	건축물 · 플랜트, 기타 공작물에 급배수 · 위생 · 냉난방 · 공기조화 · 기계기구 · 배관설비 등을 조립 · 설치하는 공사	건축물 등 시설물에 설치하는 급배수 · 환기 · 공기조화 · 냉난방 · 급탕 · 주방 · 위생설비 · 열절연공사, 옥내 급배수관 개량 · 세척공사, 플랜트 안의 배관 및 기기설치공사, 무대기계장치공사, 자동창고설비공사, 냉동냉장설비공사, 집진기공사, 기계설비자동제어공사, 철도기계신호공사, 건널목 차단기공사 등

건설업의 업종과 업종별 업무내용

구 분	건설업종	업무내용	건설공사의 예시
전문공사를 시공하는 업종(전문건설업)	11. 상·하수도설비공사업	상하수도·공업용수도 등을 위한 기기를 설치하거나 용수관을 부설하는 공사 또는 하수도 등의 처리설비를 설치하는 공사	취수·정수·송배수를 위한 기기설치공사, 하수처리기기설비공사, 상·하수도 등 용수관 부설공사(옥내 급배수설비공사를 제외한다), 상수도관세척공사, 각종 변류이형관 설치공사 등
	12. 보링·그라우팅공사업	지하 또는 공작물 등에 구멍을 뚫거나 압력을 가하여 회반죽 등을 주입하는 공사	보링공사·그라우팅공사·착정공사 등
	13. 철도·궤도공사업	철도·궤도를 설치하는 공사	궤광공사, 레일공사, 레일용접공사, 분기부공사, 침목공사, 도상공사, 궤도임시받침공사, 선로차단공사, 아이빔 및 거더설치공사, 건널목보판공사 등
	14. 포장공사업	역청재 또는 시멘트콘크리트로 도로·활주로 등을 포장하는 공사(포장공사에 수반되는 선택층 공사를 포함한다)와 이의 유지·수선공사	아스팔트포장공사, 콘크리트포장공사, 유색·투수콘포장공사·덧씌우기·과속방지턱 설치 공사
	15. 수중공사업	사람이 수면하에 잠수하여 시공하는 공사	수중암석파쇄공사·수중구조물의 설치 및 해체공사·계선부표 및 항로표지 설치공사 등
	16. 조경식재공사업	조경수목을 식재하거나 잔디 등 지피식물을 입히는 공사 및 유지관리	조경수목·잔디·지피식물·초화류 등의 식재공사 및 이를 위한 토양개량공사, 조경식물의 유지관리공사 등
	17. 조경시설물설치공사업	조경을 위해 조경석·인조목·인조암 등을 설치하거나 야외의자·퍼걸러 등의 조경시설물을 설치하는 공사	조경석·인조목·인조암 등의 설치공사, 야외의자·퍼걸러·놀이기구·운동기구 등의 설치공사, 인조잔디공사 등
	18. 강구조물공사업	• 교량 및 이와 유사한 시설물을 건설하기 위한 철구조물의 조립·설치에 관한 공사를 하도급 받아 시공하는 공사 • 건축물을 건축하기 위하여 철구조물을 조립·설치하는 공사 • 기타 각종 철구조물공사	교량 등의 철구조물을 하도급받아 조립·설치하는 공사, 건축물의 철구조물조립·설치공사, 인도전용 강재육교설치공사, 철탑공사, 갑문 및 댐의 수문설치공사 등

건설업의 업종과 업종별 업무내용

구 분	건설업종	업무내용	건설공사의 예시
전문공사를 시공하는 업종(전문건설업)	19. 철강재설치공사업	• 교량 및 이와 유사한 시설물을 건설하기 위해 철구조물을 제작하여 조립·설치하는 공사 • 건축물을 건축하기 위해 철구조물을 조립·설치하는 공사	교량 등의 철구조물의 제작·조립·설치공사, 건축물의 철구조물조립·설치하는 공사
	20. 삭도설치공사업	삭도를 신설·개설·유지보수 또는 제거하는 공사	케이블카·리프트의 설치공사 등
	21. 준설공사업	하천·항만 등의 물 밑을 준설선 등의 장비를 활용하여 준설하는 공사	항만·항로·운하 및 하천의 준설공사 등
	22. 승강기설치공사업	건축물 및 공작물에 부착되어 사람이나 화물을 운반하는데 사용되는 기계설비를 설치하는 공사	승객 화물용 엘리베이터 및 에스컬레이터공사, 기계식 주차설비공사 등
	23. 가스시설시공업 (제1종)	• 제2종·제3종의 업무내용 • 도시가스공급시설의 설치·변경공사 • 액화석유가스의 충전시설·집단공급시설·저장소시설의 설치·변경공사 • 도시가스시설 중 특정가스 사용시설의 설치·변경공사 • 저장능력 500kg 이상의 액화석유가스 사용시설의 설치·변경공사 • 고압가스배관의 설치·변경공사	
	24. 가스시설시공업 (제2종)	• 제3종의 업무내용 • 도시가스시설 중 특정가스 사용시설 외의 가스 사용시설의 설치·변경공사 • 도시가스의 공급관과 내관이 분리되는 부분 이후의 보수공사 • 배관에 고정설치되는 가스용품의 설치공사 및 그 부대공사	

건설업의 업종과 업종별 업무내용

구 분	건설업종	업무내용	건설공사의 예시
전문공사를 시공하는 업종(전문건설업)	24. 가스시설시공업 (제2종)	• 저장능력 500kg 미만의 액화석유가스 사용시설의 설치 · 변경공사 • 액화석유가스 판매시설의 설치 · 변경공사	
	25. 가스시설시공업 (제3종)	다음 각호의 1에 해당되는 공사로서 공사예정금액이 1천만원 미만인 공사 1) 도시가스 사용시설 중 온수보일러 · 온수기 및 그 부대시설의 설치 · 변경공사 2) 액화석유가스 사용시설 중 온수보일러 · 온수기 및 그 부대시설의 설치 · 변경공사	
	26. 난방시공업 (제1종)	• 에너지이용합리화법 제15조의 규정에 의한 특정열사용기자재 중 강철재보일러 · 온수보일러 · 구멍탄용 온수보일러 · 축열식 전기보일러 · 태양열집열기 · 1종 압력용기 · 2종 압력용기의 설치와 이와 부대되는 배관 · 세관공사 • 공사예정금액 2천만원 이하의 온돌설치공사	
	27. 난방시공업 (제2종)	• 특정열 사용기자재 중 태양열집열기 • 용량 5만 kcal/h 이하의 온수보일러 · 구멍탄용 온수보일러의 설치 및 이에 부대되는 배관 · 세관공사 • 공사예정금액 2천만원 이하의 온돌설치공사	
	28. 난방시공업 (제3종)	특정열 사용기자재 중 요업요로 · 금속요로 설치공사	
	29. 시설물유지관리업	시설물의 완공 이후 그 기능을 보전하고 이용자의 편의와 안전을 높이기 위하여 시설물에 대하여 일상적으로 점검 · 정비하고 복구 · 개량 · 보수 · 보강하는 공사	

주) ① 위 표의 업무내용에는 건설공사용 재료의 채취 또는 그 공급업무, 기계 또는 기구의 공급업무와 단순한 노무공급업무 등은 포함되지 아니한다.

② 위 표에 명시되지 아니한 건설공사에 관한 건설업종의 구분은 당해 공사의 시공에 필요한 기술·재료·시설·장비 등의 유사성에 의하여 구분한다.

③ 건설업자는 당해 업종에 속하는 건설공사에 부대되는 공사로서 제21조의 규정에 해당하는 공사인 경우는 함께 수행할 수 있다.

④ 가스 사용시설 중 호스의 설치 또는 교체는 가스사용자가 할 수 있다.

⑤ 기계설비공사업등록을 한 자는 당해 업종에 해당하는 공사와 함께 난방시공업(제1종 및 제2종에 한한다)의 업무내용에 해당하는 공사 및 플랜트 안 또는 냉동냉장설비 안에서의 고압가스배관의 설치·변경공사를 할 수 있다.

⑥ 난방시공업 제1종에 등록한 자는 당해 업종에 해당하는 공사가 포함된 경우 연면적 350㎡ 미만의 단독주택의 기계설비 공사를 함께 할 수 있다.

⑦ 난방시공업 제2종에 등록을 한 자는 당해 업종에 해당하는 공사가 포함된 경우 연면적 250㎡ 미만의 단독주택의 기계설비 공사를 함께 할 수 있다.

⑧ 전문건설업의 등록을 한 자는 완성된 시설물중 당해 업종의 업무내용에 해당하는 건설공사에 대하여 복구·개량·보수·보강하는 공사를 수행할 수 있다.

부 록 5 건설기계손료 및 운전경비 산정

(2019년 건설공사 표준품셈 : 국토교통부, 한국건설기술연구원)

1) 건설기계손료 산정

(1) 토공장비의 손료

(0101) 불도저(무한궤도)의 손료

분 류 번 호	규 격 (ton)	내용 시간	연간표준 가동시간	상각 비율	정비 비율	연간 관리 비율	시 간 당 (10^{-7})			
							상각비 계 수	정비비 계 수	관리비 계 수	계
0101-0007	7	12,000	1,400	0.9	0.7	0.1	750	583	430	1,763
0010	10	12,000	1,400	0.9	0.7	0.1	750	583	430	1,763
0012	12	12,000	1,400	0.9	0.7	0.1	750	583	430	1,763
0019	19	12,000	1,400	0.9	0.7	0.1	750	583	430	1,763
0032	32	12,000	1,400	0.9	0.7	0.1	750	583	430	1,763

주) ① 규격은 작업상태에서의 중량을 말한다.
② 삽날(귀삽날 포함)은 운전경비에서 별도 계상한다.

(0102) 불도저(타이어)의 손료

분 류 번 호	규 격 (ton)	내용 시간	연간표준 가동시간	상각 비율	정비 비율	연간 관리 비율	시 간 당 (10^{-7})			
							상각비 계 수	정비비 계 수	관리비 계 수	계
0102-0015	15	12,000	1,400	0.9	0.6	0.1	750	500	430	1,680
0028	28	12,000	1,400	0.9	0.6	0.1	750	500	430	1,680
0033	33	12,000	1,400	0.9	0.6	0.1	750	500	430	1,680

주) ① 규격은 작업상태에서의 중량을 말한다.
② 삽날(귀삽날 포함), 타이어는 운전경비에서 별도 계상한다.

(0103) 유압식 리퍼의 손료

분류번호	규 격(ton)	내용시간	시 간 당(10^{-7})
0103-0016	16	12,000	795
0019	19	12,000	795
0023	23	12,000	795
0027	27	12,000	795
0032	32	12,000	795

주) ① 규격은 해당 불도저의 규격을 말한다.
② 불도저의 부수물로서 사용된다.

(0121) 습지 불도저의 손료

분 류 번 호	규 격 (ton)	내용 시간	연간표준 가동시간	상각 비율	정비 비율	연간 관리 비율	시 간 당(10^{-7})			
							상각비 계 수	정비비 계 수	관리비 계 수	계
0121-0004	4	12,000	1,400	0.9	0.7	0.1	750	583	430	1,763
0013	13	12,000	1,400	0.9	0.7	0.1	750	583	430	1,763

주) ① 규격은 작업상태에서의 중량을 말한다.
② 삽날(귀삽날 포함)은 운전경비에서 별도 계상한다.

(0201) 굴삭기(무한궤도)의 손료

분 류 번 호	규 격 (㎥)	내용 시간	연간표준 가동시간	상각 비율	정비 비율	연간 관리 비율	시 간 당(10^{-7})			
							상각비 계 수	정비비 계 수	관리비 계 수	계
0201-0012	0.12	10,000	1,400	0.9	0.7	0.1	900	700	438	2,038
0020	0.2	10,000	1,400	0.9	0.7	0.1	900	700	438	2,038
0040	0.4	10,000	1,400	0.9	0.7	0.1	900	700	438	2,038
0070	0.7	10,000	1,400	0.9	0.7	0.1	900	700	438	2,038
0100	1.0	10,000	1,400	0.9	0.7	0.1	900	700	438	2,038
0200	2.0	10,000	1,400	0.9	0.7	0.1	900	700	438	2,038

(0211) 굴삭기(타이어)의 손료

분 류 번 호	규 격 (㎥)	내용 시간	연간표준 가동시간	상각 비율	정비 비율	연간 관리 비율	시 간 당(10^{-7})			
							상각비 계 수	정비비 계 수	관리비 계 수	계
0211-0018	0.18	10,000	1,400	0.9	0.7	0.14	900	700	613	2,213
0060	0.6	10,000	1,400	0.9	0.7	0.14	900	700	613	2,213
0080	0.8	10,000	1,400	0.9	0.7	0.14	900	700	613	2,213

(0221) 습지굴삭기(무한궤도)의 손료

분 류 번 호	규 격 (㎥)	내용 시간	연간표준 가동시간	상각 비율	정비 비율	연간 관리 비율	시 간 당(10^{-7})			
							상각비 계 수	정비비 계 수	관리비 계 수	계
0221-0040	0.4	10,000	1,400	0.9	0.7	0.1	900	700	438	2,038
0070	0.7	10,000	1,400	0.9	0.7	0.1	900	700	438	2,038

(0230) 대형 브레이커의 손료

분 류 번 호	규 격 (㎥)	내용 시간	연간표준 가동시간	상각 비율	정비 비율	연간 관리 비율	시 간 당(10^{-7})			
							상각비 계 수	정비비 계 수	관리비 계 수	계
0230-0002	0.2	3,000	1,000	0.9	0.85	0.1	3,000	2,833	700	6,533
0004	0.4	3,000	1,000	0.9	0.85	0.1	3,000	2,833	700	6,533
0006	0.6	3,000	1,000	0.9	0.85	0.1	3,000	2,833	700	6,533
0007	0.7	3,000	1,000	0.9	0.85	0.1	3,000	2,833	700	6,533
0008	0.8	3,000	1,000	0.9	0.85	0.1	3,000	2,833	700	6,533
0010	1.0	3,000	1,000	0.9	0.85	0.1	3,000	2,833	700	6,533

(0240) 유압식 진동콤펙터(굴삭기 부착용)의 손료

분 류 번 호	규 격 (㎥)	내용 시간	연간표준 가동시간	상각 비율	정비 비율	연간 관리 비율	시 간 당(10^{-7})			
							상각비 계 수	정비비 계 수	관리비 계 수	계
0240-0007	0.7	6,000	1,000	0.9	0.6	0.1	1,500	1,000	625	3,125

(0301) 로더(무한궤도)의 손료

분 류 번 호	규 격 (㎥)	내용 시간	연간표준 가동시간	상각 비율	정비 비율	연간 관리 비율	시 간 당(10^{-7})			
							상각비 계 수	정비비 계 수	관리비 계 수	계
0301-0057	0.57	10,000	1,400	0.9	1.0	0.1	900	1,000	438	2,338
0076	0.76	10,000	1,400	0.9	1.0	0.1	900	1,000	438	2,338
0095	0.95	10,000	1,400	0.9	1.0	0.1	900	1,000	438	2,338
0115	1.15	10,000	1,400	0.9	1.0	0.1	900	1,000	438	2,338
0134	1.34	10,000	1,400	0.9	1.0	0.1	900	1,000	438	2,338
0153	1.53	10,000	1,400	0.9	1.0	0.1	900	1,000	438	2,338
0172	1.72	10,000	1,400	0.9	1.0	0.1	900	1,000	438	2,338
0287	2.87	10,000	1,400	0.9	1.0	0.1	900	1,000	438	2,338

주) ① 규격은 버킷용량을 말한다.
② 삽날은 운전경비에서 별도 계상한다.

(0302) 로더(타이어)의 손료

분류 번호	규격 (㎥)	내용 시간	연간표준 가동시간	상각 비율	정비 비율	연간 관리 비율	시간당(10^{-7})			
							상각비 계수	정비비 계수	관리비 계수	계
0302-0025	0.25	10,000	1,400	0.9	0.7	0.1	900	700	438	2,038
0057	0.57	10,000	1,400	0.9	0.7	0.1	900	700	438	2,038
0095	0.95	10,000	1,400	0.9	0.7	0.1	900	700	438	2,038
0134	1.34	10,000	1,400	0.9	0.7	0.1	900	700	438	2,038
0172	1.72	10,000	1,400	0.9	0.7	0.1	900	700	438	2,038
0229	2.29	10,000	1,400	0.9	0.7	0.1	900	700	438	2,038
0287	2.87	10,000	1,400	0.9	0.7	0.1	900	700	438	2,038
0350	3.5	10,000	1,400	0.9	0.7	0.1	900	700	438	2,038
0500	5.0	10,000	1,400	0.9	0.7	0.1	900	700	438	2,038

주) ① 규격은 버킷용량을 말한다.
② 삽날, 타이어는 운전경비에서 별도 계상한다.

(0502) 모터 그레이더의 손료

분류 번호	규격 (m)	내용 시간	연간표준 가동시간	상각 비율	정비 비율	연간 관리 비율	시간당(10^{-7})			
							상각비 계수	정비비 계수	관리비 계수	계
0502-0036	3.6	14,000	1,400	0.9	0.55	0.1	643	393	425	1,461

주) ① 규격은 삽의 폭을 말한다.
② 삽날(귀삽날 포함), 타이어는 운전경비에서 별도 계상한다.

(0602) 덤프트럭의 손료

분류 번호	규격 (ton)	내용 시간	연간표준 가동시간	상각 비율	정비 비율	연간 관리 비율	시간당(10^{-7})			
							상각비 계수	정비비 계수	관리비 계수	계
0602-0025	2.5	7,500	1,400	0.9	0.8	0.14	1,200	1,067	634	2,901
0045	4.5	7,500	1,400	0.9	0.8	0.14	1,200	1,067	634	2,901
0060	6	7,500	1,400	0.9	0.8	0.14	1,200	1,067	634	2,901
0080	8	8,000	1,400	0.9	0.8	0.14	1,125	1,000	629	2,754
0105	10.5	10,000	1,400	0.9	0.7	0.14	900	700	613	2,213
0150	15	10,000	1,400	0.9	0.7	0.14	900	700	613	2,213
0200	20	10,000	1,400	0.9	0.65	0.14	900	650	613	2,163
0240	24	10,000	1,400	0.9	0.65	0.14	900	650	613	2,163
0320	32	10,000	1,400	0.9	0.65	0.14	900	650	613	2,163

주) ① 규격은 적재중량을 말한다.
② 타이어는 운전경비에서 별도 계상한다.

(0610) 덤프트럭 자동덮개시설

분 류 번 호	규 격	내용 시간	연간표준 가동시간	상각 비율	정비 비율	연간 관리 비율	시 간 당(10^{-7})			
							상각비 계 수	정비비 계 수	관리비 계 수	계
0610-0150	15톤용	8,000	1,400	0.9	0.85	0.1	1,125	1,063	449	2,637
0200	20톤용	8,000	1,400	0.9	0.85	0.1	1,125	1,063	449	2,637
0240	24톤용	8,000	1,400	0.9	0.85	0.1	1,125	1,063	449	2,637

(2) 다짐장비의 손료

(1106) 머캐덤 롤러(자주식)의 손료

분 류 번 호	규 격 (ton)	내용 시간	연간표준 가동시간	상각 비율	정비 비율	연간 관리 비율	시 간 당(10^{-7})			
							상각비 계 수	정비비 계 수	관리비 계 수	계
1106-0010	8~10	12,000	1,200	0.9	0.6	0.1	750	500	496	1,746
0012	10~12	12,000	1,200	0.9	0.6	0.1	750	500	496	1,746
0015	12~15	12,000	1,200	0.9	0.6	0.1	750	500	496	1,746

주) 규격의 최소치는 자체중량, 최대치는 드럼에 중량을 추가한 때를 말한다.

(1206) 탠덤 롤러(자주식)의 손료

분 류 번 호	규 격 (ton)	내용 시간	연간표준 가동시간	상각 비율	정비 비율	연간 관리 비율	시 간 당(10^{-7})			
							상각비 계 수	정비비 계 수	관리비 계 수	계
1206-0008	5~8	12,000	1,000	0.9	0.55	0.1	750	458	588	1,796
0010	8~10	12,000	1,000	0.9	0.55	0.1	750	458	588	1,796
0014	10~14	12,000	1,000	0.9	0.55	0.1	750	458	588	1,796

주) 규격의 최소치는 자체중량, 최대치는 드럼에 중량을 추가한 때를 말한다.

(1209) 탠덤 롤러(진동 자주식)의 손료

분 류 번 호	규 격 (ton)	내용 시간	연간표준 가동시간	상각 비율	정비 비율	연간 관리 비율	시 간 당(10^{-7})			
							상각비 계 수	정비비 계 수	관리비 계 수	계
1209-0001	1	9,000	1,400	0.9	0.6	0.1	1,000	667	443	2,110
0002	2	9,000	1,400	0.9	0.6	0.1	1,000	667	443	2,110
0004	4	9,000	1,400	0.9	0.6	0.1	1,000	667	443	2,110
0006	6	9,000	1,400	0.9	0.6	0.1	1,000	667	443	2,110
0007	7	9,000	1,400	0.9	0.6	0.1	1,000	667	443	2,110
0008	8	9,000	1,400	0.9	0.6	0.1	1,000	667	443	2,110
0013	13	9,000	1,400	0.9	0.6	0.1	1,000	667	443	2,110

(1305) 진동롤러(핸드가이드식)의 손료

분 류 번 호	규 격 (ton)	내용 시간	연간표준 가동시간	상각 비율	정비 비율	연간 관리 비율	시 간 당 (10^{-7})			
							상각비 계 수	정비비 계 수	관리비 계 수	계
1305-0007	0.7	7,000	1,000	0.9	0.6	0.1	1,286	857	614	2,757

(1306) 진동롤러(자주식)의 손료

분 류 번 호	규 격 (ton)	내용 시간	연간표준 가동시간	상각 비율	정비 비율	연간 관리 비율	시 간 당 (10^{-7})			
							상각비 계 수	정비비 계 수	관리비 계 수	계
1306-0025	2.5	7,000	1,000	0.9	0.6	0.1	1,286	857	614	2,757
0044	4.4	7,000	1,000	0.9	0.6	0.1	1,286	857	614	2,757
0060	6	7,000	1,000	0.9	0.6	0.1	1,286	857	614	2,757
0100	10	7,000	1,000	0.9	0.6	0.1	1,286	857	614	2,757
0120	12	7,000	1,000	0.9	0.6	0.1	1,286	857	614	2,757

(1406) 타이어 롤러(자주식)의 손료

분 류 번 호	규 격 (ton)	내용 시간	연간표준 가동시간	상각 비율	정비 비율	연간 관리 비율	시 간 당 (10^{-7})			
							상각비 계 수	정비비 계 수	관리비 계 수	계
1406-0008	5~8	10,800	1,200	0.9	0.6	0.1	833	556	500	1,889
0015	8~15	10,800	1,200	0.9	0.6	0.1	833	556	500	1,889
0025	15~25	10,800	1,200	0.9	0.6	0.1	833	556	500	1,889

주) ① 손료에는 타이어 경비가 포함된 것이다.
② 규격의 최소치는 자체중량을 말하며 최대치는 작업시 모래 등 하중을 추가 한 중량을 말한다.

(1630) 래머의 손료

분 류 번 호	규 격 (kg)	내용 시간	연간표준 가동시간	상각 비율	정비 비율	연간 관리 비율	시 간 당 (10^{-7})			
							상각비 계 수	정비비 계 수	관리비 계 수	계
1630-0080	80	5,000	1,000	0.9	0.6	0.1	1,800	1,200	640	3,640

(1730) 플레이트 콤팩터의 손료

분 류 번 호	규 격 (ton)	내용 시간	연간표준 가동시간	상각 비율	정비 비율	연간 관리 비율	시 간 당 (10^{-7})			
							상각비 계 수	정비비 계 수	관리비 계 수	계
1730-0015	1.5	5,000	1,000	0.9	0.6	0.1	1,800	1,200	640	3,640

주) ① 원동기(전동기)가 부착되어 있는 것으로 운전경비는 별도 계상한다.
② 규격은 전압력(Impacting force)을 말한다.

(3) 운반 및 하역기계의 손료

(2101) 크레인(무한궤도)의 손료

분 류 번 호	규 격 (ton)	내용 시간	연간표준 가동시간	상각 비율	정비 비율	연간 관리 비율	시 간 당(10⁻⁷)			
							상각비 계 수	정비비 계 수	관리비 계 수	계
2101-0010	10(0.29)	11,200	1,600	0.9	0.65	0.1	804	580	384	1,798
0015	15(0.38)	12,800	1,600	0.9	0.65	0.1	703	508	379	1,590
0020	20(0.57)	12,800	1,600	0.9	0.65	0.1	703	508	379	1,590
0025	25(0.76)	12,800	1,600	0.9	0.65	0.1	703	508	379	1,590
0030	30(1.15)	12,800	1,600	0.9	0.65	0.1	703	508	379	1,590
0035	35(1.34)	12,800	1,600	0.9	0.65	0.1	703	508	379	1,590
0040	40(1.53)	14,000	1,400	0.9	0.75	0.1	643	536	425	1,604
0050	50(1.91)	14,000	1,400	0.9	0.75	0.1	643	536	425	1,604
0070	70(2.29)	14,000	1,400	0.9	0.75	0.1	643	536	425	1,604
0080	80(2.68)	14,000	1,400	0.9	0.75	0.1	643	536	425	1,604
0100	100	14,000	1,400	0.9	0.75	0.1	643	536	425	1,604
0150	150	14,000	1,400	0.9	0.75	0.1	643	536	425	1,604
0220	220	14,000	1,400	0.9	0.88	0.1	643	629	425	1,697
0280	280	14,000	1,400	0.9	0.88	0.1	643	629	425	1,697
0300	300	14,000	1,400	0.9	0.88	0.1	643	629	425	1,697

주) ① 규격은 표준붐을 사용하였을 때 최대인양 하중을 말하며, ( )내는 버킷용량을 ㎥로 표시한 것이다.
② 위의 표는 기중기 작업상태 때를 기준으로 한 것이다.

(2104) 크레인(타이어)의 손료

분 류 번 호	규 격 (ton)	내용 시간	연간표준 가동시간	상각 비율	정비 비율	연간 관리 비율	시 간 당(10⁻⁷)			
							상각비 계 수	정비비 계 수	관리비 계 수	계
2104-0010	10	8,400	1,400	0.9	0.45	0.14	1,071	536	625	2,232
0015	15)	8,400	1,400	0.9	0.45	0.14	1,071	536	625	2,232
0020	20	8,400	1,400	0.9	0.45	0.14	1,071	536	625	2,232
0025	25	9,800	1,400	0.9	0.45	0.14	918	459	614	1,991
0030	30	12,600	1,400	0.9	0.45	0.14	714	357	600	1,671
0035	35	12,600	1,400	0.9	0.45	0.14	714	357	600	1,671
0040	40	12,600	1,400	0.9	0.45	0.14	714	357	600	1,671
0045	45	12,600	1,400	0.9	0.45	0.14	714	357	600	1,671
0050	50	12,600	1,400	0.9	0.45	0.14	714	357	595	1,671
0060	60	14,000	1,400	0.9	0.45	0.14	643	321	595	1,559
0070	70	14,000	1,400	0.9	0.45	0.14	643	321	595	1,559
0080	80	14,000	1,400	0.9	0.45	0.14	643	321	595	1,559
0100	100	14,000	1,400	0.9	0.45	0.14	643	321	595	1,559

주) ① 규격은 표준붐을 사용하였을 때 최대인양 하중을 말한다.
② 위의 표는 기중기 작업상태 때를 기준으로 한 것이다.
③ 타이어는 운전경비에서 별도 계상한다.

(2105) 트럭탑재형 크레인의 손료

분 류 번 호	규 격 (ton)	내용 시간	연간표준 가동시간	상각 비율	정비 비율	연간 관리 비율	시 간 당(10⁻⁷)			
							상각비 계 수	정비비 계 수	관리비 계 수	계
2105-0002	2	7,000	1,000	0.9	0.25	0.14	1,286	357	860	2,503
0003	3	7,000	1,000	0.9	0.25	0.14	1,286	357	860	2,503
0005	5	7,000	1,000	0.9	0.25	0.14	1,286	357	860	2,503
0010	10	7,000	1,000	0.9	0.25	0.14	1,286	357	860	2,503
0015	15	7,000	1,000	0.9	0.25	0.14	1,286	357	860	2,503
0018	18	7,000	1,000	0.9	0.25	0.14	1,286	357	860	2,503

(4) 콘크리트 장비의 손료

(4304) 콘크리트 믹서트럭의 손료

분 류 번 호	규 격 (㎥)	내용 시간	연간표준 가동시간	상각 비율	정비 비율	연간 관리 비율	시 간 당 (10⁻⁷)			
							상각비 계 수	정비비 계 수	관리비 계 수	계
4304-0060	6.0	7,000	1,000	0.9	0.5	0.14	1,286	714	860	2,860
0061	6.0(L)	7,000	1,000	0.9	0.5	0.14	1,286	714	860	2,860

주) ① (L)은 저슬럼프형 믹서트럭이다.
② 규격은 1회 운반경비에서 별로도 계상한다.
③ 타이어는 운반경비에서 별도로 계상한다.

(4430) 컷터(콘크리트 및 아스팔트용)의 손료

분 류 번 호	규 격 (mm)	내용 시간	연간표준 가동시간	상각 비율	정비 비율	연간 관리 비율	시 간 당(10⁻⁷)			
							상각비 계 수	정비비 계 수	관리비 계 수	계
4430-0400	320～400	2,250	750	0.9	0.3	0.1	4,000	1,333	933	6,266

(4504) 콘크리트 펌프차의 손료

분 류 번 호	규 격 (m) (㎥/hr)	내용 시간	연간표준 가동시간	상각 비율	정비 비율	연간 관리 비율	시 간 당(10⁻⁷)			
							상각비 계 수	정비비 계 수	관리비 계 수	계
4504-0028	28 65～75	8,400	1,200	0.9	0.65	0.14	1,071	774	717	2,562
0036	36 80～95	8,400	1,200	0.9	0.65	0.14	1,071	774	717	2,562
0052	52 80～95	8,400	1,200	0.9	0.65	0.14	1,071	774	717	2,562

(4505) 콘크리트 펌프의 손료

분 류 번 호	규 격 (㎥/hr)	내용 시간	연간표준 가동시간	상각 비율	정비 비율	연간 관리 비율	시 간 당 (10^{-7})			
							상각비 계 수	정비비 계 수	관리비 계 수	계
4505-0015	12~15(22㎾)	6,000	1,000	0.9	0.5	0.1	1,500	833	625	2,958
0026	20~26(30㎾)	6,000	1,000	0.9	0.5	0.1	1,500	833	625	2,958

주) 동력과 파이프는 별도 계상한다.

(4506) 초고압펌프의 손료

분 류 번 호	규 격	내용 시간	연간표준 가동시간	상각 비율	정비 비율	연간 관리 비율	시 간 당 (10^{-7})			
							상각비 계 수	정비비 계 수	관리비 계 수	계
4506-0200	200kgf/㎠	6,000	1,000	0.9	0.5	0.1	1,500	833	625	2,958

(4611) 콘크리트 진동기의 손료

분 류 번 호	규 격 (mm)	내용 시간	연간표준 가동시간	상각 비율	정비 비율	연간 관리 비율	시 간 당 (10^{-7})			
							상각비 계 수	정비비 계 수	관리비 계 수	계
4611-0075	전기식 플렉시블형 ϕ45(0.75KW)	3,000	1,000	0.9	0.35	0.1	3,000	1,166	700	4,867
4611-0350	엔진식 플렉시블형 ϕ45(2.6KW)	3,000	1,000	0.9	0.4	0.1	3,000	1,333	700	5,033

2) 운전경비 산정

분류번호	기계명	규격	주연료 (ℓ/hr)	잡재료 (주연료비 %)	조종원 (인/일)
0101-0007	불 도 저 (무한궤도)	7ton	90	16	1
0010		10	12.5	16	1
0012		12	14.6	16	1
0019		19	25.0	16	1
0032		32	41.6	16	1
0102-0015	불 도 저 (타이어)	15ton	19.2	50	1
0028		28	36.0	50	1
0033		33	42.4	50	1

분류번호	기계명	규격	주연료 (ℓ/hr)	잡재료 (주연료비 %)	조종원 (인/일)
0121-0004	습지불도저	4ton	5.4	23	1
0013		13	14.6	23	1
0201-0012	굴 삭 기 (무한궤도)	0.12m³	3.2	21	1
0020		0.2	5.0	21	1
0040		0.4	9.9	22	1
0070		0.7	11.6	22	1
0100		1.0	19.5	22	1
0200		2.0	32.8	22	1
0211-0060	굴 삭 기 (타이어)	0.6m³	11.6	24	1
0221-0040	습지굴삭기 (무한궤도)	0.4m³	9.5	15	1
0070		0.7	11.0	15	1
0301-0057	로 더 (무한궤도)	0.57m³	4.8	21	1
0076		0.76	6.3	21	1
0095		0.95	7.4	21	1
0115		1.15	9.5	21	1
0134		1.34	11.3	21	1
0153		1.53	13.3	21	1
0172		1.72	14.6	21	1
0287		2.87	25.3	21	
0302-0025	로 더 (타이어)	0.25m³	3.3	44	1
0057		0.57	3.5	44	1
0095		0.95	6.2	44	1
0134		1.34	7.7	44	1
0172		1.72	9.8	44	1
0229		2.29	13.3	44	1
0287		2.87	16.4	44	1
0350		3.5	19.9	44	1
0500		5.0	29.4	44	1
0602-0025	덤프트럭	2.5ton	2.9	38	1
0080		8.0	9.3	38	1
0150		15.0	15.9	38	1
0200		20.0	20.0	38	1
0240		24.0	23.0	38	1
0320		32.0	29.1	38	1
0502-0036	모터 그레이더	3.6m (일반용)	16.2	39	1
0037		3.6m (사리도)	16.2	113	1

분류번호	기계명	규격	주연료 (ℓ/hr)	잡재료 (주연료비의%)	조종원 (인/일)
2101-0010	크 레 인 (무한궤도)	10ton	5.8	20	1
0015		15	7.2	20	1
0020		20	8.0	20	1
0025		25	9.6	20	1
0030		30	10.5	20	1
0035		35	11.2	20	1
0040		40	11.5	20	1
0050		50	12.0	20	1
0070		70	17.2	20	1
0080		80	19.1	20	1
0100		100	23.9	20	1
0150		150	24.4	20	1
2104-0010	크 레 인 (타이어)	10ton	3.8	39	1
0015		15	4.7	39	1
0020		20	5.4	39	1
0025		25	6.1	39	1
0030		30	7.7	39	1
0035		35	7.7	39	1
0040		40	8.5	57	1
0045		45	10.0	57	1
0050		50	10.0	57	1
0060		60	10.6	57	1
0070		70	12.3	57	1
0080		80	12.3	57	1
0100		100	15.9	57	1
2105-0002	트럭탑재형 크 레 인	2ton	2.9	20	1
0003		3	3.1	20	1
0005		5	5.1	20	1
4304-0060	콘크리트 믹서트럭	6.0m³	13.0	44	1
0061		6.0(L)	13.0	44	1
4430-0400	컷 터	320~400mm	휘발유 5.6	20	1
4504-0028	콘크리트 펌프차	28m 65~75m³/hr	15.3	35	1
4611-0350	콘크리트 진동기	45φ	휘발유 1.0	10	–

[건설기계 손료계수 산정요령] – 82페이지 참조

•굴삭기(유압식 백호, 무한궤도)의 상각비, 정비비, 관리비 계수의 계산방법

1. 조건
   1) 내용시간=10,000시간
   2) 연간표준 가동시간=1,400시간
   3) 내용년수=7.14년
   4) 상각비율=0.9
   5) 정비비율=0.7
   6) 연간관리비율=0.1(금리 8%+격납보관비 2%=10%)

2. 상각비 계수 $= \dfrac{\text{상각비율}}{\text{내용시간}} = \dfrac{0.9}{10,000} = 900 \times 10^{-7}$

3. 정비비 계수 $= \dfrac{\text{정비비율}}{\text{내용시간}} = \dfrac{0.7}{10,000} = 700 \times 10^{-7}$

4. 관리비 계수 $= \dfrac{1.1 \times \text{내용년수} + 0.9}{2 \times \text{내용년수}} \times \dfrac{\text{관리비율}}{\text{연간표준 가동시간}}$

$$= \frac{1.1 \times 7.14 + 0.9}{2 \times 7.14} \times \frac{0.1}{1,400} = 438 \times 10^{-7}$$

5. 시간당 손료계수=상각비계수+정비비계수+관리비계수

$$= (900 + 700 + 438) \times 10^{-7} = 2,038 \times 10^{-7}$$

부 록 6 건설부문 시중노임단가 및 직종해설(2018년 적용, 대한건설협회)

◈ 적용근거 ◈

국가를 당사자로 하는 계약에 관한 법률 시행규칙 제7조
지방자치단체를 당사자로 하는 계약에 관한 법률 시행규칙 제7조
통계법 제17조에 의한 지정통계(승인번호 제365004호)

1) 개별 직종 노임단가

개별 직종 노임단가 (단위 : 원)

번호 \ 공표일	직종명	2018.1.1	2017.9.1	2017.1.1	2016.9.1
1001	작업반장	137,535	132,631	128,126	124,304
1002	보통인부	109,819	106,846	102,628	99,882
1003	특별인부	133,417	127,391	123,074	120,716
1004	조력공	120,416	116,344	112,847	110,194
*1005	제도사	144,980	138,832	132,819	128,795
1006	비계공	196,261	187,771	180,153	175,367
1007	형틀목공	189,303	179,290	174,036	168,448
1008	철근공	189,585	179,665	170,033	164,864
1009	철공	170,500	162,422	156,492	151,564
1010	철판공	153,766	148,955	143,643	140,589
1011	철골공	176,388	163,899	156,660	152,524
1012	용접공	169,201	163,001	157,183	153,849
1013	콘크리트공	176,062	167,893	161,530	157,427
1014	보링공	142,459	136,757	131,456	127,977
*1015	착암공	129,160	128,508	122,918	119,308
1016	화약취급공	169,977	164,637	157,414	152,163
1017	할석공	152,559	145,761	139,420	135,760
*1018	포설공	131,820	125,125	119,124	115,556
1019	포장공	154,530	148,118	141,226	137,978
*1020	잠수부	249,104	242,022	228,347	220,486
1021	조적공	161,334	153,959	148,121	143,356
1022	견출공	159,626	151,518	146,052	141,250
1023	건축목공	175,760	169,062	163,377	158,297
1024	창호공	163,191	157,823	151,907	147,229
1025	유리공	155,803	148,516	143,608	139,664
1026	방수공	130,819	126,051	120,907	116,958
1027	미장공	175,547	169,508	162,424	157,810
1028	타일공	174,390	164,998	159,509	153,735
1029	도장공	153,890	148,659	141,733	138,445
1030	내장공	165,367	160,195	154,536	150,050

개별 직종 노임단가

(단위 : 원)

번호	직종명 \ 공표일	2018.1.1	2017.9.1	2017.1.1	2016.9.1
1031	도배공	145,618	138,737	133,325	129,887
**1032	연마공	–	135,816	129,000	126,629
1033	석공	173,847	168,680	162,796	157,965
*1034	줄눈공	126,890	126,210	121,906	117,880
1035	판넬조립공	152,318	146,994	141,394	137,435
1036	지붕잇기공	155,855	150,969	144,009	141,063
**1037	벌목부	–	153,571	144,976	139,681
1038	조경공	147,733	147,748	143,852	137,988
1039	배관공	148,689	143,420	137,910	134,427
1040	배관공(수도)	163,848	158,481	149,515	143,391
1041	보일러공	147,079	142,144	136,450	130,838
1042	위생공	141,618	136,613	131,450	126,225
1043	덕트공	137,653	130,860	126,874	122,054
1044	보온공	133,195	127,821	123,274	118,712
*1045	인력운반공	124,911	120,074	113,766	110,197
1046	궤도공	130,850	125,226	121,380	118,155
*1047	건설기계조장	138,494	131,364	126,645	122,763
1048	건설기계운전사	162,022	154,499	148,613	143,601
*1049	화물차운전사	138,151	133,521	128,673	125,031
1050	일반기계운전사	118,763	110,000	106,400	101,844
1051	기계설비공	145,131	140,008	135,407	131,319
**1052	준설선선장	–	136,571	131,924	–
**1053	준설선기관사	–	129,869	125,150	–
*1054	준설선운전사	119,424	–	112,007	–
*1055	선원	118,553	114,850	110,424	–
1056	플랜트배관공	227,813	234,786	236,621	228,165
1057	플랜트제관공	202,953	193,931	194,858	186,570
1058	플랜트용접공	211,791	218,675	221,554	214,492
*1059	플랜트특수용접공	242,882	236,835	238,468	–
1060	플랜트기계설치공	217,129	215,100	216,166	208,455

개별 직종 노임단가

(단위 : 원)

번호	직종명 \ 공표일	2018.1.1	2017.9.1	2017.1.1	2016.9.1
1061	플랜트특별인부	158,269	150,630	150,555	144,628
1062	플랜트케이블전공	251,985	251,985	239,501	232,364
*1063	플랜트계장공	182,976	179,406	167,787	167,232
*1064	플랜트덕트공	160,714	–	152,204	–
1065	플랜트보온공	214,681	207,593	209,797	218,315
*1066	제철축로공	235,955	232,456	233,372	233,932
1067	비파괴시험공	252,642	244,733	236,018	228,210
*1068	특급품질관리원	163,055	157,891	151,429	145,116
*1069	고급품질관리원	145,529	140,800	134,065	128,297
*1070	중급품질관리원	133,063	128,520	122,121	117,817
*1071	초급품질관리원	120,681	114,770	110,001	105,716
1072	지적기사	236,268	237,460	223,382	223,006
1073	지적산업기사	205,925	205,029	192,665	190,980
1074	지적기능사	174,105	174,452	169,586	163,334
1075	내선전공	199,157	191,336	185,611	179,883
1076	특고압케이블전공	288,346	277,601	268,590	258,175
1077	고압케이블전공	276,182	267,103	249,846	239,949
1078	저압케이블전공	219,560	212,186	200,964	192,705
1079	송전전공	385,403	371,019	366,921	356,456
1080	송전활선전공	408,278	405,013	397,543	377,712
1081	배전전공	303,747	310,429	304,689	300,525
1082	배전활선전공	393,347	389,223	387,463	385,385
1083	플랜트전공	202,202	192,777	184,766	185,583
1084	계장공	195,084	191,809	183,803	179,627
1085	철도신호공	211,706	216,069	207,768	208,591
1086	통신내선공	187,873	180,623	174,758	168,154
1087	통신설비공	203,165	193,302	184,999	186,932
1088	통신외선공	257,995	247,618	236,760	228,133
1089	통신케이블공	297,858	281,658	271,248	261,699
1090	무선안테나공	228,313	219,758	210,980	203,950
*1091	석면해체공	147,482	141,192	134,648	129,920

개별 직종 노임단가

(단위 : 원)

번호	직종명 \ 공표일	2018.1.1	2017.9.1	2017.1.1	2016.9.1
2001	광케이블설치사	307,477	297,118	286,348	278,477
2002	H / W 시험사	258,122	250,248	240,107	232,334
2003	S / W 시험사	282,126	273,048	261,513	253,927
3001	도편수	323,645	316,058	303,876	293,638
*3002	드잡이공	247,924	249,149	245,410	244,077
3003	한식목공	220,935	213,912	205,220	195,547
3004	한식목공조공	170,364	162,262	161,097	156,441
3005	한식석공	261,844	253,955	247,633	240,644
3006	한식미장공	197,427	188,152	178,490	172,651
3007	한식와공	271,936	264,383	250,452	239,973
3008	한식와공조공	188,279	177,441	176,580	169,974
*3009	목조각공	192,209	179,802	171,338	167,273
**3010	석조각공	–	203,196	–	193,297
**3011	특수화공	–	238,720	–	235,175
3012	화공	212,787	205,586	195,899	198,632
*3013	드잡이공편수	273,371	–	–	–
*3014	한식미장공편수	251,074	–	–	–
3015	한식와공편수	292,847	–	–	–
*3016	한식단청공편수	241,517	–	–	–
3017	한식석공조공	192,636	–	–	–
3018	한식미장공조공	165,089	–	–	–
4001	원자력플랜트전공	213,364	215,411	207,172	205,068
4002	원자력용접공	202,130	202,847	199,842	201,816
4003	원자력기계설치공	210,144	210,518	199,758	202,174
4004	원자력품질관리사	265,941	260,445	252,432	256,484
5001	통신관련기사	231,472	224,214	215,428	208,604
5002	통신관련산업기사	211,847	203,601	196,722	190,556
5003	통신관련기능사	185,358	179,968	173,162	168,459
5004	전기공사기사	214,690	205,010	194,979	189,482
5005	전기공사산업기사	191,600	179,744	170,252	164,000
5006	변전전공	280,556	269,720	257,066	244,383
5007	코킹공	149,882	142,317	134,606	129,804

주) 「*」표시 직종은 조사현장수가 5개미만 직종임
「**」표시 직종은 조사되지 않은 직종이므로 그 적용은 앞의 '이용 상의 주의사항'을 참고하시기 바람

2) 공사부문 직종 해설

직종 번호	직종명	해 설
1001	작 업 반 장	각 공종별로 인부를 통솔하여 작업을 지휘하는 사람(십장)
1002	보 통 인 부	기능을 요하지 않는 경작업인 일반잡역에 종사하면서 단순육체노동을 하는 사람
1003	특 별 인 부	보통 인부보다 다소 높은 기능정도를 요하며, 특수한 작업조건하에서 작업하는 사람
1004	조 력 공	숙련공을 도와서 그의 지시를 받아 작업에 협력하는 사람
1005	제 도 사	고안된 설계도면에 따라 도면을 깨끗하게 제도하거나 컴퓨터 프로그램으로 도면을 그리는(작업하는) 사람
1006	비 계 공	비계, 운반대, 작업대, 보호망 등의 설치 및 해체작업에 종사하는 사람
1007	형 틀 목 공	콘크리트 타설을 위하여 형틀 및 동바리를 제작, 조립, 설치, 해체작업을 하는 목수
1008	철 근 공	철근의 절단, 가공, 조립, 해체 등의 작업에 종사하는 사람
1009	철 공	철재의 절단, 가공, 조립, 설치 등의 작업에 종사하는 사람
1010	철 판 공	철판을 주자재로 하여 제작, 가공, 조립 및 해체를 하는 사람
1011	철 골 공	H빔 BOX빔 등 철골의 절단, 가공, 조립 및 해체 등의 작업에 종사하는 사람
1012	용 접 공	일반철재, 일반기기 또는 일반배관 등의 용접을 하는 사람(난이도 일반수준)
1013	콘 크 리 트 공	소정의 중량화 및 용적화 콘크리트를 만들기 위해 시멘트, 모래, 자갈, 물 비비기와 부어넣기 및 바이브레이터를 사용하여 다지거나 숏크리트를 분사하는 사람
1014	보 링 공	지하수 개발 또는 지질조사나 구조물기초설계를 위한 보링을 전문으로 하는 사람
1015	착 암 공	착암기를 사용하여 암반의 천공작업을 하는 사람
1016	화 약 취 급 공	화약의 저장관리 및 장진 발파작업을 전문으로 하는 사람
1017	할 석 공	큰 돌을 소정의 규격에 맞도록 깨는 사람
1018	포 설 공	골재를 포설하는 사람
1019	포 장 공	도로포장 등 공사에 있어서 표면처리를 하는 사람
1020	잠 수 부	수중에서 잠수작업을 하는 사람
1021	조 적 공	벽돌, 치장벽돌 및 블록을 쌓기 및 해체하는 사람
1022	견 출 공	콘크리트 면을 매끈하게 마감공사를 하는 사람
1023	건 축 목 공	건축물의 축조 및 실내 목구조물의 제작, 설치 또는 해체작업에 종사하는 목수
1024	창 호 공	건물 등에서 목재, 철재, 새시 등으로 된 창 및 문짝을 제작 또는 설치하는 사람
1025	유 리 공	유리를 규격에 맞게 재단하거나 끼우게 하는 사람

직종 번호	직종명	해　설
1026	방수공	구조물의 바닥, 벽체, 지붕 등의 누수방지작업을 하는 사람
1027	미장공	시멘트, 모르타르나 회반죽, 석고 플라스터 및 기타 미장재료를 이용하여 구조물의 내외표면에 바름 작업을 하는 사람
1028	타일공	타일 또는 아스타일 등 타일류를 구조물의 표면에 부착시키는 사람
1029	도장공	도장을 위한 바탕처리작업 및 페인트류 및 기타 도료를 구조물 등에 칠하는 사람
1030	내장공	건물의 내부에 수장재를 사용하여 마무리하는 사람
1031	도배공	실내의 벽체, 천장, 바닥, 창호 등 실내표면에 종이나 장판지 등 도배재료를 부착시키는 사람
1032	연마공	인조석 및 테라조의 표면을 인력이나 기계로 물갈기 하여 광택작업을 하는 사람
1033	석공	대할 및 소할된 석재를 가공하여 형성된 마름돌과 석재를 설치 또는 붙이거나 일반 쌓기를 하여 구조물을 축조하는 사람
1034	줄눈공	석축 및 조적조에 줄눈을 장치하는 사람
1035	패널조립공	P.C패널이나 샌드위치 패널 등에 보온재를 채우거나 자르는 등 가공하여 조립 부착하는 사람
1036	지붕잇기공	기와 잇기 및 슬레이트를 절단 · 가공하여 지붕, 벽체, 천장 등에 부착작업을 하는 사람
1037	벌목부	나무를 베는 사람
1038	조경공	수목 식재 및 소성작업을 하는 사람
1039	배관공	설계압력 $5kg/cm^2$ 미만의 배관을 시공 및 보수하는 사람
1040	배관공(수도)	옥외(건물외부)에서 상 · 하수도, 공업용수로 등의 배관을 시공 및 보수하는 사람
1041	보일러공	보일러 조립 · 설치 및 장비를 하는 사람
1042	위생공	위생도기의 설치 및 부대작업을 하는 사람
1043	덕트공	금속박판을 가공하여 덕트 등을 가공, 제작, 조립, 설치작업에 종사하는 사람
1044	보온공	기기 및 배관류의 보온시공을 하는 사람
1045	인력운반공	2인 이상이 1조가 되어 인력으로 중량을 운반하는 작업에 종사하는 사람(목도 포함)
1046	궤도공	철도의 궤도부설작업 또는 일반 공사장(사업장)내의 운반수단으로 임시 간이궤도를 부설, 해체, 유지 보수하는 작업에 종사하는 사람
1047	건설기계조장	건설기계 조종원을 통솔, 지휘하는 사람
1048	건설기계운전사	각종 건설기계의 운전과 조작을 하는 운전사(12t 이상 트럭 포함)
1049	화물차운전사	운반을 목적으로 하는 화물자동차의 운전사

직종 번호	직종명	해 설
1050	일반기계운전사	발동기, 발전기, 양수기, 윈치 등 경기계 조종원
1051	기계설비공	일반기계설비 및 기계의 조립설치, 조정, 검사 및 유지보수를 하는 사람
1052	준설선선장	준설기를 장치한 선박의 선장
1053	준설선기관사	준설기를 장치한 선박의 기관사(준설선기관장, 준설선전기사 포함)
1054	준설선운전사	준설기를 장치한 준설기계 운전사
1055	선원	선박의 운항을 위한 각 부서의 선원
1056	플랜트배관공	유해가스 이송관, 플랜트(철강, 석유, 제지, 화학, 원자력 및 발전 등의 에너지시설)배관 또는 설계압력 $5kg/cm^2$ 이상의 배관을 시공 및 보수하는 사람(원자력배관공 포함)
1057	플랜트제관공	플랜트(철강, 석유, 제지, 화학, 원자력 및 발전 등의 에너지시설)시설에서 다른 건설공사보다 엄격한 규격 및 품질보증 요구조건에 따라 강제구조물과 압력용기의 가공, 제작시공 및 보수를 하는 사람(원자력 포함)
1058	플랜트용접공	유해가스 이송관 및 유해가스 용기를 용접하거나, 플랜트기기 및 플랜트 배관을 용접하거나 철재 · 강관(합금강제외)을 TIG, MIG 등 용접하거나, 각각의 설계압력이 $5kg/cm^2$ 이상인 기기 또는 배관의 용접을 하는 사람(난이도 중 · 고급수준)
1059	플랜트특수용접공	각각의 사용압력이 $100kg/cm^2$ 이상인 배관 또는 압력용기를 용접하거나, 합금강을 용접하거나, 합금강을 TIG, MIG 등 용접을 하는 사람(난이도 특급수준)
1060	플랜트기계설치공	정밀을 요하는 플랜트 기계설비의 조립, 설치, 조정, 검사 및 보수를 하는 사람
1061	플랜트특별인부	플랜트(철강, 석유, 제지, 화학, 원자력 및 발전 등의 에너지시설) 시설에서 다른 건설공사보다 엄격한 규격 및 품질보증 요구조건에 따라 전문작업을 보조해 주는 사람(원자력 포함)
1062	플랜트케이블전공	플랜트(철강, 석유, 제지, 화학, 원자력 및 발전 등의 에너지시설) 시설에서 다른 건설공사보다 엄격한 규격 및 품질보증 요구조건에 따라 케이블시공 및 보수작업을 하는 사람(원자력 포함)
1063	플랜트계장공	플랜트(철강, 석유, 제지, 화학, 원자력 및 발전 등의 에너지시설) 시설에서 다른 건설공사보다 엄격한 규격 및 품질보증 요구조건에 따라 계장작업을 하는 사람(원자력 포함)
1064	플랜트덕트공	플랜트(철강, 석유, 제지, 화학, 원자력 및 발전 등의 에너지시설) 시설에서 다른 건설공사보다 엄격한 규격 및 품질보증 요구조건에 따라 덕트의 제작 · 설치작업을 하는 사람(원자력 포함)

직종 번호	직종명	해 설
1065	플랜트보온공	플랜트(철강, 석유, 제지, 화학, 원자력 및 발전 등의 에너지시설) 시설에서 다른 건설공사보다 엄격한 규격 및 품질보증 요구조건에 따라 기기 및 배관류 등의 보온시공을 하는 사람(원자력 포함)
1066	제철축로공	제철용 각종 로(1,000℃~1,400℃) 내화물시공(R오차 ±1mm 이내) 및 보수를 하는 사람
1067	비파괴시험공	일반 또는 플랜트(철강, 석유, 제지, 화학, 원자력 및 발전 등의 에너지시설) 등 시설물의 기기 및 배관 등의 용접부위 또는 구조물 주요부위의 비파괴검사를 실시하는 사람(검사자)
1068	특급품질관리원	건설기술진흥법, 시행규칙 별표 11에 해당하는 특급품질관리자격을 가진 자로서 건설현장에 배치되어 각종 건설자재의 품질시험, 검사, 분석, 검토, 확인 등을 실시하는 시험인력
1069	고급품질관리원	건설기술진흥법, 시행규칙 별표 11에 해당하는 고급품질관리자격을 가진 자로서 건설현장에 배치되어 각종 건설자재의 품질시험, 검사, 분석, 검토, 확인 등을 실시하는 시험인력
1070	중급품질관리원	건설기술진흥법, 시행규칙 별표 11에 해당하는 중급품질관리자격을 가진 자로서 건설현장에 배치되어 각종 건설자재의 품질시험, 검사, 분석, 검토, 확인 등을 실시하는 시험인력
1071	초급품질관리원	건설기술진흥법, 시행규칙 별표 11에 해당하는 초급품질관리자격을 가진 자로서 건설현장에 배치되어 각종 건설자재의 품질시험, 검사, 분석, 검토, 확인 등을 실시하는 시험인력
1072	지적기사	지적산업기사가 하는 업무와 지적측량의 종합적 계획수립에 종사하는 사람
1073	지적산업기사	지적기능사가 하는 업무와 지적측량에 종사하는 사람
1074	지적기능사	지적측량의 보조 또는 도면의 정리와 등사, 면적측정 및 도면작성에 종사하는 사람
1075	내선전공	옥내전선관, 배선 및 등기구류 설비의 시공 및 보수에 종사하는 사람
1076	특고압케이블전공	특별고압케이블 설비의 시공 및 보수에 종사하는 사람(7,000V 초과)
1077	고압케이블전공	고압케이블 설비의 시공 및 보수에 종사하는 사람(교류 600V 초과, 직류 750V 초과 7,000V 이하)
1078	저압케이블전공	저압케이블 및 제어용 케이블 설비의 시공 및 보수에 종사하는 사람(교류 600V 이하, 직류 750V 이하)
1079	송전전공	발전소와 변전소 사이의 송전선의 철탑 및 송전설비의 시공 및 보수에 종사하는 사람

직종 번호	직종명	해 설
1080	송 전 활 선 전 공	소정의 활선작업교육을 이수한 숙련 송전전공으로서 전기가 흐르는 상태에서 필수 활선장비를 사용하여 송전설비에 종사하는 사람
1081	배 전 전 공	22.9kV 이하의 배전설비의 시공 및 보수에 종사하는 사람으로서 전주를 세우고 완금, 애자 등의 부품과 기계류(변압기, 개폐기 등)를 설치하고 무거운 전선을 가설하는 등의 작업을 하는 사람
1082	배 전 활 선 전 공	소정의 활선작업교육을 이수한 숙련배전전공으로서 전기가 흐르는 상태에서 필수 활선장비를 사용하여 배전설비에 종사하는 사람
1083	플 랜 트 전 공	발전소 중공업설비 · 플랜트설비의 시공 및 보수에 종사하는 사람
1084	계 장 공	기계, 급배수, 전기, 가스, 위생, 냉난방 및 기타공사에 있어서 계기(공업제어장치, 공업계측 및 컴퓨터, 자동제어장치 등)를 전문으로 설치, 부착 및 점검하는 사람
1085	철 도 신 호 공	철도신호기를 설치 등 신호보안 설비공사 및 보수에 종사하는 사람
1086	통 신 내 선 공	구내에 통신용 합성수지관 및 배선을 시공 또는 유지보수 등의 업무에 종사하는 사람
1087	통 신 설 비 공	무선기기, 반송기기, 영상 · 음향 · 정보 · 제어설비 등의 시공 및 유지보수 업무에 종사하는 사람
1088	통 신 외 선 공	전주, PE내관(전선관)포설, 조가선, 나선로 등의 시공 및 보수업무에 종사하는 사람
1089	통 신 케 이 블 공	각종 동선케이블의 가설, 포설, 접속, 연공, 시험 및 유지보수 등의 업무에 종사하는 사람
1090	무 선 안 테 나 공	철탑, 항공, 항만, 선박통신, 철도신호의 각종 안테나설비 설치 및 도색 등 유지보수에 업무에 종사하는 사람
1091	석 면 해 체 공	건축물, 시설물, 설비 등에서 석면이 함유된 자재를 해체 또는 철거하는 작업에 종사하는 사람
2001	광 케 이 블 설 치 사	광케이블 및 전송장치(단말장치, 중계기 포함)의 설치, 각종시험, 교정 및 유지보수 등의 업무에 종사하는 사람
2002	H / W 시 험 사	전자교환기, 기지국, 컴퓨터시스템의 기계설비(하드웨어 포함)의 설치, 시험, 분석, 운영 시공지도, 유지보수 등의 업무에 종사하는 사람
2003	S/W시 험 사	전자교환기, 기지국, 컴퓨터시스템(CPU 등 포함)의 소프트웨어 및 프로그램 설계, 작성, 입력, 시험, 분석, 설치, 유지보수 등의 업무에 종사하는 사람
3001	도 편 수	전통한식 건조물의 신축 또는 보수 시 설계도를 해독하고 한식목공, 한식석공 등을 총괄, 지휘하며 여러 전문 직종의 우두머리가 되는 사람(도석수 포함)

직종 번호	직종명	해 설
3002	드 잡 이 공	내려앉거나 기울어진 목조건조물, 석조건조물을 바로잡는 일을 하는 사람
3003	한 식 목 공	도편수의 지휘아래 전통한식 기법으로 목재마름질 등 목조건조물의 나무를 치목하여 깎고 다듬어서 기물이나 건물을 짜 세우는 일을 전문으로 하는 사람
3004	한 식 목 공 조 공	전통한식 건조물의 치목, 조립을 하는 사람으로 한식목공을 보조하는 사람
3005	한 식 석 공	도편수(도석수)의 지휘아래 전통한식 기법으로 혹두기 등 석재를 마름질하여 기단, 성곽, 석축 등 석조물 조립 · 해체를 전문으로 하는 사람
3006	한 식 미 장 공	미장 바름재(진흙, 회삼물, 강회 등)를 사용하여 한식벽체 · 앙벽 · 온돌 · 외엮기 등을 전통기법대로 시공하는 사람
3007	한 식 와 공	전통한식 건조물의 지붕을 옛 기법대로 기와를 잇거나 보수하는 사람으로 연와공사를 총괄 지휘하는 사람
3008	한 식 와 공 조 공	한식와공의 지도를 받아 전통한식 건조물의 기와를 잇는 사람으로 한식와공을 보조하는 사람
3009	목 조 각 공	목조불상, 한식건축물의 장식물인 포부재, 화반, 대공 등의 조각을 담당하여 새김질을 하는 사람
3010	석 조 각 공	석조불상, 기단우석, 전통석탑 등 석조건조물의 조각을 하는 사람
3011	특 수 화 공	고유단청을 현장에서 시공하는 사람으로서 안료배합 및 초를 낼 수 있고 벽화를 시공할 수 있는 기능을 가진 사람
3012	화 공	고유단청을 현장에서 시공하는 사람으로서 타분, 채색 및 색긋기, 먹긋기, 가칠 등을 전문으로 하는 사람
4001	원자력플랜트전공	원자력발전소 건설 · 보수 시 원전의 안정성 및 신뢰성 확보를 위하여 다른 건설공사에 비해 엄격한 원자력 관련 제규정, 규격 및 품질보증 요구조건에 따라 발 · 변전설비의 시공 및 보수작업을 하는 사람
4002	원 자 력 용 접 공	원자력발전소 건설 · 보수 시 원전의 안정성 및 신뢰성 확보를 위하여 다른 건설공사에 비해 엄격한 원자력관련 제규정, 규격 및 품질보증 요구조건에 따라 1차계통의 용접작업을 하는 사람
4003	원자력기계설치공	원자력발전소 건설 · 보수 시 원전의 안정성 및 신뢰성 확보를 위하여 다른 건설공사에 비해 엄격한 원자력 관련 제규정, 규격 및 품질보증 요구조건에 따라 1차계통의 기계조립, 설치 및 정비를 전문으로 하는 사람
4004	원자력품질관리사	원자력 품질관리규정(10 CFR 50 APP.B)의 요건에 따라 소정의 교육을 이수 후 관리사자격을 취득하고 원자력관련 제규정 및 규격에 관한 지식을 보유하고 동 규정에 따라 품질보증 업무를 하는 사람

직종 번호	직종명	해 설
5001	통 신 관 련 기 사	정보통신공사업법상의 통신기술 자격자(기사)로서 전기통신 설비의 시험 · 측정 · 조정 · 유지보수 등에서 종사하는 사람(광단말장치 및 광중계장치 제외)
5002	통신관련산업기사	정보통신공사업법상의 통신기술 자격자(산업기사)로서 전기통신 설비의 시험 · 측정 · 조정 · 유지보수 등에서 종사하는 사람(광단말장치 및 광중계장치 제외)
5003	통 신 관 련 기 능 사	정보통신공사업법상의 통신기술 자격자(기능사)로서 전기통신 설비의 유지보수 및 엔지니어링 업무 보조자로 종사하는 사람
5004	전 기 공 사 기 사	전기공사업법상의 전기기술 자격자(기사)로 전기설비의 설치 및 유지보수에 종사하는 사람
5004	전기공사산업기사	전기공사업법상의 전기기술 자격자(산업기사)로 전기설비의 설치 및 유지보수에 종사하는 사람
5006	변 전 전 공	변전소 설비의 시공 및 보수에 종사하는 사람
5007	코 킹 공	창틀, 욕조 등의 방수나 고정을 위하여 코킹작업을 하는 사람

3) 엔지니어링 사업

표 9.3 엔지니어링 기술 부문별 기술자 노임단가(한국엔지니어링협회)

(2018년도 적용) (단위 : 원)

구 분	건설	원자력	환경
기 술 사	363,289	461,737	352,065
특급 기술자	276,720	448,259	266,641
고급 기술자	224,307	309,433	234,230
중급 기술자	198,567	260,755	196,148
초급 기술자	156,448	227,870	161,365
고급숙련 기술자	196,898	265,599	166,433
중급숙련 기술자	162,349	253,960	158,090
초급숙련 기술자	147,296	147,578	140,341
평균근무일수	22일	22일	22일

* 한국엔지니어링협회 공표(2018년 1월 1일)

4) 건설공사 건설사업관리기술자 노임단가

표 10.3 건설공사 건설사업관리기술자 노임단가 (2018년도 적용)

현행등급		
구 분	일임금액(원)	환산비(s_i)
특급 건설사업관리 기술자	322,738	1.188
고급 건설사업관리 기술자	271,764	1.000
중급 건설사업관리 기술자	225,619	0.830
초급 건설사업관리 기술자	178,021	0.655

주) 1개월 감리일수는 22일을 기준으로 한다.
* 한국건설기술관리협회 공표(2017년 12월 26일)
* 2001년도 이전에는 5단계 등급(특급, 고급, 중급, 초급, 검측감리원), 2013년도 이전에는 3단계 등급(수석감리사, 감리사, 감리사보), 2014년도 이후에는 4단계 등급(특급, 고급, 중급, 초급 건설사업관리 기술자)으로 변경되었음.
* 환산비는 고급 건설사업관리기술자 노임가격 기준(1.000)에 따른 등급별(특급, 중급, 초급) 노임가격 비율

5) 학술연구용역

표 11.2 학술연구용역 인건비 기준단가(용역참여율 50% 적용시) (2018년도 적용)

등급 \ 구분	월 임 금(원)
책 임 연 구 원	3,169,323
연 구 원	2,430,194
연 구 보 조 원	1,624,503
보 조 원	1,218,419

주) 1. 인건비 기준단가는 1개월을 22일로 하여 용역참여율 50%로 산정한 것이며, 용역참여율을 달리하는 경우에는 기준단가를 증감시킬 수 있다.

참고문헌

1. 국토교통부, 한국건설기술연구원, “2018년 건설공사 표준품셈(토목, 건축, 기계설비)”, 2018.
2. 서울특별시 노원구청, “2012년도 건설공사 설계기준”, 2012.
3. 고용일, “건설적산 및 시공”, 구미서관, 2005.
4. 남승운 외 2인, “건설공사관리요령”, 건설연구사, 1998.
5. 이송 외 3인, “건설시공학”, 기문당, 2006.
6. 이승언, “살아있는 토목시공학”, 구미서관, 2004.
7. 이태식 · 박종현, “건설공사적산학”, 동명사, 2000.
8. 건설기술진흥법, 시행령, 시행규칙, 2018.
9. 건설산업기본법, 시행령, 시행규칙, 2018.
10. 국토교통부, “시설물의 안전관리에 관한 특별법”, 2018.
11. 국토교통부 고시, “건설공사 건설사업관리 대가기준”, 2018.
12. 국토교통부 고시, “안전점검 및 정밀안전진단 대가 산출기준”, 2018.
13. 지식경제부 고시, “엔지니어링 사업대가의 기준”, 2018.
14. 공사계약 일반조건(계약예규 2018. 3. 20 일부개정), 2018.
15. 근로기준법, 2018.
16. 산업안전보건법, 2018.
17. 예정가격 작성기준(계약예규 2017.12.28 일부개정), 2018.
18. 엔지니어링기술진흥법 및 시행령, 2018.
19. 지식경제부 회계예규, “학술연구용역계약시 예정가격 작성요령”, 2018.
20. 서울특별시, “건설공사 보험편람”, 2011.
21. 우종태 · 구재동, “대형건설공사의 계약변경 사례 분석 및 감소방안 연구”, 대한토목학회논문집, pp.951~960, 1999.11.
22. 우종태, “건설환경공학”, 구미서관, 2018.
23. 김병수, “지하철공사 정보분류체계 구축연구”, 대한토목학회논문집 제23권 6D호, pp.855~866, 2003.11.
24. 박홍태, “건설공사를 위한 계약 및 적산”, 구미서관. 2006.2.
25. 서울특별시, “2012년도 건설공사 원가계산 작성요령”, 2012.

저자소개

우종태

경복대학교 건설환경공학과/건설환경디자인과 교수

연구실 : 031-570-9895

메 일 : jtwoo@kbu.ac.kr

■ 학력 및 자격

- 서울시립대학교 공과대학 토목공학과 졸업 (공학사, 공학석사, 공학박사)
- 토목품질시험기술사, 토목시공기술사

■ 경력

- 서울특별시 지하철건설본부 토목감독관 역임
- 경복대학교 토목설계과 교수, 건설환경정보과 교수 역임

■ 사회활동

- 국토교통부 중앙건설기술심의위원, 서울지방국토관리청 설계자문위원
- 서울특별시 건설기술심의위원, 재해영향평가위원, 건설신기술활용심의위원
- 서울특별시 도시기반시설본부, 서울교통공사, SH공사 등 건설안전자문위원
- 행정안전부, 한국도로공사, 한국수자원공사, 한국철도시설공단 등 설계자문위원
- 한국산업인력공단 국가기술자격시험 토목기술사, 토목기사 등 출제 및 채점위원

■ 저서

- 『한강하저터널 구조물 설계 및 시공 (I), (II)』(서울특별시 지하철건설본부, 1997)
- 『건설안전관리 실무』(구미서관, 2005)
- 『흙막이구조물의 설계와 시공』(예문사, 2006)
- 『터널계측의 이론과 실무』(구미서관, 2006)
- 『지하구조물 안전계측 이론과 실무』(구미서관, 2006)
- 『건설계측공학』(구미서관, 2008)
- 『건설재료 및 품질시험』(구미서관, 2010)
- 『철근콘크리트공학』(예문사, 2010)
- 『최신건설적산학』(기문당, 2012)
- 『건설환경공학』(구미서관, 2013)
- 『건설계측학』(구미서관, 2013)
- 『건설계측의 이론과 실무-지상 건설 시설물 편』(씨아이알, 2014)
- 『건설계측 기본실무』(씨아이알, 2015)
- 『건설계측 응용실무』(씨아이알, 2016)
- 『건설계측의 이론과 실무-지하 건설 시설물 편』(씨아이알, 2017)
- 『개정본-건설재료 및 품질시험』(구미서관, 2018)
- 『개정본-건설환경공학』(구미서관, 2019)
- 『개정본-최신건설적산학』(기문당, 2019)

이래철

에스큐엔지니어링(주) 대표이사

사무실 : 02-2229-5001

메 일 : sqrclee@naver.com

■ 학력 및 자격

- 서울시립대학교 공과대학 토목공학과 졸업(공학사)
- 부산대학교 대학원 토목공학과 졸업(공학석사)
- 서울시립대학교 대학원 토목공학과 졸업(공학박사)
- 서울대학교 행정대학원 국가정책과정 수료
- 고려대학교 대학원 행정학과 박사수료
- 토질및기초기술사, 토목품질시험기술사, 토목시공기술사, 건설안전기술사

■ 경력

- 에스큐엔지니어링(주) 대표이사
- (주)한국건설방재연구원 원장
- 서울과학기술대학교 건설시스템디자인공학과 겸임교수

■ 사회활동

- 국토교통부 중앙건설기술심의위원, 전국NGO단체연대 상임대표
- 한국재난정보학회 회장, 민주평화통일자문회의 상임위원
- 해양수산부 설계적격심의위원, 서울특별시 건설기술심의위원
- 경기도 건설기술심의위원, 한국철도시설공단 설계자문위원
- 한국도로공사 설계자문위원, 교통환경자문단 자문위원
- 서울, 원주, 대전, 익산 지방국토관리청 설계자문위원
- 교통문화운동본부(시민단체) 공동대표
- 대한기술사회 부회장
- 한국산업인력공단 국가기술자격시험 토목기술사 출제 및 채점위원

■ 저서

- 『건설안전관리 실무』(구미서관, 2005)
- 『건설계측공학』(구미서관, 2008)
- 『건설계측학』(구미서관, 2013)
- 『이래철의 생각이야기(Ⅰ)(II)(Ⅲ)(Ⅳ)(Ⅴ)』(푸른정원, 2013~2018)
- 『건설계측의 이론과 실무-지상 건설 시설물 편』(씨아이알, 2014)
- 『건설계측 응용실무』(씨아이알, 2016)
- 『건설계측의 이론과 실무-지하 건설 시설물 편』(씨아이알, 2017)
- 『개정본-최신건설적산학』(기문당, 2019)

최신 건설적산학

2012년 2월 29일 1판 1쇄 발행
2021년 2월 25일 2판 2쇄 발행

저 자 우종태 · 이래철
발 행 인 강 해 작
발 행 처 기 문 당
주 소 서울시 성동구 무학봉28길 4-1
전 화 02) 2295-6171(代)~5
팩 스 02) 2296-8188
출판등록 1976. 10. 7(1-44)
홈페이지 http://기문당
http://www.kimoondang.com
I S B N 978-89-6225-812-7 93530